R과 함께하는 다변량 통계적 형상분석

최 용 석

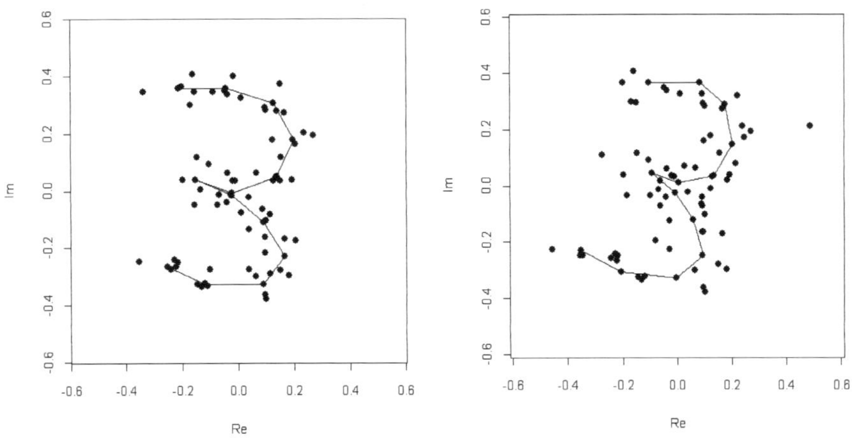

이 과제는 2020년도 4단계 BK21 사업에 의하여 지원되었음

부산대학교출판문화원

R과 함께하는
다변량 통계적 형상분석

초판 인쇄 2021년 2월 1일
초판 발행 2021년 2월 8일

저자 최용석

표지디자인 박지영
내지디자인 박지현

발행인 차정인
펴낸곳 부산대학교 출판문화원
등록 - 제1983-000001호 1983. 11. 10.
주소 - 부산광역시 금정구 부산대학로63번길 2
전화 - (051) 510-1932~3
전송 - (051) 512-7812

* 잘못된 책은 구입한 서점에서 교환해 드립니다.

값 25,000원

ISBN 978-89-7316-687-9 93310

R과 함께하는

다변량 통계적 형상분석

최용석 지음

부산대학교출판문화원

머리말

형상분석(shape analysis)은 기하적 공간상에서 형상점(landmarks)에 의해 나타낸 개체(objets)들의 형상(shape)을 측정하고, 기술하며 비교하려는 분석 방법이다. 국내에서 잘 알려지지 않은 형상분석은 의학, 생물학, 정보기술, 유전학, 인류학, 고고학, 농업 등 다양한 분야에서 응용되며 이미지분석, 자동인식 등의 기술에서 활용되어질 수 있는 아주 유용한 분석으로 알려져 있다.

이번 신작 〈R과 함께하는 다변량 통계적 형상분석〉는 영국 리즈대학 방문 연구 결과물로 출간한 최용석·현기홍(2006) 〈통계적 형상분석의 이해와 응용 –프로크러스티즈 분석의 저항 버전 연구 및 개발–〉에서 제2부를 제외한 제1부를 포함하여 다양한 다변량분석 방법을 접목시킨 것이다. 특히, Mardia와 Dryden(2016)의 〈*Statistical Shape Analysis with Application in R*〉과 그들이 개발 해둔 R의 shapes 패키지 도움이 매우 컸다. 이번 신작을 쓰게 된 이유는 형상분석에 대한 첫 번째 저서에 대한 개정판을 생각하고 있었고 부산대학교 치의전 김용일 교수께서 본인 연구에 졸작을 많이 활용하셨고 그동안의 공동 작업의 결과에 힘을 입은 바 크다.

실제로 〈R과 함께하는 다변량 통계적 형상분석〉은 여러 군집의 형상간의 차이를 판별하고 검정하는 기법에 초점을 두고 있다. 더군다나 여러 군집의 형상을 시각적으로 판단하기 위해 개체간의 형상거리에 다차원척도법(MDS)을 적용하였다. 다변량통계학에서 변수의 차원 축소에 이용되는 주성분분석(principal component analysis)과 독립성분분석(independent component analysis)은 형상변동을 평가하는데 응용되었고 형상의 판별과 분류에도 활용되었다. 특히, 판별분석에서는 다변량 정규분포 가정이 필요한 전통적인 선형과 이차 판별분석 외에 분포와 관련이 없는 기계학습(machine learning) 중에서 서포트벡터머신(support vevtor machine)을 응용하였다. 평균형상 비교에는 다변량 추정과 검정에 의한 군집 간의 평균형상을 호텔링 T^2-통계량에 바탕을 둔 F-검정을 활용하였다. 이는 다변량 정규성과 군집 간의 공분산행렬의 동질성 가정이 요구되는 데 이를 만족하지 못할 경우 다변량 비모수검정으로 부호검정과 순위검정 그리고 붓스트랩검정과 순위검정을 활용하였다.

각 장에서 사용되는 R과 관련된 [R-코드 및 자료 목록]은 부록에 수록해 두었고 저자의 홈페이지(yschoi.pusan.ac.kr)에서 받아 갈 수 있다.

끝으로 국내에서 많이 알려지지 않은 형상분석에서 세 명의 박사학위를 배출한 다변량 통계학을 전공하는 학자로 〈R과 함께하는 다변량 통계적 형상분석〉을 출간하게 되어 매우 기쁘고 행복하게 생각한다. 늘 편집과정에서 수정을 나름 꼼꼼하게 여러 차례 하지만 출간을 하고 나면 당황하고 민망할 정도의 치명적인 오류를 발견하게 된다. 초고에 대한 오류를 지적한 지도학생들에게도 감사의 마음을 전하며 독자 여러분의 깊은 이해와 애정을 기대하고 싶다.

부산대학교 통계학과 연구실 208호
최 용 석

추천의 글

■

정 형 철 수원대학교 데이터과학부 교수

4차 산업혁명 시대에 통계학은 기회임과 동시에 위기에 서 있다는 생각을 합니다. 빅데이터, 머신러닝, 딥러닝 등 최신의 학문을 보면서, 통계학이 이들을 품으면서 새롭게 발전해 갈 것인가, 아니면 그 속의 한 분야로 들어갈 것인가라는 기로에 있다는 생각을 종종 합니다. 당연히 저는 통계학이 새로운 영역들을 지속적으로 품어가면서 데이터 분석의 중추적 역할을 계속해 가야 한다고 생각합니다. 통계학의 연구 영역을 넓혀가는 분야를 찾던 중 최용석 교수의 "R과 함께하는 다변량 자료분석"의 10장에 제시된 형상분석을 접할 수 있었습니다. 형상분석이 통계학의 새로운 지평을 여는 분야가 되리라 확신합니다. 형상분석을 보다 전문적으로 다룬 "R과 함께하는 다변량 통계적 형상분석"은 독자들에게 이미지 분석의 많은 것을 안내해 줄 것입니다. 다변량 통계분석의 결과물에 형상분석을 추가하는 방법을 익힘으로 데이터분석에 대한 풍부한 통찰력을 얻을 수 있을 것입니다. 이를 통해 통계학의 새롭고 풍부하고 그리고 멋진 영역을 발견할 수 있을 것입니다.

■

김 용 일 부산대학교 치의학전문대학원 교수

의약학 그리고 치의학에서 질병의 진단과 예후 판단은 치료의 결과에 엄청난 영향을 끼친다. 이런 점에서 질병을 예측하고 진단하기 위한 수학적 모형을 개발하는 것은 너무나 중요한 부분이다. 현대 사회의 엄청난 데이터 특히 이미지를 어떻게 처리해서, 구조화하고 어떻게 시각화시킬 것인가? 라는 것은 뛰어난 모형을 개발하고, 활용하기 위한 기본 단계일 수밖에 없다. 이런 점에서 "R과 함께하는 다변량 통계적 형상분석"은 이미지 즉 형상 간의 차이를 판별하고 검정하는 기본적 방법에서부터 응용까지 다양한 내용을 다루고 있어, 관련 분야를 공부하는 이들에게 좋은 길잡이가 될 것으로 생각한다.

차 례

4장 | 형상 주성분분석과 독립성분분석 / 141

5장 | 형상분석에서 판별과 분류 / 185

6장 | 평균형상의 비교와 검정 / 231

1장
형상분석의 이해

1장 형상분석의 이해

이 장에서는 의학과 치의학, 생물학, 정보기술, 유전학, 인류학, 고고학, 농업 등 다양한 분야에서 응용되며 이미지분석(image analysis)과 자동인식(automatic recognition) 등의 기술에서 활용되어 질 수 있는 형상분석(shape analysis)을 소개하고 있다. 형상을 나타내기 위한 형태행렬(configuration matrix)과 여러 가지 형상좌표(shape coordinate)에 대하여 알아보고 다양한 예와 자료를 통하여 형상분석을 이해하고자 한다. 이들 자료 중 일부는 [부록: R-코드 및 자료 목록]에 정리 되어있으며 이 책의 여러 곳에서 사용되며 이와 함께 R-코드를 제공하고 있다.

1.1 형상분석의 정의

형상분석(shape analysis)은 기하적 공간상에서 형상점(landmarks)에 의해 나타낸 개체(objets)들의 형상(shape)을 측정하고, 기술하며 비교하려는 분석 방법이다. (Dryden과 Mardia, 2016, 초판의 서문).

형상이라는 용어는 어느 곳에서나 자연적이거나 인위적으로 존재하는 개체를 나타낼 때 주로 사용된다. 병원의 정교한 의료스캔부터 스마트폰 카메라 이미지에 이르기까지 개체의 기하적인 자료(geometrical data)와 비교는 형상분석을 위해 얻어질 수 있다. 이들 기하적인 자료에서 개체들은 그 크기(size)와 형상에 의해서 종종 결정되어 진다. 예를 들자면 특정한 병의 공명 스캔 이미지 진단의 형상을 통해 정상과 비정상 환자를 구분하거나, 스마트폰에서 얼굴 형상의 인식을 통해 사용자를 판별하고 아미노산배열로부터 단백질의 구조의 형상을 통해 특정한 단백질을 식별하는 것이다.

일찍이 자연과학에서 유명한 갈릴레오 갈릴레이(Galileo Galilei, 1564-1642, 이탈리아)는 [그림 1.1.1]의 동물의 뼈 형상에 대해 언급하였다. 그는 큰 동물의 뼈는 작은 동물의 뼈를 단순하게 척도(scale)만 크게 한 것이 아니라 두 형상에는 차이가 있으므로 비례적인 두께도 고려되어야 한다고 했다.

[정의 1.1.1] 형상(Shape)

개체들의 위치(location), 척도(scale)와 회전(rotation)에 의한 효과들이 제거되었을 때 남아있는 모든 기하적인 정보(geometrical information).

형상분석의 이론적 바탕을 제공한 Kendall(1977)은 형상을 [정의 1.1.1]과 같이 정의하였다. 예를 들면, 인간의 두개골 형상을 2차원 좌표에 나타내었을 때 위치이동(translation), 척도변환(scaling), 회전이 이루어져도 두개골의 기하적 성질인 형상은 변하지 않는다는 점이다. 이를 한 개체 형상의 불변성(invariance)이라 한다.

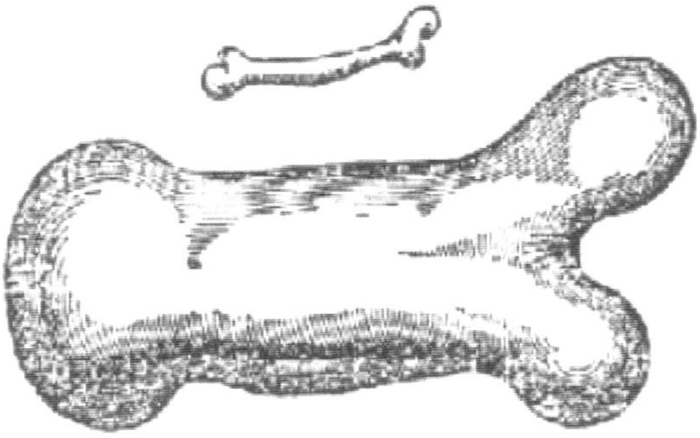

[그림 1.1.1] 갈릴레오의 동물의 뼈 형상

[그림 1.1.2]의 두 마리 쥐의 척추 뼈(vertebrae)에서 한 개체의 척추 뼈 형상을 다른 개체 형상에 맞춰 이동시키고, 척도를 조정하고 회전하여 두 척추 뼈의 형상이 정확하게 일치한다면, 두 개체의 척추 뼈 형상은 같다고 할 수 있다. 이를 경우 두 개체 형상 사이에는 유사성(similarity)이 존재한다. 실제로 서로 다른 형상의 개체들을 비교하기 위해서는 형상의 측정 방법, 두 형상간의 거리와 이에 대한 통계적 분석 방법들이 요구되어진다.

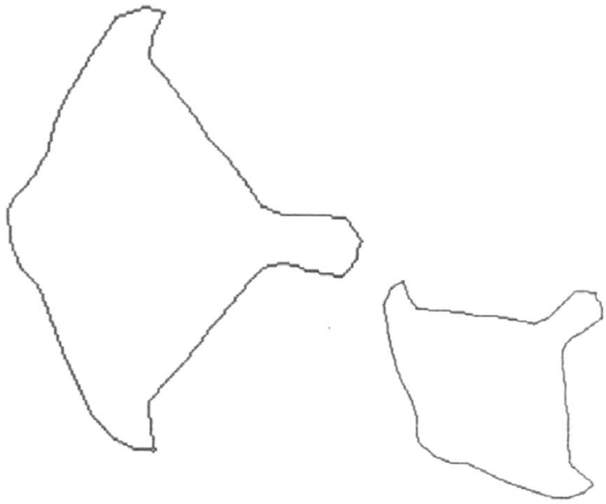

[그림 1.1.2] 형상은 같으나 위치, 회전, 척도가 다른 쥐의 척추 뼈.

더불어 개체 형상과 마찬가지로 때로는 크기도 중요하므로 형상과 크기 모두에 대한 결합 분석도 매우 중요하다. 2장, 4장과 5장에서는 형상의 크기를 고려하여 여러 군집의 형상을 판별하고 군집하는 보기를 찾아 볼 수 있다. [정의 1.1.2]는 만약에 두 개체의 형상이 크기를 제외하고 정확하게 일치하도록 한 개체의 형상을 다른 개체의 형상으로 이동시키고 회전시킬 수만 있다면 이들은 같은 크기와 형상을 가짐을 말하고 이와 같은 기하적 정보를 크기-형상(size-shape 또는 size-and-shape)이라 정의하자. 특히 크기-형상을 용어상 형태(form)로 부르기도 한다.

[정의 1.1.2] 크기-형상(Size-Shape) ≡ 형태(Form)

개체 형상들의 위치와 회전에 의한 효과들이 제거되었을 때 남아있는 형상의 모든 기하적인 정보

1.2 형상점의 종류

일반적으로 형상은 유한개의 형상점(landmarks) [정의 1.2.1]에 의해서 유클리드 공간에 기하적으로 나타내어진다. 형상점에는 크게 과학적 형상점(scientific landmarks), 수학적 형상점(mathematical landmark), 그리고 유사 형상점(pseudo landmark)으로 분류될 수 있다. 특히, 과학적 형상점에는 해부적 형상점(anatomical landmarks)을 포하고 있는 데 [그림 1.2.1]-(a)는 꼬리 원숭이(macaque monkey)의 두개골의 옆면을 25개 형상점으로 나타낸 것처럼 유기체의 해부학적 특징을 나타내는 점을 지칭한다. 또는 [그림 1.2.1]-(b)와 같이 인간에게서 성 스테로이드의 효력을 조절할 수 있는 17β-하이드록시스테로이드 탈수소효소 1(17β-HSD1)의 구조를 3D의 형상으로 보여주는 과학적 형상점을 나타내고 있다(http://en.wikipedia.org/wiki/HSD17B1).

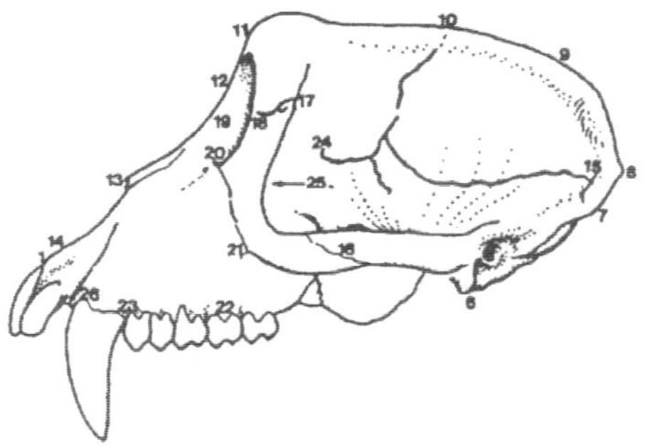

(a)

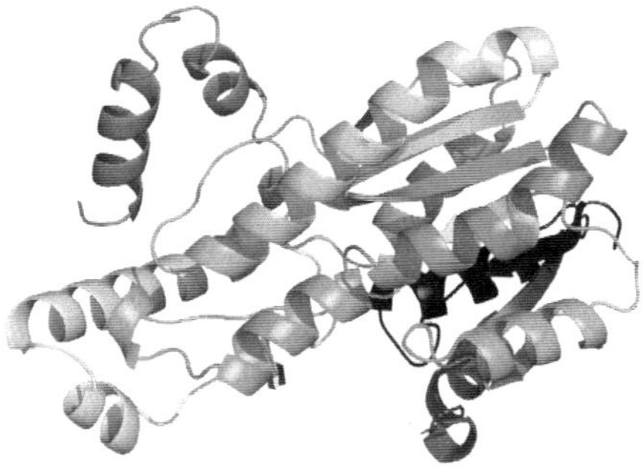

(b)

[그림 1.2.1] (a) 짧은 꼬리 원숭이의 두개골의 옆면을 나타낸 해부적 형상점
(b) 인간에서 HSD17B1 유전자의 과학적 형상점

[정의 1.2.1] 형상점(Landmarks)

모집단 간(between)과 내(within) 비교 가능한 개체의 형상을 나타내기 위한 대응 점

수학적 형상점은 개체의 이미지 상에서 표현되는 극단점(extreme point)이나 고도의 변곡점(high curvature) 등과 같이 수학적 혹은 기하적 성질에 따른 개체를 나타내는 점을 지칭한다. 그리고 유사 형상점은 개체에 대한 이미지의 윤곽 주위에 위치하거나 과학적 형상점 혹은 수학적 형상점들 사이에 위치하는 점을 지칭한다. [그림 1.2.2]는 고도의 변곡점에 의한 6개 수학적 형상점들과 윤곽을 나타내는 42개의 유사 형상점으로 나타낸 쥐의 흉부척추 뼈(thoracic vertebra) T2 이미지이다.

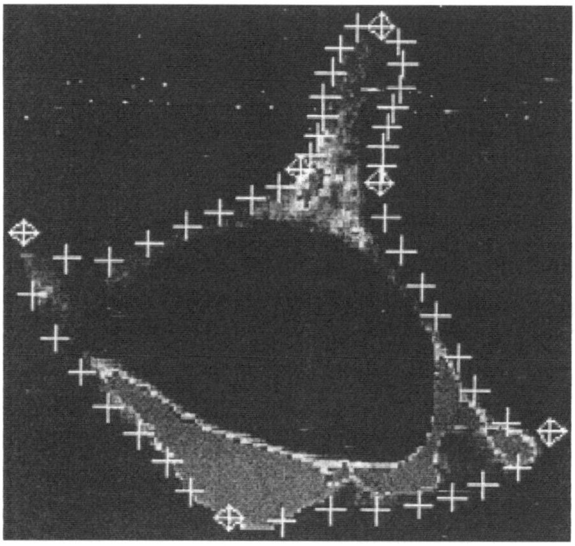

[그림 1.2.2] 수학적 형상점(⊕)과 유사 형상점(+)으로 나타낸 쥐의 흉부척추 뼈 T2 이미지.

Bookstein(1991, 3.3절)은 세포들의 조직(tissue)과 뼈의 결합 부분을 나타내는 Type 1 형상점, 곡률의 최대치(maxima of curvature)를 나타내는 형상의 중요한 일부 특성을 나타내는 Type 2 형상점, 최대 반지름 또는 중심점과 같은 외부 지점을 나타내는 Type 3 형상점과 같이 3종류를 소개하고 있다.

추가적으로 저 차원의 곡선이나 이미지를 나타내는 준-형상점(semi-landmark)이 있으며 실제로는 눈의 동공과 같이 원으로 둘러싸인 중심의 형상점과 사람의 얼굴 이미지의 분석을 위한 묘사와 같이 형상점과 기하적 곡선의 결합이 있을 수 있다.

[정의 1.2.2]의 라벨 형상점은 [그림 1.2.1]-(a) 꼬리 원숭이 두개골 옆면의 25개 형상점을 구분하기 위해 붙여 둔 아리비아 숫자를 나타낸다.

[정의 1.2.2] 라벨 (Label)

각 형상점에 숫자나 이름으로 라벨을 붙이고 두 개체를 비교할 때 라벨에 따라 형상점이 서로 대응하는 지를 나타내기 위한 것이다. 이런 형상점을 라벨 형상점(labelled landmarks)이라 한다.

형상분석에 대한 이론은 Kendall(1989)과 Bookstein(1986), Goodall(1991), Kent(1994)에 의해서 정립되고 응용 발전되었다. 특히 생물학과 생태학에서 Mardia와 Dryden(1989)은 쥐의 척추 뼈에 대한 6개 형상점으로 형상분석을 실시하였고, O'Higgins와 Dryden(1993)은 고릴라 두개골(gorilla skulls)에 대한 8개 형상점으로 형상분석을 선보이고 있다. 그리고 의학 분야에서 Bookstein(1996)은 뇌 공명 스캔(magnetic resonance brain scans)을 이용하여 13개의 형상점으로 정신분열 환자와 정상 환자를 비교하였다. 또한 Anderson(1997)은 손으로 쓴 영국의 우편번호를 인식하는 데 형상분석을 활용하고 있다. 이외에도 지질학, 유전학, 농업 등 여러 분야에서 다양한 분석이 이루어지고 있다(Dryden과 Mardia, 2016, 1장).

형상분석을 국내에 처음 소개한 최용석과 현기홍(2006)은 형상의 비교에서 형상점 이상치와 개체 이상치가 있는 경우 이들의 영향을 줄이는 최소제곱법에 수리적 바탕을 두는 프로크러티즈분석(Procrustes analysis, PA)의 로버스트(robust)버전 연구를 시도하였다. 실제 Hyun 외(2018)는 M과 LMS(least median of square) 추정에 의한 저항성 GPA 알고리즘을 제안하였다. 최근 치의학에서 Shin 외(2015), Rhee 외(2015), Shin 외(2016), Kim 외(2017), Han 외(2018) 그리고 Ahn 외(2019)는 환자의 골성숙도, 치아 구조와 구강 비교에 형상분석을 활발하게 활용되고 있다.

1.3 형상분석의 예와 자료

형상분석은 1.2절에서 언급한 바와 같이 다양한 분야에서 응용되고 있다. 이 절에서는 그 예들을 소개하고 이와 관련된 자료를 이해하려 한다. 그 중에서 이 책의 여러 곳에서 사용되고 응용될 몇 가지 자료들은 [부록: R-코드 및 자료 목록]에 정리해 두었다. 특히, 생물학과 의학에서는 생물이 성장하고 진화하는 동안 형상의 변화, 형상과 크기의 연관성, 질병이 형상에 미치는 영향, 형상과 공변량(성별, 나이, 환경적 조건 등)의 연관성, 형상에 의한 판별과 분류, 형상변동(shape variability)을 측정하는 방법과 평균형상의 검정 등에 대한 다양한 다변량 통계적 기법이 적용된다.

[예 1.3.1] 생물학: 쥐의 흉부척추 뼈 형상에 미치는 몸무게의 영향

Mardia와 Dryden(1989)은 쥐의 흉부척추 뼈 형상에 대한 몸무게의 영향을 알아보기 위해서 몸무게에 따라 쥐들을 큰 그룹(23마리)과 작은 그룹(23마리) 그리고 대조그룹(30마리)으로 나누었다. 즉, 세 그룹 간에 흉부척추 뼈에 대한 크기와 형상의 차이를 알아보는 실험이다. 이는 [R 패키지 shapes]에서 library(shape)의 data(mice)에 의해서 제공되고 있다. 이 자료를 통해 [R-코드 1.3.1]에서 ## Shapes of 3 groups of T2 mouse with 6 landmarks이하 코드에 의해서 제공되는 [그림 1.3.1]은 6개의 형상점에 의한 쥐의 척추 뼈 T2를 각 그룹별로 나타낸 것이다. ## Shapes of 3 groups of T2 mouse with 60 points 이하 코드에 의해서 제공되는 [그림 1.3.2]도 그룹 별로 60개점에 의한 2차원의 형상점에 의한 쥐의 척추 뼈 T2의 형상 윤곽을 보여 주고 있다.

특히, [R-코드 1.3.1]에서 각 개체의 2차원의 형상을 그려주는 함수 plotshapes()의 x는 형상점수×차원×총자료수인 $k \times m \times n = 6 \times 2 \times 76$ 배열 형태로 6개 형상점에 의한 2차원 형상 좌표의 자료가 저장되어 있으며 outlines은 $60 \times 2 \times 76$ 배열형태로 형상점과 유사 형상점을 포함 60개 형상점에 의한 2차원 형상 윤곽을 위한 자료가 담겨져 있다. group은 각 그룹 c(control), l(large), s(small)를 나타내는 벡터이다. 옵션 joinline은 각 개체의 형상점을 joins=c(1, 6, 2, 3, 4, 5, 1)에서 지정한 순서에 따라 선을 연결하여 그리게 한다.

[R-코드 1.3.1] 쥐의 그룹별 척추 뼈에 대한 형상과 윤곽 (mice-shapes.R)

```
library(shapes)
data(mice)
attach(mice)
## Shapes of 3 groups of T2 mouse with 6 landmarks
par(mfrow=c(1,3))
joins=c(1, 6, 2, 3, 4, 5, 1)
plotshapes(x[,,group=="c"], color=1:6, symbol=1, joinline=joins)
title("(a) 대조 그룹")
plotshapes(x[,,group=="l"], color=1:6, symbol=1, joinline=joins)
title("(b) 큰 그룹")
plotshapes(x[,,group=="s"], color=1:6, symbol=1, joinline=joins)
title("(c) 작은 그룹")


## Shapes of 3 groups of T2 mouse with 60 points
par(mfrow=c(1,3))
joins=c(1:60, 1)
plotshapes(outlines[,,group=="c"], color=4, joinline=joins)
title("(a) 대조 그룹")
plotshapes(outlines[,,group=="l"], color=4, joinline=joins)
title("(b) 큰 그룹")
plotshapes(outlines[,,group=="s"], color=4, joinline=joins)
title("(c) 작은 그룹")
```

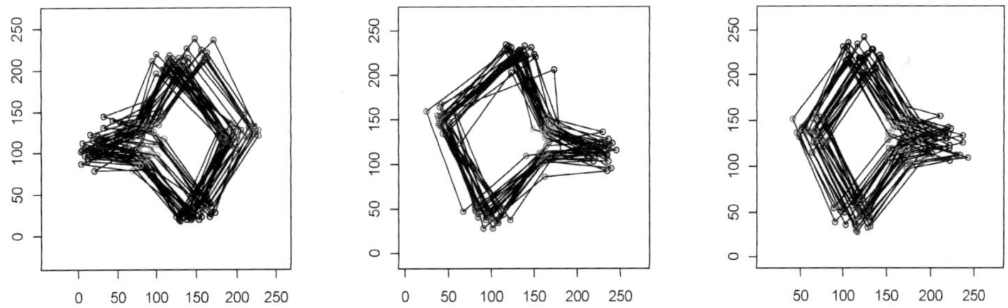

(a) 대조 그룹 (b) 큰 그룹 (c) 작은 그룹

[그림 1.3.1] 형상점 6개에 의한 쥐의 두 번째 흉부척추 뼈 T2의 형상:
(a) 대조 그룹(30마리) (b) 큰 그룹(23마리) (c) 작은 그룹(23마리)

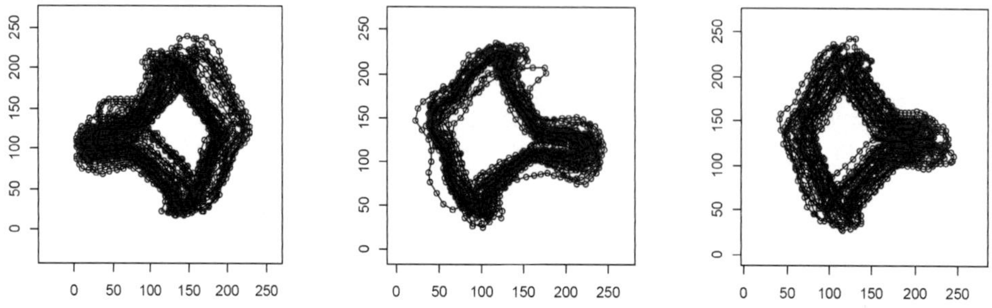

(a) 대조 그룹 (b) 큰 그룹 (c) 작은 그룹

[그림 1.3.2] 60개 형상점에 의한 쥐의 두 번째 흉부척추 뼈 T2의 형상윤곽:
(a) 대조 그룹(30마리) (b) 큰 그룹(23마리) (c) 작은 그룹(23마리)

[R-코드 1.3.2] 쥐의 그룹별 척추 뼈에 대한 다른 형태의 자료에 대한 형상 (mice-shapes-others.R)

```
library(shapes)

## Shapes of 3 groups of T2 mouse with 6 landmarks
par(mfrow=c(1,3))
joins=c(1, 6, 2, 3, 4, 5, 1)
plotshapes(qcet2.dat, color=1:6, symbol=1, joinline=joins)
title("(a) 대조 그룹")
plotshapes(qlet2.dat, color=1:6, symbol=1, joinline=joins)
title("(b) 큰 그룹")
plotshapes(qset2.dat, color=1:6, symbol=1, joinline=joins)
title("(c) 작은 그룹")

## Shapes of 3 groups of T2 mouse with 6 landmarks : text data
mouseT2<-read.in("mouseT2.txt",6,2)
cm<-mouseT2[,,1:30] # 대조 그룹 n1=30
sm<-mouseT2[,,31:53] # 작은그룹 n2=23
lm<-mouseT2[,,54:76] # 큰 그룹 n3=23

plotshapes(cm,color=1:6, symbol=1, joinline=joins)
title("(a) 대조 그룹")
plotshapes(lm,color=1:6, symbol=1, joinline=joins)
title("(b) 큰 그룹")
plotshapes(sm,color=1:6, symbol=1, joinline=joins)
title("(c) 작은 그룹")
```

참고로 세 그룹별 각각의 배열형태인 형상점 자료는 shapes 패키지에서 qcet2.dat, qlet2.dat, qset2.dat에 의해서 제공되며 이와는 다른 2차원 구성의 6개의 형상점으로 총 열이 12개이고 그룹 구분 없이 총 76마리로 되어 있는 텍스트 형태의 자료(mouseT2.txt)를 활용한 [R-코드 1.3.2]는 [R-코드 1.3.1]과 동일한 결과를 제공한다.

[예 1.3.2] 생물학: 세 종류 유인원의 두개골 형상 차이

O'Higgins와 Dryden(1993)은 세 군집인 고릴라 수컷(29마리)과 암컷(30마리) 총 59마리, 침팬지 수컷(28마리)과 암컷(26마리) 총 54마리, 오랑우탄 수컷(30마리)과 암컷(24마리) 총 54마리의 성별에 따른 두개골 차이를 파악하였다. 이 자료는 [R 패키지 shapes]에서 library(shape)의 data(apes)에 의해서 제공되고 있다. 이 자료를 통해 [R-코드 1.3.3]에서 ## Shapes of Gorillas, Chimpanzees, Orangutans with 8 landmarks이하 코드에 의해서 제공되는 [그림 1.3.4]는 8개의 형상점에 의한 세 종류 유인원 두개골을 성별로 나타낸 것이다. 여기서 8개의 해부적 형상점의 위치는 [그림 1.3.3]에서 얼굴부위 7, n(nasion); 6, na(nariale); 1, pr(prosthion); 5, st(staphylion), 4, ba(basion)와 두개골 부위 8, b(brema); 2, l(lambda); 3, o(opisthion)로 되어 있다.

특히, [R-코드 1.3.3]에서 각 2차원의 형상을 그려주는 함수 plotshapes()의 x는 형상점수×차원×총자료수인 $k \times m \times n = 8 \times 2 \times 167$ 배열 형태로 세 군집 암컷과 수컷 167마리(고릴라 59마리, 침팬지 54마리, 오랑우탄 54마리)의 8개 형상점에 의한 2차원 형상 좌표의 자료가 저장되어 있다. group은 각 세 종류 유인원 gorm(고릴라 숫컷), gorf(고릴라 암컷), panm(침팬지 숫컷), panf(침팬지 암컷), pongom(오랑우탄 숫컷), pongof(오랑우탄 암컷)을 나타내는 벡터이다. 형상점은 color 옵션에 의해서 각 유인원별로 색(1 검정, 2 빨강, 3 초록)을 다르게 나타내었고 joinline 옵션으로 [그림 1.3.3]의 형상점 위치에 따라 선을 그리도록 joins=c(1, 5, 4, 3, 2, 8, 7, 6, 1)을 고려한다.

실험의 목적은 암수 사이의 크기 차이와 안면과 두개골 형상 간의 차이 그리고 형상차이가 크기 및 다른 공변량과의 연관성을 파악하는 것이다. 실제 최용석(2018, 10장)에는 고릴라 암수 두개골 형상의 북스테인좌표(Bookstein coordinates)를 통해 [표 10.5.1]에 의해서 평균형상 검정을 보이고 있다. 참고로 세 유인원별 각각의 배열 형태인 형상점 자료는 shapes 패키지에서 gorm.dat(고릴라 숫컷), gorf.dat(고릴라 암컷), panm.dat(침팬지 숫컷), panf.dat(침팬지 암컷), pongom.dat(오랑우탄 숫컷), pongof.dat(오랑우탄 암컷)에 의해서 제공된다. 특히 고릴라의 경우 이와는 다른 2차원 구성의 8개의 형상점으로 총 열이 16개이고 암수 구분 없이 총 59마리로 되어 있는 텍스트 형태의 자료(goril.txt)도 참고 하기 바란다.

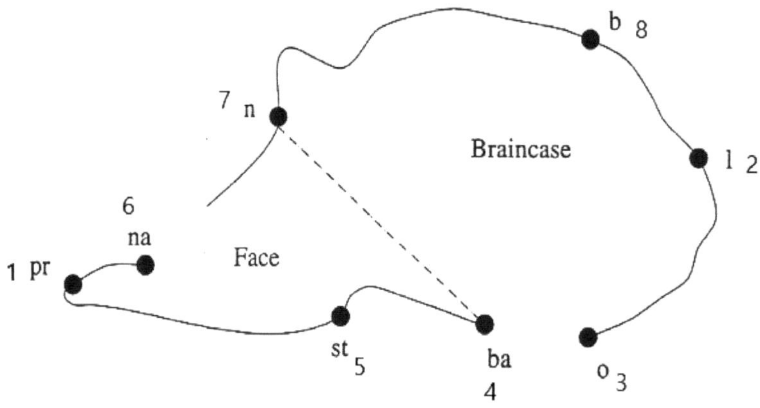

[그림 1.3.3] 8개 해부적 형상점에 의한 유인원의 두개골 형상.

[R-코드 1.3.3] 세 종류 유인원의 형상과 윤곽 (greatapeskull-shapes.R)

```
library(shapes)
data(apes)
attach(apes)
apes
## Shapes of Gorillas, Chimpanzees, Orangutans with 8 landmarks
par(mfrow=c(3,2))
joins=c(1, 5, 4, 3, 2, 8, 7, 6, 1)
plotshapes(x[,,group=="gorm"], color=1, joinline=joins)
title("(a) 수컷 고릴라")
plotshapes(x[,,group=="gorf"], color=1, joinline=joins)
title("(b) 암컷 고릴라")

plotshapes(x[,,group=="panm"], color=2, joinline=joins)
title("(c) 수컷 침팬지")
plotshapes(x[,,group=="panf"], color=2, joinline=joins)
title("(d) 암컷 침팬지")

plotshapes(x[,,group=="pongom"], color=3, joinline=joins)
title("(e) 수컷 오랑우탄")
plotshapes(x[,,group=="pongof"], color=3, joinline=joins)
title("(f) 암컷 오랑우탄")
```

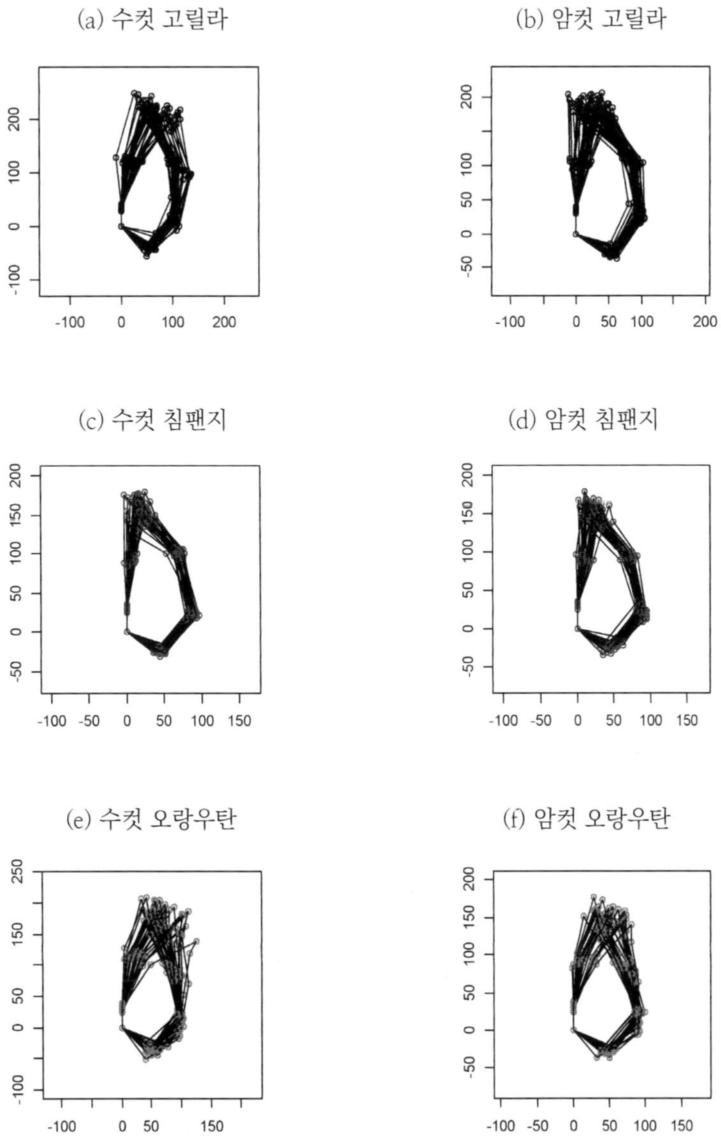

[그림 1.3.4] 형상점 8개에 의한 세 종류 유인원의 두개골 형상:
고릴라: (a) 수컷(29마리) (b) 암컷(30마리), 침팬지: (c) 수컷(28마리) (d) 암컷(26마리),
오랑우탄: (e) 수컷(30마리) (f) 암컷(24마리)

[예 1.3.3] 의학: 정신분열 환자의 뇌 공명 스캔 형상

Bookstein(1996)은 뇌 공명 스캔 이미지를 이용하여 [그림 1.3.5]와 같이 13개의 형상점으로 정신분열 환자와 정상 환자 각각 14명을 비교하였다. 특히, 형상점 1, 2, 3은 뇌량(corpus callosum) 경막의 직경을 나타내며 머리 맨 위의 형상점 4는 경막(dura)의 곁 여백 점을 보여 주며 형상점 12는 이마극(frontal pole)을 나타내어 주로 이들에 의해 뇌의 크기를 가늠하게 된다. 실험의 관심은 평균형상과 형상변동을 파악하여 두 그룹의 뇌의 형상 차이를 알아보는 데 있다. [R-코드 1.3.4]에 따라 [그림 1.3.6]을 얻게 된다.

13개 형상점으로 된 자료는 library(shapes)의 data(schizophrenia)를 이용하면 된다. 2차원의 형상을 그려주는 함수 plotshapes()의 x는 형상점수×차원×총자료수인 $k \times m \times n = 13 \times 2 \times 28$ 배열 형태로 두 그룹 28명(정상환자 14명, 정신분열환자 14명)의 13개 형상점에 의한 2차원 형상 좌표의 자료가 저장되어 있다. group은 각 그룹 con(대조 그룹)과 scz(처리 그룹)을 나타낸다.

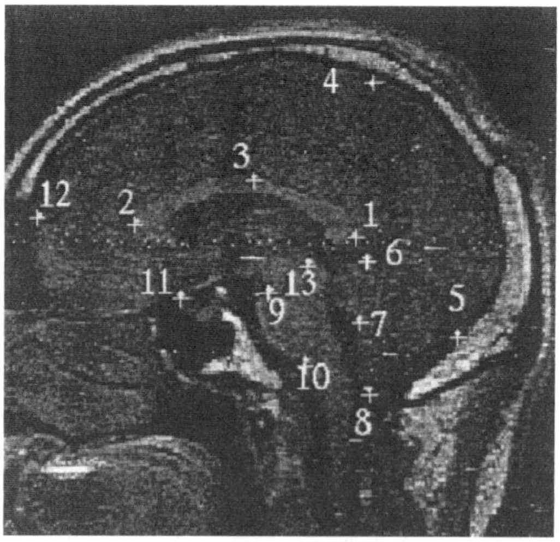

[그림 1.3.5] 정신 분열 환자의 뇌 스캔 이미지의 13개 형상점.

[R-코드 1.3.4] 대조 그룹와 처리그룹의 뇌 스캔 공명 스캔 형상 (schizo-shapes.R)

```
library(shapes)
data(schizophrenia)
attach(schizophrenia)
## Shapes of Control and Treatment Groups with 13 landmarks
win.graph()
plotshapes(x, symbol=as.integer(group))
title("(a) 대조와 처리그룹 전체 뇌 공명 스캔 ")

par(mfrow=c(1,2))
plotshapes(x[,,group=="con"])
title(" (b) 대조 그룹 뇌 공명 스캔 ")
plotshapes(x[,,group=="scz"], symbol=2)
title(" (c) 처리그룹 뇌 공명 스캔 ")
```

(a) 대조와 처리그룹 전체 뇌 공명 스캔

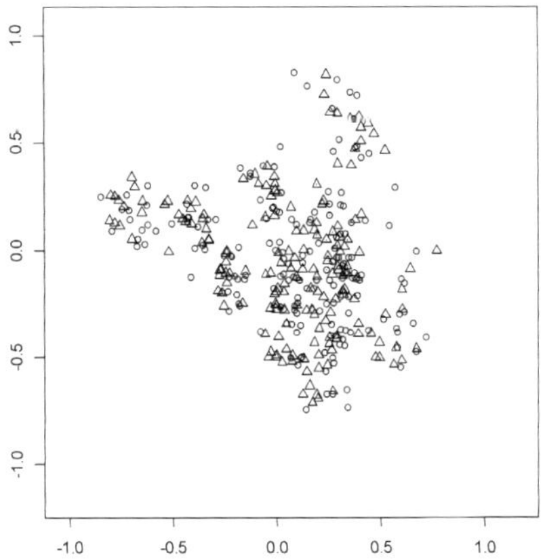

(b) 대조그룹 뇌 공명 스캔

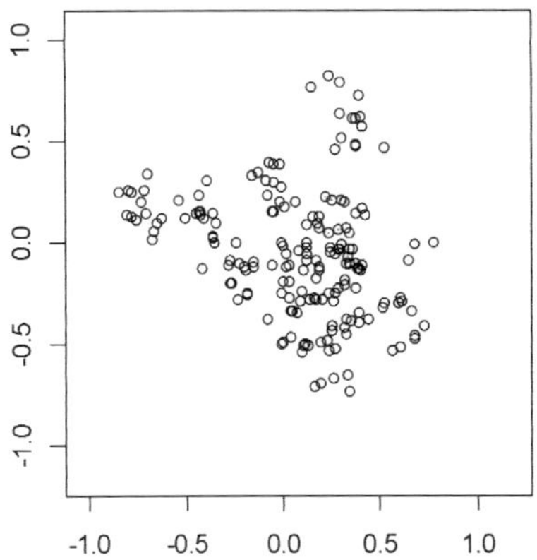

(c) 처리그룹 뇌 공명 스캔

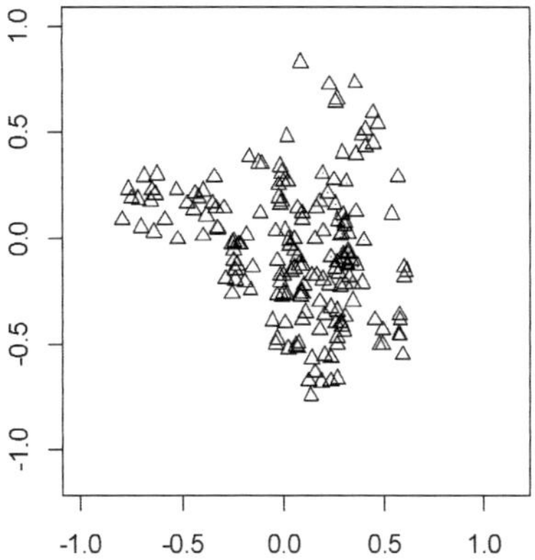

[그림 1.3.6] 형상점 13개에 의한 정신분열 환자 뇌 공명 스캔 형상:
(a) 전체(28명): ○(대조), △(처리) (b) 대조 그룹(14명) (c) 처리 그룹(14명)

[예 1.3.4] 이미지 분석: 우편번호 인식

30명의 사람들이 각각 손으로 쓴 숫자 3에 대한 13개 형상점 자료가 shapes 패키지 data(digit3.dat)에 형상점수×차원×총자료수인 $k \times m \times n = 13 \times 2 \times 30$ 배열 형태로 되어있다. [그림 1.3.7]에는 (a) 우편번호 자료에서 손으로 쓴 숫자 3에 대한 13개 형상점의 위치, (b) 30명 전체 (c) 두 번째와 세 번째 사람의 숫자 3의 형상은 손으로 쓴 여러 사람의 다양한 우편번호를 자동으로 인식하여 분류하고 정리하는데 사용된다. [R-코드 1.3.5]는 data(digit3.dat)으로 부터 [그림 1.3.7] -(b)와 (c)를 제공한다.

이미지 분석에서는 문자를 인식할 때 그것의 위치와 크기보다는 서로 혼동되지 않는 문자의 원래 정보가 결정적으로 중요하다. 특히, [그림 1.3.7]-(a)의 형상점 위치를 참고로 Anderson(1997)은 숫자 3에 대한 디지털 이미지에 대한 수학적 형상점(1, 4, 7, 10, 13)과 유사 형상점(2, 3, 5, 6, 8, 9, 11, 12)을 소개하고 있다. 더불어 손으로 쓴 우편번호의 이미지 자료에서 평균형상과 형상변동을 살펴보는 것이다.

[R-코드 1.3.5] 전체와 두 사람의 우편번호 숫자 3의 형상 (digits3-shapes.R)

```
library(shapes)

## Shapes of Digit 3 from Postcode
win.graph()
par(mfrow=c(1,2))
plotshapes(digit3.dat, joinline=1:13)
title("(b) 전체 형상 ")
plotshapes(digit3.dat[,, 2:3], joinline=1:13)
title("(c) 두 명의 형상 ")
```

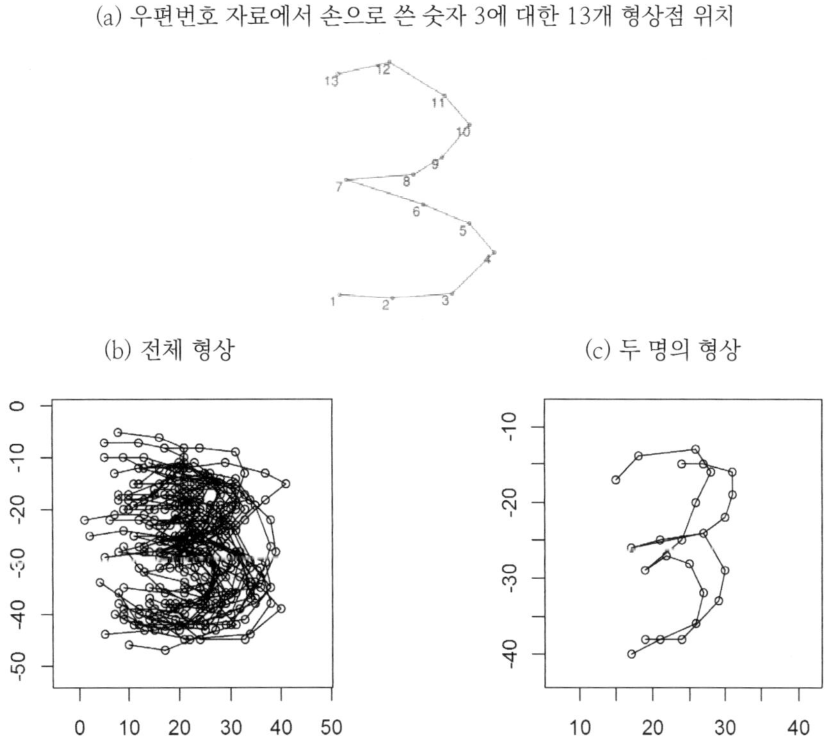

[그림 1.3.7] 형상점 13개에 의한 손으로 쓴 우편번호 3의 형상:
(a) 13개 형상점 위치 (b) 30명 전체 형상 (c) 두 명(두 번째와 세 번째)의 형상

[예 1.3.5] 지질학: 미화석(microfossils)의 형상

심해의 생물 기원인 글로브로탈이아(Globorotalia)는 난류에서는 껍질이 오른쪽으로 감기며 한류에서는 껍질이 왼쪽으로 감기는 특징이 있으며, 이를 통하여 해수의 온도변화와 기후변화를 추측할 수 있다. [그림 1.3.8]-(a)는 3개의 수학적 형상점에 의해서 미화석에 대한 윤곽을 나타낸 것이다. 실제 자료는 남인도양의 서로 다른 위도에서 수집된 미화석의 21개 형상을 측정한 것으로 각각 중심크기(centroid size)가 60, 65, 64, 65, 67, 71, 72, 71, 74, 75, 76, 84, 84, 84, 87, 88, 88, 88, 92, 100, 100으로 [그림 1.3.8]-(b)에 나타내었다. 중심크기는 형상의 전체적인 크기측도로 1.4절에 다루고 있다. 이 중에서 중심크기 60, 71, 84, 92, 100에 따른 5개 대표적 형상이 [그림 1.3.8]-(c)이다. 이를 위한 [R-코드 1.3.6]은 미화석의 21개 형상 자료로

형상점수×차원×총자료수인 $k \times m \times n = 3 \times 2 \times 21$ 배열 형태인 data(shells)을 활용하고 있다. Bookstein(1986)은 이를 통하여 크기와 형상이 서로 관련이 있는지 그리고 크기나 형상이 위도에 따라 서로 관련이 있는지를 알고자 하였다. 더 나아가 평균 형상을 추정하고 형상변동의 구조를 기술하려 하였다.

[R-코드 1.3.6] 미화석의 형상 (shells-shapes.R)

```
library(shapes)
data(shells)
attach(shells)
shells
## Shapes of shells
win.graph()
par(mfrow=c(1,2))
plotshapes(uv, joinline=c(1:3,1))
title("(b) 전체 형상 ")
plotshapes(uv[,, c(1, 6, 12, 19, 20)], joinline=c(1:3,1))
title("(c) 중심화 크기에 따른 대표 형상")
```

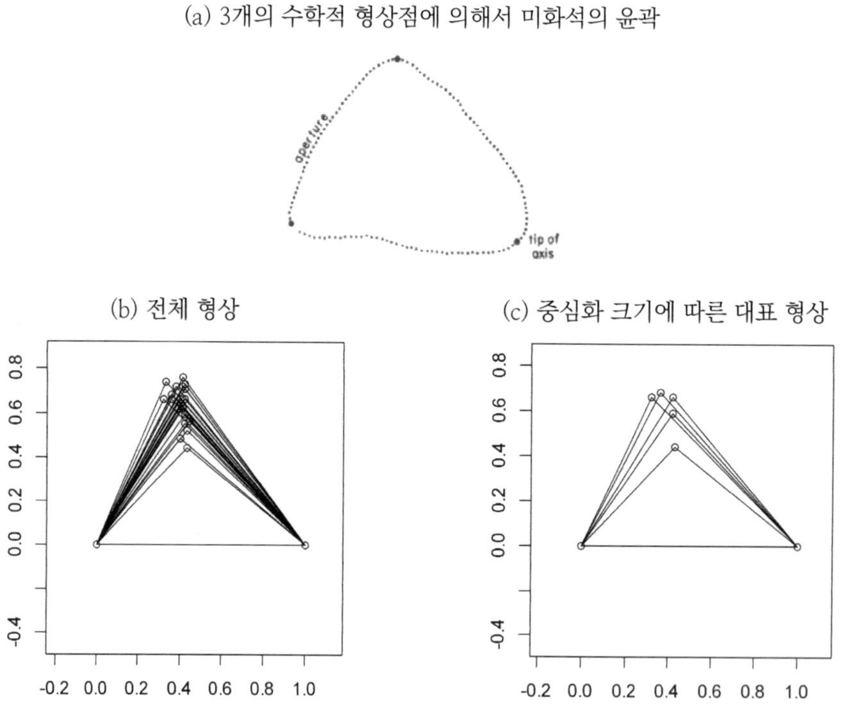

[그림 1.3.8] 수학적 형상점 3개에 의한 미화석 윤곽의 형상: (a) 3개의 수학적 형상점에 의한 윤곽 (b) 21개 전체 형상 (c) (b) 중심크기에 따른 대표 형상: 60, 71, 84, 92, 100

[예 1.3.6] 유전학: 전기영동 겔(electrophoretic gel)의 이미지

유전학자들은 전기영동 겔의 이미지를 비교하여 단백질을 파악한다. [그림 1.3.9] (a) 와 (b)는 실제 전기영동 겔 A와 겔 B의 이미지를 각각 나타내며 말라리아를 옮기는 기생충으로부터 얻어졌다. 기생충을 구분하기 위해 겔의 이미지를 사용한다. 특히, 각 겔에서 검은 얼룩들이 있는데 이는 변이체이거나 변이체가 아닌 균을 나타낸다. (a)와 (b)의 이미지에서 +로 표시된 것이 10개의 변이체가 아닌 얼룩으로 두 겔의 이미지를 비교하는 데 사용된다. 이들을 형상점으로 각각 나타낸 것이 (c)와 (d)이다. 이를 위한 [R-코드 1.3.7]은 겔 A와 겔 B 형상 하나씩 형상점수×차원×총자료수인 $k \times m \times n = 10 \times 2 \times 2$ 배열 형태인 data(gels)을 활용하고 있다.

[R-코드 1.3.7] 전기영동 겔의 이미지 (gels-shapes.R)

```
library(shapes)
data(gels)

## Shapes of Gel A and Gel B Images
win.graph()
par(mfrow=c(1,2))

plotshapes(gels[,,1])
title("(c) 겔 A 형상 ")
plotshapes(gels[,,2])
title("(d) 겔 B 형상")
```

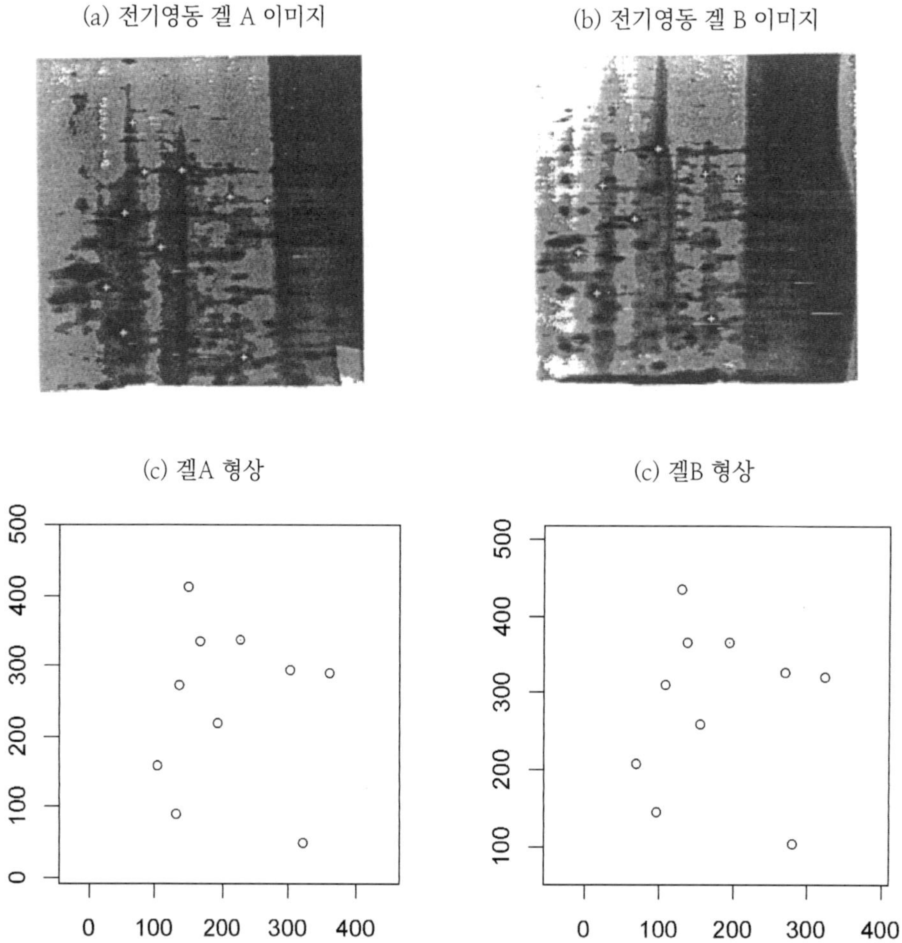

[그림 1.3.9] 전기영동 겔 이미지 및 형상: 전기영동 겔 이미지(+: 변이체가 아닌 점)
(a) 겔 A (b) 겔 B (c) 겔 A 형상 (d) 겔 B 형상

[예 1.3.7] 치의학: 하악골(mandible)의 단면 이미지

Ahn 외(2019a)는 [그림 1.3.10]의 (a)와 (b)와 같이 2010년 5월부터 2017년 1월 사이에 연령이 18.22세~19.16세의 환자 150명(남자 56명, 여자 94명)의 제1 어금니 외부와 내부를 보기 위하여 턱 하악골 단면의 3D 이미지를 얻었다. 여기서 23개 형상점과 이들 사이에 거의 같은 거리로 연결된 선에 의해서 전체 이미지를 보여주는 21개의 준-형상점(semi-landmark)을 표시 하였다. 특히, 치조골(alveolar bone)에서 L1은 볼을 향한 쪽과 L2는 혀를 향한 쪽을 나타낸다.

(c)와 (d)는 23개 형상점에 의한 형상점수×차원×총자료수인 $k \times m \times n = 23 \times 2 \times 150$ 배열 형태인 자료 중 첫 번째 환자에 대한 형상이다. 이를 위한 [R-코드 1.3.8] (mandible1st-shapes.R)은 어금니 내부(sheet=1)와 외부(sheet=2)로 구분된 원자료인 엑셀 자료 mandible.xlsx를 각각 텍스트 형태의 in36.txt와 out36.txt로 자료화하고 있다.

[R-코드 1.3.8] 어금니 부위 등고선 이미지 (mandible1st-shapes.R)

```
## 150 Patients(56 male, 94 female)
library(shapes)
library(openxlsx)
## Inner Cortex
inner_36=read.xlsx("mandible.xlsx", sheet=1)
colin36 <- colnames(inner_36)
group = inner_36[,1]
inner_36 <- inner_36[,-c(1,2)]
write.table(inner_36,"in36.txt",row.names=F,col.names=F)

in36 <- read.in("in36.txt",23,2)
## Outer Cortex
outer_36=read.xlsx("mandible.xlsx", sheet=2)
colout36 <- colnames(outer_36)
outer_36 <- outer_36[,-c(1,2)]
write.table(outer_36,"out36.txt",row.names=F,col.names=F)
out36 <- read.in("out36.txt",23,2)

## Shape of Inner and Outer Cortex of First Patient
par(mfrow=c(1,2))
joins <- c(1:23)
plotshapes(out36[,,1],color=1:6, joinline=joins)
title("(c) 외부 형상")
plotshapes(in36[,,1],color=1:6, joinline=joins)
title("(d) 내부 형상")
```

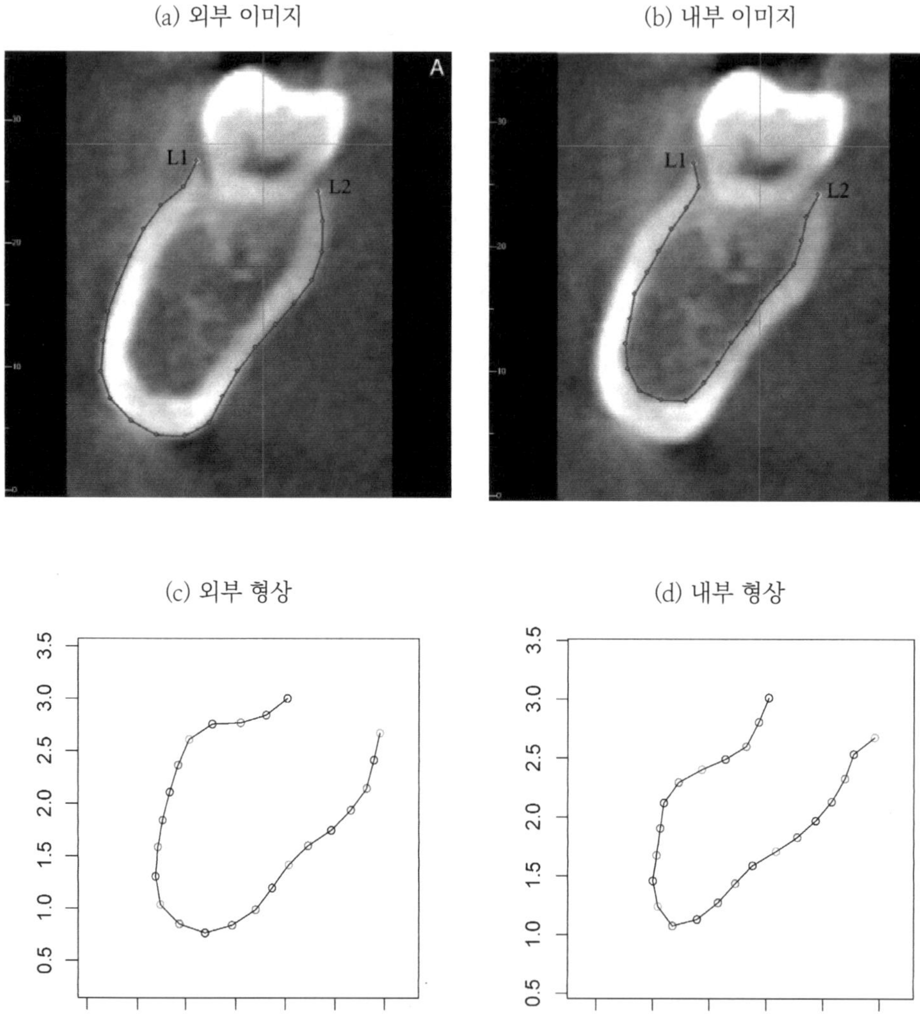

[그림 1.3.10] 턱 하악골 단면 어금니 부위 등고선 이미지 및 형상:
(a) 외부 이미지 (b) 내부 이미지 (c) 외부 형상 (d) 내부 형상

[예 1.3.8] 치의학: 구강형태(palatal morphology)의 이미지

Ahn 외(2019b)에는 [그림 1.3.11]의 (a)와 같이 골격성 Class III 기형(하악이 나온 보통 주걱턱)진단을 받은 성인 환자 100명(남자 60명, 여자 40명)의 구강형태를 비교하기 위해서 CBCT(cone-beam computed tomography) 검사에 의해서 3D 이미지를 얻었다. (b)는 3D 영상 처리를 통해 200개 3차원 형상점을 얻었고 형상점수×차원×총자료수인 $k \times m \times n = 200 \times 3 \times 100$ 배열 형태의 전체 환자 구강형태 평균형상을 보여주고 있다. (c)와 (d)는 남자와 여자 환자 구강형태의 평균형상을 보여주고 있는 데 서로 간에 큰 차이를 보이고 있지 않으며 전체 환자의 평균형상과도 유사하다. 평균형상을 얻기 위해서는 3장에서 GPA(generalized procrustes analysis)를 적용하면 된다. 평균형상에서도 여자 환자의 구강 형상이 다소 넓어 보인다.

이를 위한 [R-코드 1.3.9](platal-meanshapes.R)은 여자와 남자 순서로 정렬된 엑셀 자료 platal.xlsx를 활용하고 있으며 특히 평균형상을 얻기 위한 GPA는 procGPA()를 적용하고 있다.

[R-코드 1.3.9] 골격성 기형 환자의 구강형태 이미지 (platal-meanshapes.R)

```
## 100 Patients(60 males, 40 females)
library(shapes)
library(openxlsx)
## Palatal Morphology
palatal=read.xlsx("palatal.xlsx")
palatal <- palatal[,-1]
write.table(palatal,"palatal.txt",row.names=F,col.names=F)
p=read.in("palatal.txt",200,3) # 전체 환자
f=p[,,1:40] # 여자 환자 40명
m=p[,, 41:100] # 남자 환자 60명

pGPA=procGPA(p)
shapes3d(pGPA$mshape,color=3, axes3=T)# 전체 환자 구강 평균형상
mGPA=procGPA(m)
shapes3d(mGPA$mshape,color=4, axes3=T)# 남자 환자 구강 평균형상
fGPA=procGPA(f)
shapes3d(fGPA$mshape, color=2, axes3=T) # 여자 환자 구강 평균형상
```

(a) 구강형태 이미지

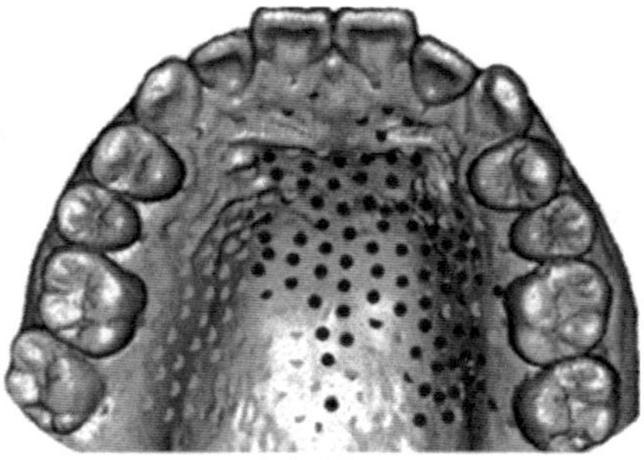

(b) 전체 환자 구강 평균형상

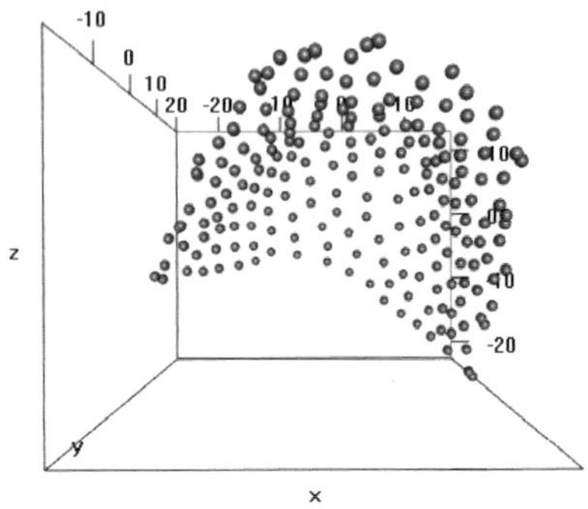

(c) 남자 환자 구강 평균형상

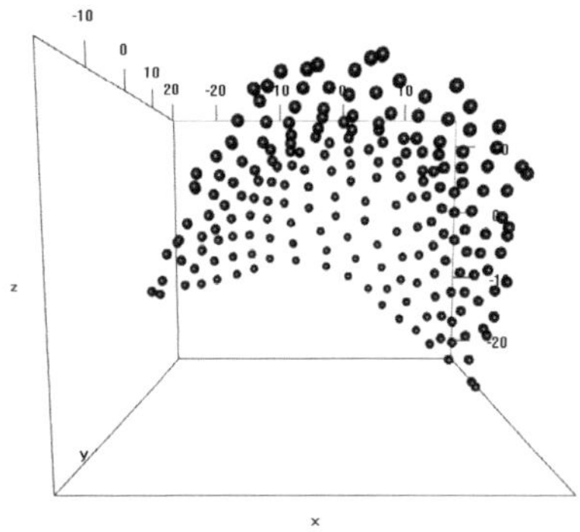

(d) 여자 환자 구강 평균형상

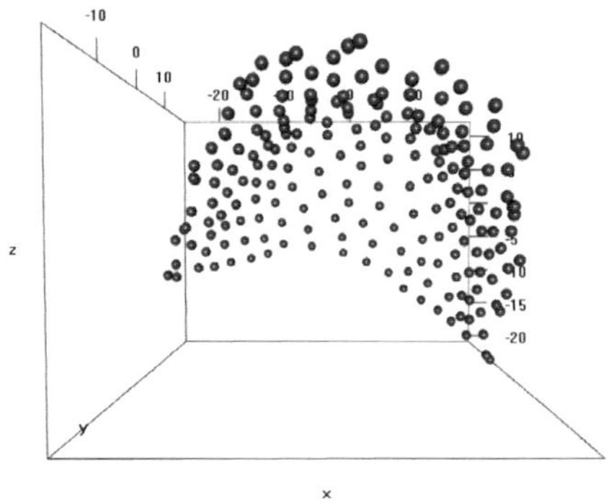

[그림 1.3.11] 골격성 기형 환자 구강형태 이미지 및 형상:
(a) 구강형태 이미지 (b) 전체 환자 구강 평균형상
(c) 남자 환자 구강 평균형상 (d) 여자 환자 구강 평균형상

[예 1.3.9] 입자과학: 모래 알갱이(sand grains)의 형상

곡선 윤곽으로 바다와 강의 모래 알갱이의 특징을 나타낸 자료가 각각 24개와 25개가 있다. 각 알갱이는 형상점 50개점으로 구성되어 있으며 바다 알갱이는 발트해에서 얻어졌고 강 알갱이는 카츠카스 강 슬렌추크에서 얻어졌다. 바다와 강 두 그룹 모래 알갱이의 연속적으로 닫힌곡선 전체 크기와 형상변동의 차이를 살펴보는데 관심이 있다.

[그림 1.3.12]는 (a) 바다 모래 윤곽 (b) 강 모래 윤곽을 보여 주고 있는데 아무래도 바다의 모래 알갱이들이 큰 물결인 파도에 의해서 윤곽 형상이 강 모래 알갱이 보다는 크다. 이를 위한 [R-코드 1.3.10]은 형상점수×차원×총자료수인 $k \times m \times n = 50 \times 2 \times 49$ 배열 형태인 data(sand)를 활용하고 있다.

[R-코드 1.3.10] 모래 알갱이의 형상 (sand-shapes.R)

```
library(shapes)
data(sand)

## Shapes of Sand Grains of Sea and River
win.graph()
par(mfrow=c(1,2))
plotshapes(sand$x[,, sand$group=="sea"], joinline=c(1:50,1))
title("(a) 바다 모래 윤곽 ")
plotshapes(sand$x[,, sand$group=="river"], joinline=c(1:50,1))
title("(b) 강 모래 윤곽")
```

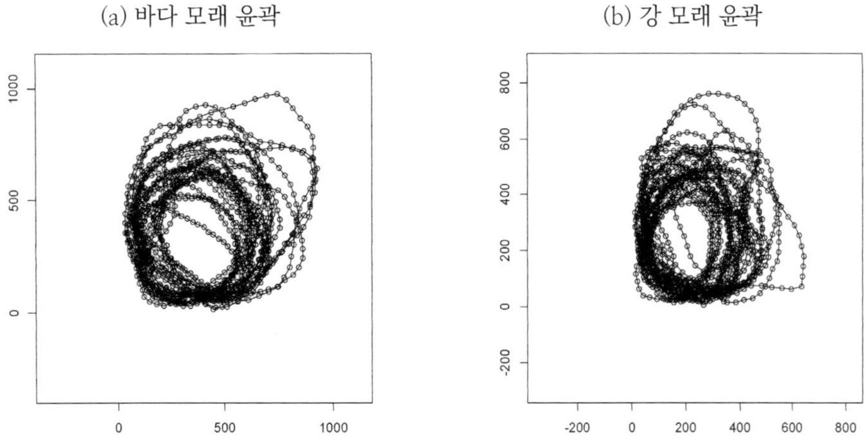

[그림 1.3.12] 모래 미립자 윤곽의 형상: (a) 바다 모래 윤곽 (b) 강 모래 윤곽

1.4 형상크기와 형상공간 좌표

이 절에서는 형상점으로 이루어진 형태(configuration)와 이들로 이루어지는 형태공간(configuration space)을 정의하고 형태를 비교하기 위한 객관적인 크기측도(size measure)에 대하여 알아보자. 그리고 형태로부터 위치효과와 척도효과들이 제거된 사전형상(pre-shape)과 중심이 원점인 중심화(centred) 사전형상을 정의하고자 한다. 여기에 회전효과를 제거한 형상과 이들에 의한 형상공간(shape space)은 2장에서 정의하려 한다.

먼저 형태란, 어느 특정한 개체(object)의 형상점들의 집합을 의미하는데 일반적으로 m 차원의 데카르트좌표 공간상에서 k 개의 형상점들로 이루어진다. 이러한 형태는 크기가 $k \times m$ 인 형태행렬(configuration matrix) $X = (x_{ij})$ 로 정의된다. 여기서 $i = 1, \ldots, k$ 이고 $j = 1, \ldots, m$ 이며, x_{ij} 는 형태행렬 X 의 i 번째 형상점을 나타내는 행과 j 번째 차원을 나타내는 열의 원소를 나타낸다. 따라서 형태공간은 가능한 모든 형상점 좌표들을 나타낼 수 있는 공간으로 km 차원의 실수공간 $\mathbb{R}^{km}$ 으로 정의된다. [정의 1.4.1]에는 지금까지 설명한 형태, 형태행렬 그리고 형태공간에 대하여 요약하고 있다.

[정의 1.4.1] 형태, 형태행렬, 형태공간

- 형태(configuration): 어느 특정한 개체의 형상점들의 집합을 의미.
- 형태행렬(configuration matrix): m 차원의 데카르트좌표 공간상에서 k 개의 형상점들로 이루어지는 크기가 $k \times m$ 인 행렬.
- 형태공간(configuration space): 가능한 모든 형상점 좌표들을 나타낼 수 있는 공간으로 km 차원의 실수공간 $\mathbb{R}^{km}$ 으로 정의.

다음으로 크기가 $k \times m$ 인 형태행렬 X 로부터 중심화 행렬 $C = I_k - 1_k 1_k^T / k$ 에 의해서 위치효과를 제거한 중심화 형태행렬

$$X_C = CX \tag{1.4.1}$$

를 정의하자. 여기서 중심화 행렬 C에서 I_k를 k차 항등행렬(identity matrix)이라 하고, 1_k를 모든 원소를 1로 가지는 $k \times 1$ 벡터라 하자. (1.4.1)로부터 형태행렬 중심크기(centroid size) $S(X)$는 행렬 놈(norm)에 의해서 [정의 1.4.2]의 (1.4.2)에 정리되어 있고 이는 기하적 형상분석에서 가장 보편적으로 사용되는 크기측도이다. 만약에 크기가 $k \times m$인 형태행렬 X에서 $i\,(=1, \ldots, k)$번째 형상점을 나타내는 행은 $\boldsymbol{x}_i = (x_{i1}, \ldots, x_{im})^T$이고 각각의 차원에 대한 형상점들의 평균으로 이루어지는 평균벡터 $\overline{\boldsymbol{x}} = (\overline{x}_1, \ldots, \overline{x}_m)^T$를 형태행렬의 중심이라 하면, 이들에 의해서 (1.4.2)는 다음과 같이 나타낼 수 있다.

$$S(X) = \sqrt{\sum_{i=1}^{k} \| \boldsymbol{x}_i - \overline{\boldsymbol{x}} \|^2}.$$

이는 각 형상점으로부터 중심까지의 제곱 유클리드거리의 합에 대한 제곱근이 된다. 일반적으로 중심크기 $S(X)$가 가장 보편적인 형태행렬의 크기측도이나 형상점의 수가 서로 다른 형태를 비교할 때에는 정규화된 형태인 $S(X)/\sqrt{k}$나 $S(X)/\sqrt{km}$을 이용할 수 있다.

[정의 1.4.2] 형태행렬의 중심크기(centroid size)

형태행렬 $X \in \mathbb{R}^{km}$의 중심크기 $S(X)$는 중심화 형태행렬 $X_C = CX$에 대하여 다음과 같이 정의된다.

$$S(X) = \|X_C\| = \sqrt{\sum_{i=1}^{k}\sum_{j=1}^{m}\left(x_{ij} - \overline{x}_j\right)^2} \tag{1.4.2}$$

여기서 $\overline{x}_j = \dfrac{1}{k}\sum_{i=1}^{k} x_{ij}$는 j번째 차원의 형상점들에 대한 평균이고,

$\|X\| = \sqrt{tr(X^T X)}$는 행렬의 유클리드 놈(Euclidean norm)이다.

[정리 1.4.1] 헬머트 부행렬(Helmert sub-matrix)

헬머트 부행렬 H의 j번째 행은 크기가 $1 \times k$로 다음과 같다.

$$(h_j, \dots, h_j, \ -jh_j, \ 0, \dots, 0), \ j = 1, \dots, k-1,$$

여기서 $h_j = -\{j(j+1)\}^{-1/2}$ 이고 처음 j개 원소는 h_j로 이루어지며 그 다음 원소가 $-jh_j$가 되고 나머지 $k-j-1$개 원소가 0으로 이루어져 있다.

(1.4.2)처럼 개체의 형태에 대한 위치 정보를 제거하는 또 다른 방법으로 [정리 1.4.1]의 헬머트 부행렬(Helmert sub-matrix) H를 이용하는 것이다. 크기가 $(k-1) \times k$ 헬머트 부행렬 H에 의해서 헬머트화 형태행렬

$$X_H = HX \tag{1.4.3}$$

를 계산할 수 있다. 특히, (1.4.2)의 중심화 행렬 C와 헬머트 부행렬 H는

$$H^T H = C = I_k - 1_k 1_k^T / k$$

을 만족하며 크기가 $(k-1) \times m$ 헬머트화 형태행렬 X_H와 크기가 $k \times m$인 중심화 형태행렬 X_C 사이에 다음의 대수적 관계가 성립한다.

$$H^T X_H = H^T H X = CX = X_C.$$

크기가 $(k-1) \times m$ 헬머트화 형태행렬 $X_H = HX$의 중심크기는 (1.4.4)와 같이

$$\|X_H\| = \sqrt{tr(X^T H^T H X)} = \sqrt{tr(X^T C X)} = \|CX\| = S(X) \tag{1.4.4}$$

중심화 형태행렬의 중심크기와 대수적으로 동일함을 보여주고 있다.

형상의 관점에서 지금까지를 요약하자면 형태행렬 X로부터 위치효과를 제거한 중심화 형태행렬 $X_C = CX$에 의해 중심화 형상을 제공한다. 여기에 척도효과를 제거한 사전형상은 [정의 1.4.3]에 요약하고 있는 Z_H가 제공하며 더불어 중심화 사전형상 Z_C의 수리적인 정의를 요약하고 있다. 이들 두 가지 사전형상의 장점은 Z_H의 행이

Z_C보다 적다는 것과 중심화 사전형상 Z_C는 원래 형태의 형상에 대한 정확한 기하적인 모습을 제공하는 데카르트좌표 그림을 이용할 수 있다는 장점이 있다.

[정의 1.4.3] 사전형상(pre-shape)과 중심화 사전형상(centred pre-shape)

크기가 $k \times m$인 형태행렬 $X \in \mathbb{R}^{km}$의 사전형상과 중심화 사전형상은 다음과 같이 정의된다.

$$(k-1) \times m \text{ 사전형상: } Z_H = \frac{X_H}{\| X_H \|} = \frac{HX}{\| HX \|}$$

$k \times m$ 중심화 사전형상:

$$Z_C = \frac{X_C}{\| X_C \|} = \frac{CX}{\| CX \|} = \frac{H^T HX}{\| X_H \|} = H^T \frac{X_H}{\| X_H \|} = H^T Z_H$$

중심화 사전형상 Z_C의 크기는 $k \times m$이 유지가 되고 중심은 원점이 되며 중심크기는 1이 되므로, 형태행렬 X로부터 위치와 척도의 효과가 제거되면서 형상의 기하적인 정보는 그대로 유지되는 장점을 가지고 있어 이를 일반적으로 활용하려 한다.

[보기 1.4.1] 쥐의 흉부척추 뼈 형상의 중심크기와 중심화 사전형상

1.3절의 [예 1.3.1]에서 쥐의 흉부척추 뼈 형상에 대한 몸무게의 영향을 알아보기 위해서 몸무게에 따라 쥐들을 대조 그룹(30마리), 큰 그룹(23마리)과 작은 그룹(23마리)에 대한 형상 윤곽을 살펴보았다. 이를 위한 자료는 library(shape)의 data(mice)에 의해서 제공되고 있다. 특히, [그림 1.4.1]은 세 그룹별 각각의 배열형태인 형상점자료 qcet2.dat, qlet2.dat, qset2.dat에 의해서 각 그룹별 첫 번째 쥐에 대한 중심화 형상과 중심화 사전형상을 비교하고 있다. 여기서 중심화 형상 (a), (c), (e)는 형태행렬 X로부터 중심화한 형태행렬 X_C를 보여주며 (b), (d), (f)는 중심화 사전형상 Z_C을 보여주는데 형태행렬 X로부터 위치와 척도의 효과가 제거되면서 형상의 기하적인 정보는 그대로 유지되고 있다는 점이다.

[R-코드 1.4.1] 쥐의 그룹별 첫 번째 쥐의 척추 뼈에 대한 중심화 형상과 중심화 사전형상 (mice-csize-preshapes.R)

```
## Centroid size and Centred Pre-Shape for Three Groups of Mices
library(shapes)
data(mice)
attach(mice)
k=dim(x)[1];m=dim(x)[2];k;m
C <- diag(k)-matrix(1/k,k,k) # Centring matrix
joins=c(1, 6, 2, 3, 4, 5, 1)

## 1st mice of Control group
cX=qcet2.dat[,,1]
cXc=C%*%cX
csize=sqrt(sum(diag(t(cXc)%*%cXc)))
cZc=cXc/csize
list(csize,centroid.size(cZc))

par(mfrow=c(3,2));par(pty="s")
# Original Shape
plot(cX,xlab="",ylab="")
lines(cX[joins,])
title("(a) 대조 그룹: 원 형상")
# Centred Pre-Shape

plot(cZc,xlab="",ylab="")
lines(cZc[joins,])
abline(h=0,v=0)
title("(b) 대조 그룹: 중심화 사전형상")

## 1st mice of Large group
lX=qlet2.dat[,,1]
lXc=C%*%lX
csize=sqrt(sum(diag(t(lXc)%*%lXc)))
lZc=lXc/csize
list(csize,centroid.size(lZc))

# Original Shape
plot(lX,xlab="",ylab="")
lines(lX[joins,])
title("(c) 큰 그룹: 원 형상")

# Centred Pre-Shape
plot(lZc,xlab="",ylab="")
lines(lZc[joins,])
abline(h=0,v=0)
title("(d) 큰 그룹: 중심화 사전형상")


## 1st mice of Small group
sX=qset2.dat[,,1]
sXc=C%*%sX
csize=sqrt(sum(diag(t(sXc)%*%sXc)))
sZc=sXc/csize
list(csize,centroid.size(sZc))

# Original Shape
plot(sX,xlab="",ylab="")
lines(sX[joins,])
title("(e) 작은 그룹: 원 형상")

# Centred Pre-Shape
plot(sZc,xlab="",ylab="")
abline(h=0,v=0)
lines(sZc[joins,])
title("(f) 작은 그룹: 중심화 사전형상")
```

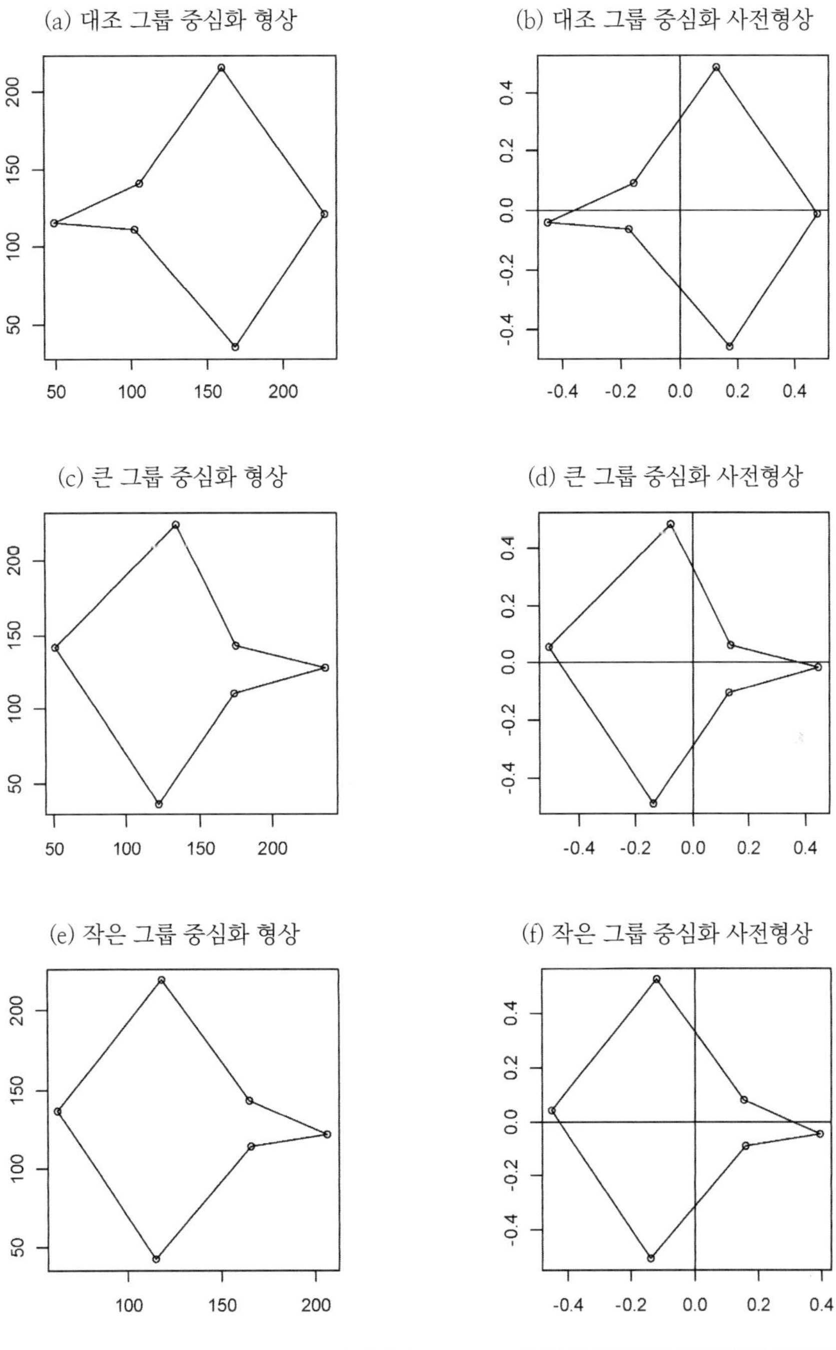

[그림 1.4.1] 형상점 6개에 의한 그룹별 첫 번째 쥐의 두 번째 흉부척추 뼈 T2의 중심화 형상과 중심화 사전형상: (a)-(b) 대조 그룹, (c)-(d) 큰 그룹, (e)-(f) 작은 그룹

특히, [R-코드 1.4.1](mice-csize-preshapes.R)에서 대조 그룹의 첫 번째 쥐의 형태행렬의 중심화 형태행렬을 cXc라 하면 [정의 1.4.2]의 (1.4.2)에 의한 중심크기는 코드

csize=sqrt(sum(diag(t(cXc)%*%cXc))) 또는 centroid.size(cXc)

에 의해서 제공된다. 각 그룹별 첫 번째 쥐의 중심크기는 대조 그룹 190.552, 큰 그룹 193.575, 작은 그룹 171.091이다. 물론 중심화 사전형상의 중심크기는 모두가 1이 됨을 알 수 있다.

더불어 각 그룹별 대조 그룹(30마리), 큰 그룹(23마리) 그리고 작은 그룹(23마리) 전체 쥐의 형상의 크기 차이를 살펴보고 특히 중심크기의 평균에 대한 검정을 위하여 귀무가설 $H_0 : \mu_C = \mu_L = \mu_S$에 대한 분산분석(ANOVA)을 적용하였다. 이를 위한 [R-코드 1.4.2](mice-csize-ANOVAshapes.R)는 함수 centroid.size()에 의해서 제공되는 각 그룹별 중심크기의 분포를 알아보기 위해 함수 plot()의 상자그림, 함수 aov()의 ANOVA 그리고 함수 duncan.test()의 다중비교(multiple comparison)를 위한 것으로 [결과 1.4.1]에는 실행 결과가 주어져 있다.

[R-코드 1.4.2] 쥐의 그룹별 전체 척추 뼈 형상의 중심크기에 대한 ANOVA (mice-csize-ANOVAshapes.R)

```
library(shapes)
data(mice)
attach(mice)

# Centroid Sizes of Three Groups: Control, Large, Small
size=centroid.size(x)
plot(group, size)

## ANOVA : 분산분석
fit=aov(size~group);summary(fit)

## Multiple Comparison: 다중비교
install.packages("agricolae")
library(agricolae)
duncan.test(fit, "group", console=T)
```

[결과 1.4.1] [R-코드 1.4.2]의 수행 결과

(1) 상자그림

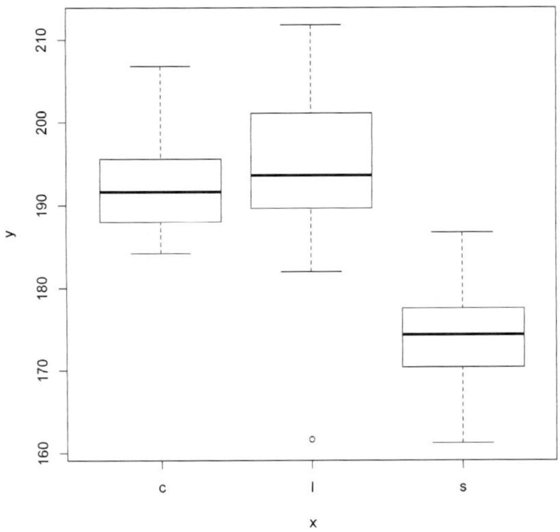

(2) 일원 분산분석

	Df	Sum Sq	Mean Sq	F value	Pr(>F)
group	2	5985	2992.7	54.7	3.05e-15
Residuals	73	3994	54.7		

(3) 다중비교

	size	groups
l	194.2540	a
c	192.1130	a
s	173.8212	b

[결과 1.4.1]-(1) 상자그림을 보면 작은 그룹(s)의 경우 전체적으로 중심크기가 작은 값을 가지면서 아래쪽에 상자가 형성되어 있는 분포를 보여준다. 실제 평균 중심크기도 (3)의 다중비교를 보면 큰 그룹 194.254와 대조 그룹 192.113은 유의한 차이가 없고 반면에 작은 그룹은 173.821로 이들과 유의한 차이가 있음을 알 수 있다. [결과 1.4.1]-(2) 분산분석으로부터 검정통계량 관측값 $f = 54.700$ 은 자유도 (2, 73)을 따르며 유의확률이 0.000으로 유의수준 0.05에서 귀무가설을 기각한다. 그 결과 세 그룹의 형상의 중심크기의 평균은 통계적으로 유의하게 차이가 있다.

[보기 1.4.2] 뇌 공명 스캔 형상의 중심크기와 중심화 사전형상

[예 1.3.3]은 뇌 공명 스캔 이미지를 이용하여 13개의 형상점으로 정신분열 환자와 정상 환자 각각 14명의 형상을 비교하였다. 특히, 형상점 1, 2, 3은 뇌량 경막의 직경을 나타내며 머리 맨 위의 형상점 4는 경막의 곁 여백 점을 보여 주며 형상점 12는 이마극을 나타내어 주로 이들에 의해 뇌의 크기를 가늠하게 된다. [그림 1.4.2]는 두 그룹의 첫 번째 환자에 대한 뇌 공명 스캔 이미지의 원래 형상의 중심화 형상과 중심화 사전형상을 보여 주고 있다. 처리 그룹의 정신분열 환자의 뇌의 형상 (c)와 (d)의 크기가 대조 그룹의 정상 환자의 뇌의 형상 (a)와 (b) 보다 상대적으로 작음을 시각적으로 짐작하게 된다. 실제 실험의 관심은 평균형상과 형상변동을 파악하여 두 그룹의 뇌의 형상 차이를 알아보는 데 있으나 여기서는 중심크기에 의한 두 그룹의 차이를 비교 검정하려는 것이다. 먼저 [R-코드 1.4.3]은 13개 형상점으로 된 자료 library(shapes)의 data(schizophrenia)를 이용하여 [그림 1.4.2]를 얻었다. 두 그룹에 관한 변수 group은 각 그룹 con(대조 그룹)와 scz(처리 그룹)를 나타낸다.

[R-코드 1.4.3] 대조와 처리 군집의 첫 번째 환자 뇌 공명 이미지에 대한 중심화 형상과 중심화 사전형상 (schizo-csize-preshapes.R)

```
library(shapes)
data(schizophrenia)
attach(schizophrenia)
k=dim(x)[1];m=dim(x)[2];k;m
C <- diag(k)-matrix(1/k,k,k) # Centring matrix
cX=x[,, group=="con"]# 대조그룹
tX=x[,, group=="scz"]# 처리그룹

## 대조그룹 첫번째 환자
cX=cX[,,1]
cXc=C%*%cX
csize=sqrt(sum(diag(t(cXc)%*%cXc)))
cZc=cXc/csize
list(csize,centroid.size(cZc))

win.graph()
par(mfrow=c(2,2));par(pty="s")
# Original Shape
plot(cX,xlim=c(-0.7, 0.7), ylim=c(-0.7, 0.6))
lines(cX[c(1:13,1),], lty=1)
title("(a) 대조 그룹: 원 형상")
# Centred Pre-Shape
plot(cZc,xlim=c(-0.5, 0.4), ylim=c(-0.4, 0.4))
lines(cZc[c(1:13,1),], lty=1)
abline(h=0,v=0)
title("(b) 대조 그룹: 중심화 사전형상")

## 처리 그룹 첫번째
tX=tX[,,1]
tXc=C%*%tX
csize=sqrt(sum(diag(t(tXc)%*%tXc)))
tZc=tXc/csize
list(csize,centroid.size(tZc))
# Original Shape
plot(tX,xlim=c(-0.7, 0.7), ylim=c(-0.7, 0.7))
lines(tX[c(1:13,1),], lty=1)
title("(c) 처리 그룹: 원 형상")
# Centred Pre-Shape
plot(tZc,xlim=c(-0.5, 0.4), ylim=c(-0.4, 0.4))
lines(tZc[c(1:13,1),], lty=1)
abline(h=0,v=0)
title("(d) 처리 그룹: 중심화 사전형상")
```

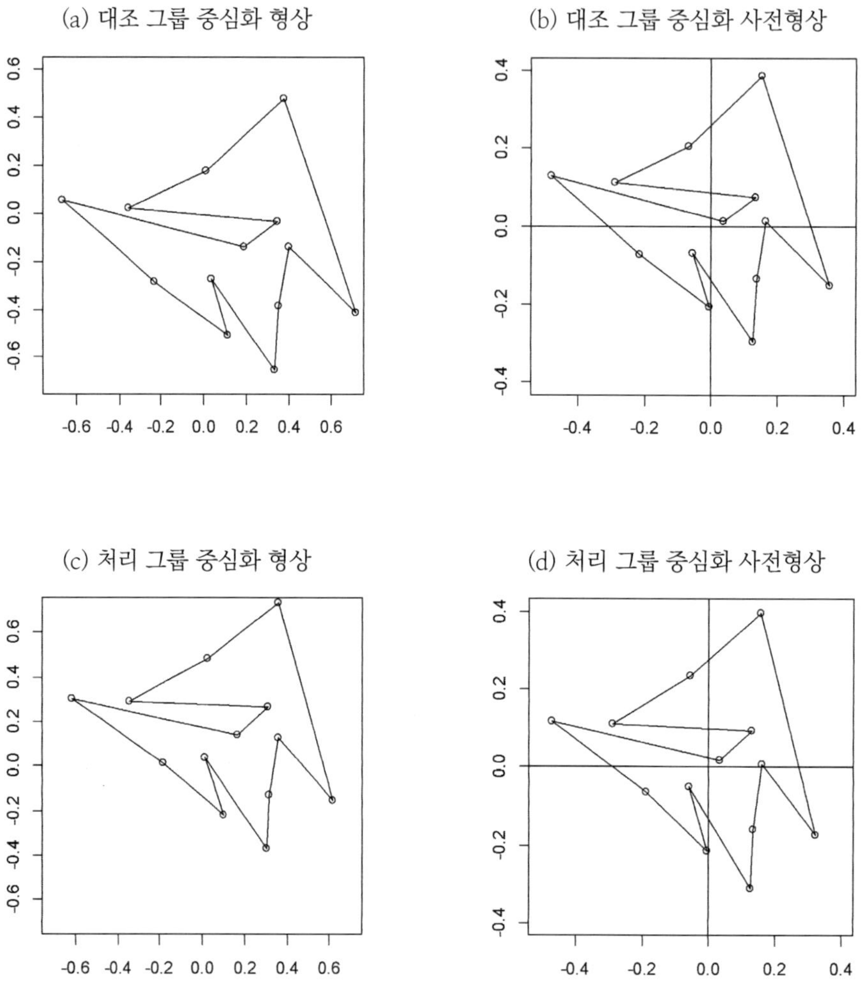

[그림 1.4.2] 대조와 처리 그룹의 첫 번째 환자 뇌 공명 이미지에 대한 중심화 형상과 중심화 사전형상: (a)-(b) 대조 그룹, (c)-(d) 처리 그룹

더불어 정상 환자와 정신분열 환자 각각 14명의 공명 이미지 형상의 크기 차이를 중심크기의 평균에 대한 검정으로 고려하자. [그림 1.4.2]에서 살펴 본 바와 같이 일반적으로 정신분열 환자의 뇌 크기는 정상인 보다 줄어든다는 사실에 근거한 귀무가설 $H_0 : \mu_C - \mu_T = 0$과 대립가설 $H_1 : \mu_C - \mu_T > 0$을 세울 수 있다. 다만 두 그룹의 자료 수가 각각 14명으로 매우 작아 정규성이 만족되면 $t-$검정을 고려할 수 있다. 이를 위한 [R-코드 1.4.4] (schizo-csize-ttestshapes.R)의 수행 결과는 [결과 1.4.2]에 요약되어 있다. (1)의 상자그림을 보면 대조 그룹(con)이 처리 그룹(scz) 보다 형상의 중심크기가 큰 쪽으로 분포하고 있다. 특히 (2)에서 두 그룹 간의 평균값은 1.679와 1.559로 약간의 차이를 보이며 표준편차를 보면 두 그룹의 분산이 동질하다고 여겨도 되겠다. (3)에서 정규성 여부를 샤피로-윌크(Shapiro-Wilk) 검정을 통해 살펴보면 두 그룹 모두 유의확률 $p-$값이 각각 0.051과 0.415가 유의수준 5%보다 커서 귀무가설 H_0 : 정규성을 기각하지 못한다. 따라서 [결과 1.4.2]-(4)의 소표본의 두 그룹에 대한 $t-$검정의 결과 유의확률 $p-$값 = 0.001은 유의수준 5%에서 귀무가설 $H_o : \mu_C - \mu_T = 0$을 기각하게 되고 대립가설 $H_1 : \mu_C - \mu_T > 0$을 채택하여 정상인 대조 그룹의 중심크기의 평균이 환자인 처리 그룹보다는 통계적으로 유의하게 크다고 여겨진다. 이는 [그림 1.4.2]에서 비록 각 그룹의 환자 한 사람에 대한 뇌 형상이지만 시각적으로 뇌의 형상 크기를 판단한 결과를 뒷받침 한다고 여겨진다.

[결과 1.4.2] [R-코드 1.4.4]의 수행 결과

(1) 상자그림

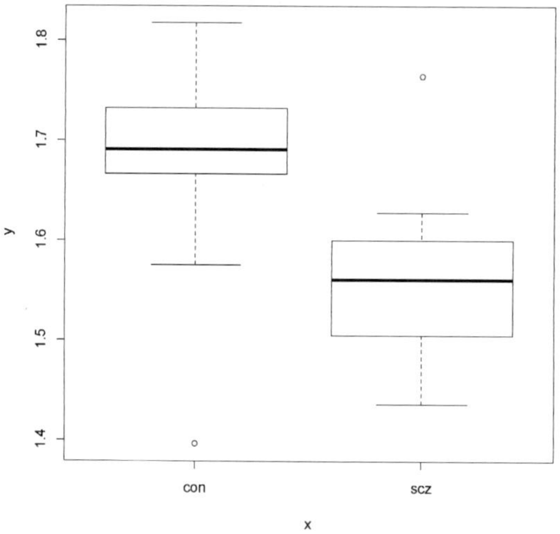

(2) 대조와 처리 그룹의 중심크기 정보

그룹	표본의 크기	평균	표준편차
대조 X	14	1.679	0.104
처리 Y	14	1.559	0.082

(3) 샤피로-윌크 정규성 검정

```
Shapiro-Wilk normality test
data: x
W = 0.87573, p-value = 0.05053
data: y
W = 0.93974, p-value = 0.415
```

(4) $t-$검정 : 소표본

```
          Two Sample t-test
data: x and y
t = 3.3828, df = 26, p-value = 0.001141
alternative hypothesis: true difference in means is greater than 0
```

[R-코드 1.4.4] 대조와 처리그룹의 첫 번째 환자 뇌 공명 이미지 형상의 중심크기에 대한 정규성검정과 $t-$검정 (schizo-csize-ttestshapes.R)

```
library(shapes)
data(schizophrenia)
attach(schizophrenia)

# Centroid Sizes of Three Groups: Control, Large, Small
size=centroid.size(x);size
plot(group, size)# Box plot

# 대조 그룹, 처리그룹
x=size[group=="con"]
y=size[group=="scz"]

#표본의 크기
n1=length(x);n2=length(y)
n1;n2
#평균, 표준편차
mean(x);sd(x)
mean(y);sd(y)

# 정규성 검정
shapiro.test(x)
shapiro.test(y)

# t-test : 소표본
t.test(x,y, var.equal=T, alternative="greater")
```

[보기 1.4.3] 어금니 부위 내부와 외부 형상의 중심크기와 중심화 사전형상

[예 1.3.7]에서 연령이 18.22세~19.16세 사이의 환자 150명(남자 56명, 여자 94명)의 제1 어금니 외부와 내부를 보기 위하여 턱 하악골 단면의 3D 이미지 형상 중 첫 번째 환자의 것을 살펴보았다. 여기서 23개 형상점과 이들 사이에 거의 같은 거리로 연결된 선에 의해서 전체 이미지를 보여주는 21개의 준-형상점(semi-landmark)을 표시 하였다. 실제 전체 환자들의 제1 어금니 외부와 내부의 형상의 중심크기는 동일한 환자 대상에 대해 두 번 반복 측정한 자료이다. [예 1.3.7]에서 자세히 언급한 바와 같이 어금니 내부(sheet=1)와 외부(sheet=2)로 구분된 원자료인 엑셀 자료 mandible.xlsx를 각각 텍스트 형태의 in36.txt와 out36.txt로 자료화한 것이다.

[R-코드 1.4.5] 어금니 부위 내부와 외부 형상 중심크기에 대한 대응 $t-$검정 (mandible-csize-ttestshapes.R)

```
## 150 Patients(56 male, 94 female)
library(shapes)
library(openxlsx)

## Inner Cortex
inner_36=read.xlsx("mandible.xlsx", sheet=1)
colin36 <- colnames(inner_36)
group = inner_36[,1]
inner_36 <- inner_36[,-c(1,2)]
write.table(inner_36,"in36.txt",row.names=F,col.names=F)
in36 <- read.in("in36.txt",23,2)

## Outer Cortex
outer_36=read.xlsx("mandible.xlsx", sheet=2)
colout36 <- colnames(outer_36)
outer_36 <- outer_36[,-c(1,2)]
write.table(outer_36,"out36.txt",row.names=F,col.names=F)
out36 <- read.in("out36.txt",23,2)

# 대응 t-검정
X=centroid.size(out36)# 외부 어금니 중심크기
Y=centroid.size(in36) # 내부 어금니 중심크기
t.test(X, Y, paired=T, alternative="greater")
```

외부와 내부 어금니 형상의 중심크기는 동일 한 환자에 대하여 두 번 반복 측정한 대응자료로 그 차이를 D_1, $D_2, \ldots,$ D_{150}라 하면 귀무가설 $H_0 : \mu_D = 0$과 대립가설 $H_1 : \mu_D > 0$에 대해 대응 $t-$검정(paired t-test)을 실시하면 된다. 이를 위한 [R-코드 1.4.5](mandible-csize-ttestshapes.R)가 [결과 1.4.3]을 제공한다. 검정의 결과 $p-$값 = 0.000은 유의수준 5%에서 귀무가설을 기각하여 어금니 외부 이미지의 중심크기평균이 내부보다 통계적으로 유의하게 크다는 것을 보여준다. 대응 $t-$검정은 R에서 옵션 paired=T에 의한 함수 t.test()를 활용한다.

[결과 1.4.3] [R-코드 1.4.5]의 수행 결과

```
        Paired t-test
data: X and Y
t = 95.343, df = 149, p-value < 2.2e-16
alternative hypothesis: true difference in means is greater than 0
```

1.5 북스테인 형상좌표

이 절에서는 개체의 형상을 나타내기 위한 몇 가지 좌표체계(coordinate system)를 소개하려 한다. 일반적으로 형상에 대한 좌표체계는 형태의 이동(translation), 척도(scaling), 회전(rotation)의 효과를 가하여도 변하지 않아야 한다. 이러한 좌표체계에는 1.4절에서 소개한 중심화 사전형상의 좌표체계 외에도 각(angle)좌표, 북스테인(Bookstein)좌표, 켄달(Kendall)좌표, 탄젠트(tangent)좌표, 켄트(Kent)좌표 등이 있다. 이들을 형상좌표 또는 좌표라 하는 데 이 중에서 가장 많이 사용되는 북스테인좌표를 소개하려 한다. 실제 켄달좌표도 척도에 차이가 있을 뿐 북스테인좌표와 동일하다.

북스테인좌표는 2차원 평면상에서 $(x_j,\ y_j),\ j = 1, \ldots, k$를 k개 형상점들이라 하면 만약에 형상점 1과 2를 고정된 위치 (0, 0)과 (1, 0) 또는 (−1/2, 0)괴 (1/2, 0)로 변환하도록 척도, 이동, 회전을 고려한 후에 남아 있는 나머지 $k-2$개의 좌표를 구하는 것이다. 이를 정리하자면 [정의 1.5.1]과 같다.

[정의 1.5.1] 북스테인좌표(Bookstein coordinates)

2차원 상에서 $k(\geq 3)$개의 형상점 $(x_j,\ y_j),\ j = 1, \ldots, k$이 있을 때 두 기저 형상점 사이의 제곱 유클리드거리를 다음과 같이 정의하자.

$$D_{12}^2 = (x_2 - x_1)^2 + (y_2 - y_1)^2 > 0$$

이들을 제외한 나머지 형상점 $j = 3, \ldots, k$에 대하여

$$u_j^B = \left[(x_2 - x_1)(x_j - x_1) + (y_2 - y_1)(y_j - y_1)\right] / D_{12}^2 - 1/2\ ,$$

$$v_j^B = \left[(x_2 - x_1)(y_j - y_1) - (y_2 - y_1)(x_j - x_1)\right] / D_{12}^2\ ,$$

라 하면 이들에 의한 $(u_j^B,\ v_j^B)^T,\ j = 3, \ldots, k\ ,\ -\infty < u_j^B,\ v_j^B < \infty$는 북스테인좌표가 된다. 이는 기저 형상점을 (−1/2, 0)과 (1/2, 0)으로 하고 이동, 회전하고 척도변환을 한 것이다.

[정의 1.5.1]의 북스테인좌표를 얻기 위해서는 $\boldsymbol{x} = (x_j, y_j)^T$를 j번째 형상점 좌표라 하자. 이를 크기 $\beta > 0$와 시계 방향으로 각 θ만큼 회전시킬 회전행렬 Γ는 성질 $|\Gamma| = 1$와 $\Gamma^T\Gamma = \Gamma\Gamma^T = I_2$를 만족하는

$$\Gamma = \begin{pmatrix} \cos\theta & \sin\theta \\ -\sin\theta & \cos\theta \end{pmatrix}$$

이고, 이동벡터 $\boldsymbol{\alpha} = (\alpha_1, \alpha_2)^T$를 고려하여, 변환

$$\boldsymbol{u} = \beta\Gamma(\boldsymbol{x} - \boldsymbol{\alpha}) \tag{1.5.1}$$

로부터 얻어지는 좌표를 $\boldsymbol{u} = (u_j^B, v_j^B)^T$라 하자. 첫 번째와 두 번째 형상점에 (1.5.1)의 변환을 적용하면 $(\beta, \theta, \alpha_1, \alpha_2)$에 대한 다음과 같이 4개의 방정식을 얻을 수 있다.

$$\beta\Gamma\begin{pmatrix} x_1 - \alpha_1 \\ y_1 - \alpha_2 \end{pmatrix} = \begin{pmatrix} -1/2 \\ 0 \end{pmatrix},\ \beta\Gamma\begin{pmatrix} x_2 - \alpha_1 \\ y_2 - \alpha_2 \end{pmatrix} = \begin{pmatrix} 1/2 \\ 0 \end{pmatrix}.$$

이로부터

$$\boldsymbol{\alpha} = \left(\frac{x_1 + x_2}{2}, \frac{y_1 + y_2}{2}\right)^T,\ \theta = \arctan\left(\frac{y_2 - y_1}{x_2 - x_1}\right),$$

$$\beta = \left[(x_2 - x_1)^2 + (y_2 - y_1)^2\right]^{-1/2},$$

$$\Gamma = \beta\begin{pmatrix} x_2 - x_1 & y_2 - y_1 \\ -(y_2 - y_1) & x_2 - x_1 \end{pmatrix}$$

를 구하게 된다. 이들을 $\boldsymbol{x} = (x_j, y_j)^T,\ j = 3, \ldots, k$와 함께 (1.5.1)에 대입하면 기저가 되는 형상점을 제외한 [정의 1.5.1]의 북스테인좌표 $(u_j^B, v_j^B)^T,\ j = 3, \ldots, k$가 얻어진다. 이들 북스테인좌표에 의한 형상과 이들의 평균형상을 구하게 된다.

실제 북스테인좌표를 크기가 $2(k-2)\times 1$ 인 벡터

$$\boldsymbol{u}^B = (u_3^B,\ \ldots,\ u_k^B,\ v_3^B,\ \ldots,\ v_k^B)^T \tag{1.5.2}$$

로 나타내어 이를 북스테인좌표라 하며 다변량 정규성검정과 여러 집단 간의 평균형상에 대한 검정에 유용하게 사용된다. 일반적으로 k개 형상점을 가진 n개의 개체에서 얻어지는 북스테인좌표 $\boldsymbol{u}_i^B = (u_{i3}^B,\ \ldots,\ u_{ik}^B,\ v_{i3}^B,\ \ldots,\ v_{ik}^B)^T$, $i = 1, \ldots, n$의 각 형상점에 대한 산술평균은 다음과 같다.

$$\overline{u_j^B} = \frac{1}{n}\sum_{i=1}^{n} u_{ij}^B,\quad \overline{v_j^B} = \frac{1}{n}\sum_{i=1}^{n} v_{ij}^B,\ j = 3, \ldots, k$$

이들에 의한 전체 개체들의 평균형상(mean shape) 좌표

$$\overline{\boldsymbol{u}^B} = (\overline{u_3^B},\ \ldots,\ \overline{u_k^B}, \overline{v_3^B},\ \ldots,\ \overline{v_k^B})^T$$

가 제공하는 북스테인 평균형상을 얻게 된다. 특히 북스테인좌표가 제공하는 형상을 북스테인형상이라고 하자.

R에서는 북스테인좌표는 library(shapes)에서 함수 bookstein2d()로부터 얻어지며 첫 번째와 두 번째 원 형상점이 디폴트로 기저 형상점 (-1/2, 0)과 (1/2, 0)로 사용된다. 북스테인 평균형상은 함수 bookstein2d()의 값 $mshape가 제공한다.

[보기 1.5.1] 쥐의 흉부척추 뼈 형상의 북스테인 평균형상

[예 1.3.1]에는 쥐의 몸무게에 따라 큰 그룹(23마리)과 작은 그룹(23마리) 그리고 대조 그룹(30마리)으로 나눈 형상점 6개를 가진 척추 뼈 형상에 대해 살펴보았다. 여기서는 작은 그룹 전체 자료의 중심화 사전형상, 북스테인형상, 북스테인 평균형상을 살펴보려 한다. 따라서 자료는 library(shape)의 data(mice)에 의해서 제공되는 qcet2.dat, qlet2.dat, qset2.dat를 활용하려 한다. 특히, 작은 그룹(23마리)에 대한 두 번째 척추 뼈 T2 형상점 자료 qset2.dat를 이용하여 23마리의 각각의 크기가 4×2 인 북스테인좌표 $(u_j^B,\ v_j^B)^T$, $j = 3, \ldots, 6$ 를 구하고 기저가 되는 첫 번째와 두

번째 형상점을 포함하여 구한 크기가 6×2 인 것이 [표 1.5.1]이다. 이로 부터 [그림 1.5.1]에는 (a) 원 형태좌표의 형상, (b) 중심화 사전형상 (c) 북스테인형상 (d) 북스테인 평균형상이 제공되어 있다.

따라서 [그림 1.5.1]-(a)~(d)은 [R-코드 1.5.1](mice-Booksteinshapes.R)에서 함수 plotshapes()가 제공한다. 특히, 2차원의 북스테인형상을 위한 북스테인좌표는 함수 bookstein2d()로부터 얻어지며 북스테인좌표의 성질 상 형상점 1과 2를 기저 (−1/2,0)과 (1/2,0)로 한 것이지만 대개 형상점 간에 너무 가깝지 않은 것들이 기저로 선택된다.

[표 1.5.1] 작은 쥐의 척추 뼈 원 형태좌표과 북스테인좌표

원 형태좌표: (x_j, y_j)	북스테인좌표: (u_j^B, v_j^B)

, , 1
 	
`     [,1]   [,2]`
`[1,] 117.98 219.62`
`[2,] 114.52  41.93`
`[3,] 166.15 113.59`
`[4,] 206.54 121.79`
`[5,] 165.11 142.92`
`[6,]  62.07 136.58`
	, , 1
	
	`            [,1]       [,2]`
	`[1,] -0.50000000  0.0000000`
	`[2,]  0.50000000  0.0000000`
	`[3,]  0.09121051  0.2826022`
	`[4,]  0.04065577  0.5089238`
	`[5,] -0.07367575  0.2735386`
	`[6,] -0.02672182 -0.3054334`

, , 2
 	
`     [,1]   [,2]`
`[1,] 105.52 235.08`
`[2,] 109.96  57.31`
`[3,] 165.44 126.42`
`[4,] 223.05 140.88`
`[5,] 169.58 156.83`
`[6,]  59.50 138.02`
	, , 2
	
	`            [,1]       [,2]`
	`[1,] -0.50000000  0.0000000`
	`[2,]  0.50000000  0.0000000`
	`[3,]  0.11927150  0.3215978`
	`[4,]  0.04607012  0.6474965`
	`[5,] -0.05110430  0.3491416`
	`[6,]  0.03918438 -0.2723405`

------ 생략 ------	------ 생략 ------

, , 23
 	
`     [,1]   [,2]`
`[1,] 107.35 212.21`
`[2,]  89.50  38.88`
`[3,] 151.63 105.73`
`[4,] 196.56 113.82`
`[5,] 152.69 133.73`
`[6,]  46.53 135.99`
	, , 23
	
	`             [,1]       [,2]`
	`[1,] -0.500000000  0.0000000`
	`[2,]  0.500000000  0.0000000`
	`[3,]  0.081840193  0.3153860`
	`[4,]  0.009241332  0.5671260`
	`[5,] -0.078629315  0.3049759`
	`[6,] -0.029118921 -0.3023987`

[R-코드 1.5.1] 작은 쥐의 척추 뼈에 대한 형상분석 (mice-Booksteinshapes.R)

```
## centred Pre-shape, Bookstein shape and mean shape for small group
library(shapes)
joins=c(1, 6, 2, 3, 4, 5, 1)

## Groups: Control, Large, Small
#cm=qcet2.dat # Control n1=30
#lm=qlet2.dat # Large n2=23
sm=qset2.dat # Samll n3=23

## Centred Pre-Shape : Small group
cent.preshape <- function(X){
        k <- dim(X)[1];m <- dim(X)[2];n <- dim(X)[3]
        C <- diag(k)-matrix(1/k,k,k)
        csize <- centroid.size(X)
        if( is.na(n)){ shape <- C%*%X/csize }
        if(!is.na(n)){
                shape <- array(NA,c(k,m,n))
                for(i in 1:n){ shape[,,i] <- C%*%X[,,i]/csize[i] }
        }
        return(shape)
}
sX=sm
sZc=cent.preshape(sX)

## Bookstein Coordinates
#bcm=bookstein2d(cm)
#blm=bookstein2d(lm)
bsm=bookstein2d(sm)

## Shape Plots of Small Group
plotshapes(sm, symbol=1, joinline=joins) # Original shape
plotshapes(sZc, symbol=1, joinline=joins) # Centred Pre-shape
plotshapes(bsm$bshpv, symbol=1, joinline=joins)#Bookstein shape
plotshapes(bsm$mshape, symbol=1, joinline=joins)# Bookstein mean shape
```

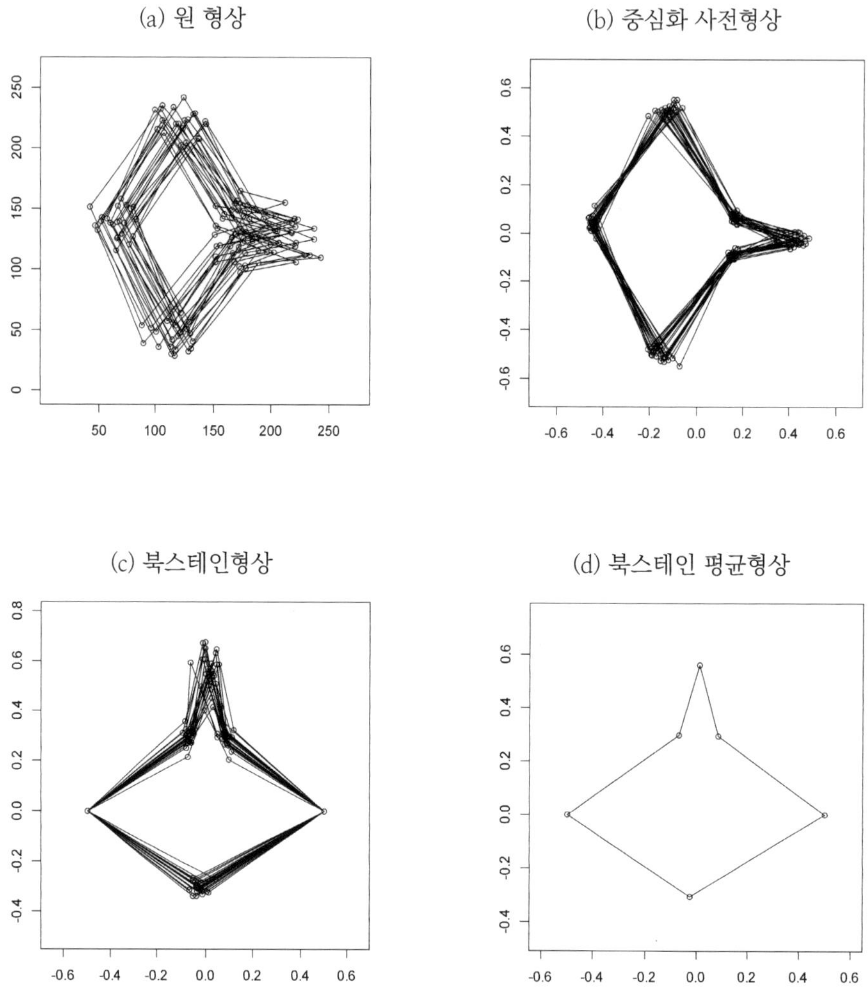

[그림 1.5.1] 작은 그룹(23마리)에 대한 두 번째 척추 뼈의 형상

다음의 [보기 1.5.2]에서는 [보기 1.5.1]에서 구한 북스테인좌표와 [정의 1.4.2]의 (1.4.2)의 중심크기와의 상관관계를 보여주는 다중산점도 [그림 1.5.2]가 형태의 형상과 중심크기의 연관성을 보여주기도 한다. 이를 통하여 형상분석에 중심크기를 고려해야할 지를 짐작하게 하며 여러 군집 간의 형상 처리를 비교하는 데도 유용하게 활용된다.

[보기 1.5.2] 쥐의 척추 뼈 형상의 중심크기와 북스테인좌표의 상관관계

[보기 1.5.1]에서 살펴 본 작은 그룹의 쥐 척추 뼈 자료 qset2.dat로부터 북스테인 형상을 제공하는 북스테인좌표와 형상의 중심크기의 상관관계를 보기 위한 다중 산점도가 [그림 1.5.2]에 있다. 이를 위한 [R-코드 1.5.2](mice-csize-Bookstein-Correlationshapes.R)를 참고 바란다. [그림 1.5.2]에서 북스테인 좌표들 중 v_3^B, v_4^B, v_5^B가 상관계수가 0.9 이상으로 강한 양의 상관이 있으며 이들 각각은 csize (중심크기)와 상관계수가 0.72이상으로 상대적으로 다른 좌표들과는 달리 상관이 높음을 보여주고 있다. 따라서 이들 형상의 일부는 중심크기와 연관되어 있다고 할 수 있으며 이는 이질동행(allometry)의 문제로 회귀방정식을 이용한 응용을 Dryden과 Mardia(2016, 5장)에서 다루고 있으니 참고 바란다.

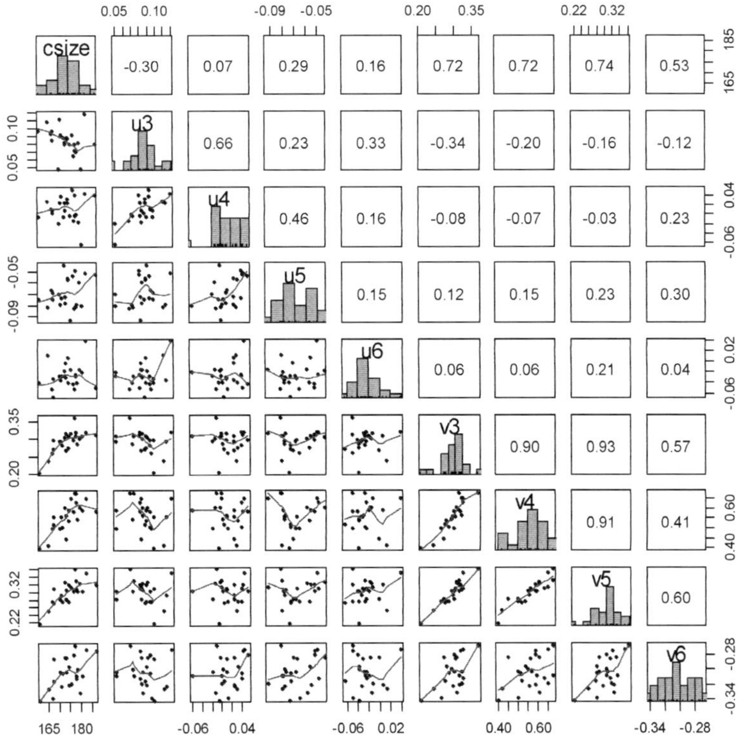

[그림 1.5.2] 작은 그룹의 쥐 척추 뼈에 대한 중심크기와 북스테인좌표의 다중산점도

[R-코드 1.5.2] 작은 그룹 쥐 척추 뼈 형상의 중심크기와 북스테인좌표의 다중산점도 (mice-csize-Bookstein-Correlationshapes.R)

```
## Multiple scatter plot of centroid size and Bookstein coordinates for small group
library(shapes)

## Groups: Control, Large, Small
#cm=qcet2.dat # Control n1=30
#lm=qlet2.dat # Large n2=23
sm=qset2.dat # Samll n3=23

## Bookstein Coordinates
#bcm=bookstein2d(cm)
#blm=bookstein2d(lm)
bsm=bookstein2d(sm)

## correlation between centroid size and Bookstein coordinates
csize=centroid.size(sm)
cs=matrix(csize,1,23)
u=bsm$bshpv[3:6,,]
x=rbind(cs,u[,1,],u[,2,]);x=t(x)
library(psych)
pairs.panels(x, density=F, ellipses=F,
   labels=c("csize", "u3", "u4", "u5", "u6", "v3", "v4", "v5", "v6"))
```

1.6 켄달 형상좌표 및 복소좌표

1.5절의 북스테인(형상)좌표와 유사한 켄달(형상)좌표에 대해서 알아보고자 한다. 켄달좌표가 북스테인좌표와 다른 점은 [정리 1.4.1]에서 살펴 본 헬머트 부행렬 H를 이용하여 개체의 형태에 대한 위치 정보를 제거하는 것이다.

참고로 통계학에서 자주 사용되는 크기가 $k \times k$인 헬머트 행렬은 직교행렬로서, 첫 번째 행은 모든 원소가 $1/\sqrt{k}$ 이고 이에 대해 직교하는 나머지 행들은 헬머트 부행렬로 이루어져 있다. 예를 들자면 $k=3$인 경우 헬머트 부행렬은 (1.6.1)과 같다.

$$H = \begin{pmatrix} -1/\sqrt{2} & 1/\sqrt{2} & 0 \\ -1/\sqrt{6} & -1/\sqrt{6} & 2/\sqrt{6} \end{pmatrix} \tag{1.6.1}$$

이는 첫 번째 행은 모든 원소가 $1/\sqrt{3}$ 인 헬머트 행렬

$$H^F = \begin{pmatrix} 1/\sqrt{3} & 1/\sqrt{3} & 1/\sqrt{3} \\ -1/\sqrt{2} & 1/\sqrt{2} & 0 \\ -1/\sqrt{6} & -1/\sqrt{6} & 2/\sqrt{6} \end{pmatrix}$$

로부터 고려될 수 있다.

$\boldsymbol{z}^o = (z_1^o, \dots, z_k^o)^T$를 형상점의 복소좌표(complex coordinates)라 하고, 이를 헬머트 부행렬 H에 의해서 변환시킨 좌표를 $z_H = Hz^o = (z_1, \dots, z_{k-1})^T$라 하면 켄달좌표는 [정의 1.6.1]과 같이 정의될 수 있다.

[정의 1.6.1] 켄달좌표(Kendall coordinates)

켄달좌표 $(u_j^K, v_j^K)^T$, $j = 3, \dots, k$는 다음과 같이 주어진다.

$$u_j^K + i v_j^K = \frac{z_{j-1}}{z_1}. \tag{1.6.2}$$

여기서 [정의 1.5.1]의 북스테인좌표도 복소좌표 $z_1^o, \dots, z_k^o$를 이용하여 통합적으로 나타내면 다음과 같다.

$$u_j^B + iv_j^B = \frac{z_j^o - z_1^o}{z_2^o - z_1^o} - \frac{1}{2} = \frac{2z_j^o - z_1^o - z_2^o}{2(z_2^o - z_1^o)}, \quad j = 3, \ldots, k. \tag{1.6.3}$$

(1.6.2)의 켄달좌표와 (1.6.3)의 북스테인좌표를 각각

$$\boldsymbol{w}^K = (u_3^K + i\,v_3^K, \ldots, u_k^K + i\,v_k^K)^T, \ \ \boldsymbol{w}^B = (u_3^B + i\,v_3^B, \ldots, u_k^B + i\,v_k^B)^T$$

라 하면 이들 간에는 일대일 대응이 만족되며

$$\boldsymbol{w}^K = \sqrt{2}\,H_1 \boldsymbol{w}^B \tag{1.6.4}$$

가 성립한다. 여기서 H_1은 헬머트 부행렬의 아래 오른쪽 $(k-2)\times(k-2)$ 분할행렬로 J_{k-2}를 모든 원소가 1이고 크기가 $(k-2)\times(k-2)$인 행렬이라 하면

$$H_1^T H_1 = I_{k-2} - \frac{1}{k} J_{k-2}, \ \ \|H_1\|^2 = \frac{2}{k}, \ \ (H_1^T H_1)^{-1} = I_{k-2} + \frac{1}{2} J_{k-2}$$

을 만족한다. 따라서 실제 켄달좌표는 (1.6.4)에서 보는 바와 같이 북스테인좌표와 척도에 차이가 있을 뿐이다.

이번에는 켄달좌표로 부터 북스테인좌표를 구하는 역 변환은 다음과 같다.

$$\boldsymbol{w}^B = (H_1^T H_1)^{-1} H_1^T \boldsymbol{w}^K / \sqrt{2} \tag{1.6.5}$$

[보기 1.6.1] $k=3$ 일 때 북스테인좌표와 켄달좌표의 관계

$k=3$ 이므로 (1.6.2)의 복소수 관계를 만족하는 켄달좌표 $(u_3^K,\ v_3^K)^T$를 구하기 위해서는 먼저 복소좌표 $\boldsymbol{z}^o = (z_1^o, z_2^o, z_3^o)^T$와 (1.6.1)의 헬머트 부행렬 H에 의해서

$$\begin{aligned} z_H &= Hz^o = (z_1, z_2)^T \\ &= \begin{pmatrix} -1/\sqrt{2} & 1/\sqrt{2} & 0 \\ -1/\sqrt{6} & -1/\sqrt{6} & 2/\sqrt{6} \end{pmatrix} \begin{pmatrix} z_1^0 \\ z_2^0 \\ z_3^0 \end{pmatrix} = \begin{pmatrix} \frac{1}{\sqrt{2}}(z_2^0 - z_1^0) \\ \frac{1}{\sqrt{6}}(2z_3^0 - z_1^0 - z_2^0) \end{pmatrix} \end{aligned}$$

이다. 따라서 켄달좌표 $(u_3^K,\ v_3^K)^T$는 다음을 만족한다.

$$u_3^K + iv_3^K = \frac{z_2}{z_1} = \frac{\frac{1}{\sqrt{6}}(2z_3^0 - z_1^0 - z_2^0)}{\frac{1}{\sqrt{2}}(z_2^0 - z_1^0)} = \frac{2}{\sqrt{3}}\left[\frac{z_3^0 - \frac{1}{2}(z_1^0 + z_2^0)}{z_2^0 - z_1^0}\right] = \frac{2}{\sqrt{3}}(u_3^B + iv_3^B)$$

이 경우 켄달좌표는 복소좌표의 첫 번째 형상점 z_1^0과 두 번째 형상점 z_2^0를 각각 $(-1/\sqrt{3}, 0)$과 $(1/\sqrt{3}, 0)$으로 변환하여 얻어지는 3번째 형상점 좌표가 됨을 알 수 있다.

켄달좌표로 부터 북스테인좌표를 구하는 역 변환 (1.6.5)으로 부터 $k = 3$일 때 헬머트 부행렬의 아래 오른쪽 $(3-2)\times(3-2)$ 분할행렬 $H_1 = 2/\sqrt{6}$와 $J_{3-2} = 1$이므로 $(H_1^T H_1)^{-1} = I_{3-2} + \frac{1}{2}J_{3-2} = 1 + 1/2 = 3/2$에 의해서 다음과 간이 북스테인좌표와 켄달좌표의 관계를 알 수 있다.

$$\boldsymbol{w}^B = \frac{1}{\sqrt{2}}(H_1^T H_1)^{-1} H_1^T \boldsymbol{w}^K = \frac{1}{\sqrt{2}}\frac{3}{2}\frac{2}{\sqrt{6}}\boldsymbol{w}^K = \frac{\sqrt{3}}{2}\boldsymbol{w}^K$$

$$\Leftrightarrow\ \boldsymbol{w}^K = \frac{2}{\sqrt{3}}\boldsymbol{w}^B = \sqrt{2}\frac{2}{\sqrt{6}}\boldsymbol{w}^B = \sqrt{2}H_1\boldsymbol{w}^B$$

추가적으로 [정의 1.6.1]의 켄달좌표 (1.6.2)에서 사용된 복소좌표 $\boldsymbol{z}^o = (z_1^o, \ldots, z_k^o)^T$는 형상점의 수가 $k \geq 3$인 복소공간 $\mathbb{C}^k$에 존재하며 k개 형상점들에 의한 원형태좌표 $(x_j^0,\ y_j^0)^T = (x_j,\ y_j)^T,\ j = 1, \ldots, k$의 직교형식의 복소수 $z_j^0 = x_j^0 + iy_j^0$, $j = 1, \ldots, k,\ i = \sqrt{-1}$를 만족한다. 이를 헬머트 부행렬 H에 의해서 변환시킨 복소좌표

$$z_H = Hz^o = (z_1, \ldots, z_{k-1})^T$$

는 복소 헬머트 형상점을 제공하게 된다.

복소좌표 z^0가 제공하는 형상의 중심크기는

$$S(z^0) = \sqrt{(z^0)^* C z^0} = \| z_H \| = \sqrt{(z_H)^* z_H} \qquad (1.6.6)$$

이다. 여기서 $(z^0)^* = \left(\overline{z^0}\right)^T$는 z^0의 복소켤레(complex conjugate)의 전치(transpose)이고 $C = I_k - 1_k 1_k^T / k$이다.

복소 사전형상 z는 $z^* z = 1$을 만족하며

$$z = \frac{z_H}{S(z^0)} \tag{1.6.7}$$

가 된다. 따라서 복소 중심화 사전형상 z_C는 다음과 같다.

$$z_C = H^T z = C z^0 / \parallel C z^0 \parallel \tag{1.6.8}$$

(1.6.8)을 복소공간에서 중심과 크기를 1로 가지는 중심화 사전형상 상(icon)이라 하며 지금까지 언급한 복소 사전형상과 복소 중심화 사전형상을 [정의 1.6.2]에 요약해 두었다.

[정의 1.6.2] 복소 사전형상과 복소 중심화 사전형상

복소좌표 $\boldsymbol{z}^o = (z_1^o, \ldots, z_k^o)^T \in \mathbb{C}^k$의 복소 사전형상과 복소 중심화 사전형상은 다음과 같이 정의된다.

복소 사전형상: $z = z_H / S(z^0) \in \mathbb{C}^{k-1}$

복소 중심화 사전형상: $z_C = H^T z \in \mathbb{C}^k$

[보기 1.6.2] 작은 그룹 첫 번째 쥐의 척추 뼈 형상의 복소좌표

[보기 1.5.1]의 [표 1.5.1]에는 $k = 6$개 형상점에 의한 작은 그룹의 23마리 쥐의 형상을 위한 형태좌표가 북스테인좌표와 함께 주어져 있다. 이 중에서 첫 번째 쥐의 2차원 좌표로부터 1차원 좌표와 2차원 좌표 각각은 복소좌표 $z_j^0 = x_j^0 + i\, y_j^0$, $j = 1, \ldots, 6$의 실수부 x_j^0와 허수부 y_j^0를 형성하여 다음과 같이 복소좌표를 만들 수 있다.

$$z^0 = (z_1^o, \dots, z_6^o)^T = (117.98 + 219.62i, 114.52 + 41.93i, 166.15 + 113.59i, 206.54 + 121.79i, 165.11 + 142.98i, 62.07 + 136.58i)^T$$

크기가 $(6-1)\times(6-1)$ 헬머트 부행렬 H에 의해서 변환시킨 복소좌표 z_H는

$$z_H = Hz^o = (-2.45 - 125.65i, 40.74 - 14.03i, 63.79 - 2.82i, 12.35 + 16.71i, -83.97 + 7.86i)^T$$

이다. 중심크기는 $S(z^0) = 171.091$ 이고 따라서 복소 사전형상 $z = z_H / S(z^0)$ 는

$$z = (z_1, \dots, z_5)^T = (-0.01 - 0.73i, 0.24 - 0.08i, 0.37 - 0.02i, 0.07 + 0.10i, -0.49 + 0.05i)^T$$

복소 중심화 사전형상 z_C는

$$z_C = H^T z = (-0.12 + 0.53i, -0.14 - 0.51i, 0.16 - 0.09i, 0.40 - 0.04i, 0.15 + 0.08i, -0.45 + 0.04i)^T$$

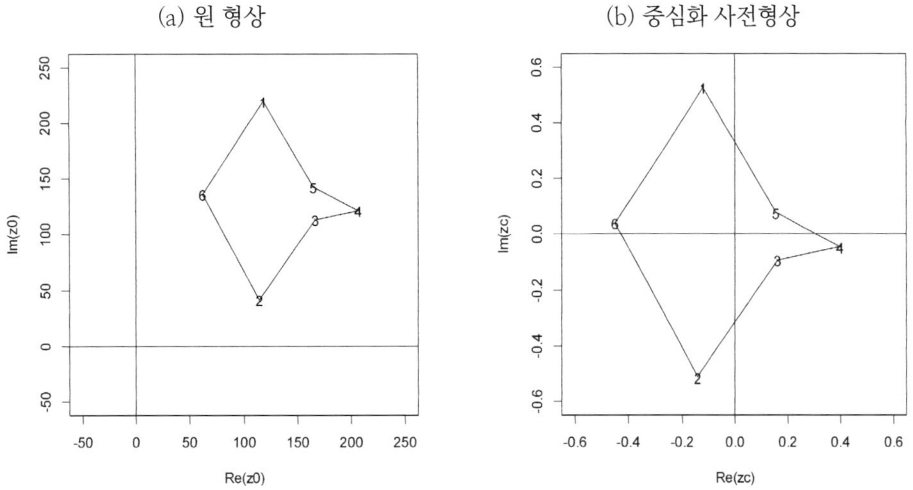

[그림 1.6.1] 작은 그룹의 첫 번째 쥐 척추 뼈 형상의 복소좌표 z^0 와 복소 중심화 사전형상 z_C

[그림 1.6.1]-(a)는 작은 그룹의 첫 번째 쥐의 복소좌표 z^0의 실수부 Re(z0)와 허수부Im(z0)에 대한 좌표로 형상을 그린 것이고 (b)는 복소 중심화 사전형상 z_C의 실수부와 허수부에 대한 좌표로 형상을 그린 것이다. 특히 (a)는 원래 관찰된 위치, 척도와 회전에 따른 형상이고 (b)는 중심화에 의해서 원점을 중심으로 크기는 1을 가지는 형상으로 (a)의 원 형상과 비교하자면 회전은 변화가 없고 위치와 크기만 변하였다. [그림 1.6.1]을 위한 [R-코드 1.6.1]에서는 복소좌표를 만들기 위해 함수 complex(real=x, imaginar=y)를 활용하였다. 그리고 복소 중심화 사전형상 z_C의 복소좌표로부터 2차원 형상을 위한 좌표의 실수부와 허수부는 함수 Re(zc)와 Im(zc)를 활용하면 된다.

[R-코드 1.6.1] 작은 그룹 첫 번째 쥐 척추 뼈 형상의 복소좌표와 복소 중심화 사전 형상 (mice-complex-preshapes.R)

```
## Pre-shape based on the Complex coordinates for small group
library(shapes)
joins=c(1, 6, 2, 3, 4, 5, 1)
m1=qset2.dat[,,1]# 1st mouse od small gruop
k=dim(m1)[1];m=dim(m1)[2]
C <- diag(k)-matrix(1/k,k,k) # Centring matrix

# Row coodinates
x=m1[,1];y=m1[,2]

# Orignal complex coordinates
z0=complex(real=x, imaginar=y);z0
H=defh(k-1)
zh = H%*%z0;round(zh, 2)
csize=centroid.size(z0);csize # centroid size
z=zh/csize;round(z,2)
zc=t(H)%*%z;round(zc,2) # centred pre-shape
Re(zc);Im(zc)
zcs=cbind(Re(zc),Im(zc))
## Plots of Original shape and centred pre-shape
par(mfrow=c(1,2));par(pty="s")
plot(m1, xlim=c(-50,250), ylim=c(-50,250),
     xlab="", ylab="", pch=".")
lines(m1[joins,])
text(x, y, labels=c(1:6))
abline(v=0, h=0)
title("(a) 원 형상")

plot(zcs,xlim=c(-0.6,0.6), ylim=c(-0.6, 0.6),xlab="",ylab="",  pch=".")
lines(zcs[joins,])
text(zcs[,1], zcs[,2], labels=c(1:6))
abline(h=0,v=0)
title("(b 중심화 사전형상")
```

2장
형상공간과 크기
-형상공간

2장 형상공간과 크기-형상공간

이 장에서는 주로 2차원 공간에서 개체들의 형상을 나타내는 형상점에 관한 좌표점으로 이루어진 형태행렬로부터 위치, 회전과 척도를 고려한 형상(shape)을 정의하고 이들에 의한 형상공간(shape space)을 정의하려 한다. 이 공간에서 정의되는 다양한 형상거리를 통해 개체들의 형상 군집화를 위한 다차원척도법을 시도하려 한다. 만약에 척도효과가 남아있게 되는 형태행렬의 크기-형상을 정의하고 형상들의 처리를 비교하기 위한 측도인 평균잔차제곱근(RMSD)을 소개하려 한다. 더불어 개체들의 형상에 대한 다양한 평균형상의 정의를 통해 이상치 형상에 저항적인 성향의 정도를 다차원척도법과 군집분석을 통해 비교 논의하고자 한다. 특히, 다차원척도법은 최용석(2014, 3장; 2018, 7장)과 군집분석은 최용석(2018, 5장)을 참고 하면 R을 활용한 이들 분석에 대한 다양한 이해와 응용이 이 장을 이해하는 데 도움을 줄 것이다.

2.1 형상공간과 거리

이 절에서는 크기가 $k \times m$ 인 형태행렬 X로부터 위치와 척도, 회전에 의한 효과들을 제거한 형상과 이들에 의한 형상공간을 정의하려 한다. 이 공간에서 부분프로크러스티즈(partial Procrustes distance), 완전프로크러스티즈(full Procrustes distance), 리만거리(Riemannian distance)와 같이 몇 가지 형상거리(shape distance)를 고려하기로 하자. 특히 2차원 형태행렬의 좌표를 표현할 수 있는 형상공간은 복소사영공간(complex projective space)이다.

먼저 위치효과를 제거하기 위해 크기가 $k \times k$ 인 중심화 행렬 $C = I_k - 1_k 1_k^T / k$에 의한 크기가 $k \times m$ 인 중심화 형태행렬 $X_C = CX$와 더불어 크기가 $(k-1) \times k$ 인 헬머트 부행렬 H에 의한 크기가 $(k-1) \times m$ 헬머트화 형태행렬 $X_H = HX$를 정의하였다. 물론 이들 간에는 대수적으로 $H^T X_H = X_C$이 성립한다. 다음으로 형상크기를 고려하여 척도효과를 제거한 $k \times m$ 중심화 사전형상 $Z_C = X_C / s(X)$와

$(k-1)\times m$ 사전형상 $Z_H = X_H/s(X)$를 정의하면 이들 간에는 $Z_C = H^T Z_H$의 대수적 관계가 성립한다.

위치효과와 척도효과의 제거에 추가적으로 회전효과를 제거한 것을 일반적으로 형상(shape)이라고 하면 이는 [정의 2.1.1]과 같이 회전행렬 Γ에 의해서 사전형상 Z_H의 회전된 것을 말한다.

[정의 2.1.1] 형상(shape)과 형상공간(shape space)

- **형상**: 크기 $k\times m$ 형태행렬 $X\in \mathbb{R}^{km}$의 $(k-1)\times m$ 사전형상 $Z_H = X_H/s(X)$에 대하여 직교정규 회전행렬 Γ에 의해서 다음을 만족하는 집합 $[X]$이다.

$$[X] = \left\{Z_H\Gamma:\ \Gamma^T\Gamma = \Gamma\Gamma^T = I_m,\ |\Gamma| = 1\right\} \qquad (2.1.1)$$

- **형상공간**: 모든 형상들의 공간

만약에 크기가 $k\times m$인 두 형태행렬 X_1과 X_2를 고려하면 $(k-1)\times m$ 헬머트화 형태행렬 $X_H = HX$과 사전형상 $Z_H = X_H/s(X)$의 정의에 의해서 두 사전형상 Z_1과 Z_2를 계산할 수 있다. 위치효과와 크기효과가 제거된 두 사전형상 간 가장 근접한 유클리드거리는 회전효과를 최소화하도록 구하면 되고 이는 [정리 2.1.2]의 부분프로크러스티즈거리 $d_P(X_1, X_2)$로 요약하게 된다. 만약에 크기효과를 회전효과와 같이 고려하여 두 사전형상 간 가장 근접한 유클리드거리는 [정리 2.1.1]의 완전프로크러스티즈거리 $d_F(X_1, X_2)$로 나타낼 수 있다. 이는 두 사전형상 Z_1과 Z_2의 내적 $Z_2^T Z_1$의 비정칙값분해(singular value decomposition)에 의한 직교 회전행렬과 척도모수의 추정을 계산하고 있다. 따라서 [정리 2.1.3]에는 대수적으로 $Z_2^T Z_1$의 비정칙값분해의 비정칙값에 의한 부분과 완전 프로크러스티즈거리를 최종 나타내고 있다.

[정리 2.1.1] 부분프로크러스티즈거리(partial Procrustes distance)

크기가 $k \times m$ 두 형태행렬 $X_1, X_2 \in \mathbb{R}^{km}$의 크기가 $(k-1) \times m$ 사전형상 Z_1와 Z_2를 직교정규 회전행렬 Γ에 의해서 가능한 근접하게 대응하게 하는 부분프로크러스티즈거리를 다음과 같이 정의하자.

$$d_P(X_1, X_2) = \inf_{\Gamma} \| Z_2 - Z_1 \Gamma \| \tag{2.1.2}$$

그러면 (2.1.2)를 만족하는 직교정규 회전행렬은 $\hat{\Gamma} = VU^T$가 된다. 여기서 V와 U는 직교행렬로 비정칙값분해

$$Z_2^T Z_1 = U \Lambda V^T \tag{2.1.3}$$

를 만족하며 $\Lambda = diag(\lambda_1, \ldots, \lambda_m)$는 크기가 $m \times m$인 대각행렬로 대각원소인 비정칙값 $\lambda_1 \geq \lambda_2 \geq \ldots \geq \lambda_{m-1} \geq |\lambda_m|$을 만족한다.

[정리 2.1.2] 완전프로크러스티즈거리(full Procrustes distance)

크기가 $k \times m$ 두 형태행렬 $X_1, X_2 \in \mathbb{R}^{km}$의 크기가 $(k-1) \times m$ 사전형상 Z_1와 Z_2의 직교정규 회전행렬 Γ와 양의 척도모수 β에 의해서 가능한 근접하게 대응하게 하는 완전프로크러스티즈거리를 다음과 같이 정의하자.

$$d_F(X_1, X_2) = \inf_{\Gamma, \beta} \| Z_2 - \beta Z_1 \Gamma \| \tag{2.1.4}$$

비정칙값분해 (2.1.3)으로부터 (2.1.4)를 만족하는 직교정규 회전행렬과 척도모수는 각각 $\hat{\Gamma} = VU^T$와 $\hat{\beta} = \sum_{k=1}^{m} \lambda_k$이다.

[정리 2.1.1]과 [정리 2.1.2]의 증명:

먼저 (2.1.4)에서

$$R = Z_2 - \beta Z_1 \Gamma = (\boldsymbol{r}_1, \ldots, \boldsymbol{r}_k)^T \tag{2.1.5}$$

라 정의하고 이를 잔차(residual)행렬이라 하자. 잔차행렬 R의 j 번째 행벡터

$$\boldsymbol{r}_j = \boldsymbol{z}_{(2)j} - \beta \Gamma^T \boldsymbol{z}_{(1)j},\ j = 1, \ldots, k \tag{2.1.6}$$

는 크기가 $m \times 1$ 인 벡터이며 $\boldsymbol{z}_{(1)j} = (z_{(1)j1}, \ldots, z_{(1)jm})^T$과 $\boldsymbol{z}_{(2)j} = (z_{(2)j1}, \ldots, z_{(2)jm})^T$ 는 각각 Z_1과 Z_2의 j 번째 형상점이다. 이때 (2.1.4)의 놈의 제곱은 (2.1.5)와 (2.1.6)에 의해서 (2.1.7)과 같이 정리된다.

$$\| Z_2 - \beta Z_1 \Gamma \|^2 = \|R\|^2 = tr(R^T R) = \sum_{j=1}^{k} \|\boldsymbol{r}_j\|^2. \tag{2.1.7}$$

따라서 (2.1.4)를 최소화하는 문제는 (2.1.7)을 최소화 하는 문제가 된다.

이를 위해 먼저 (2.1.7)을 β에 대한 미분

$$\frac{\partial \sum_{j=1}^{k} \|\boldsymbol{r}_j\|^2}{\partial \beta} = 0 \tag{2.1.8}$$

을 고려하자. 여기서 $\|\boldsymbol{r}_j\|^2$는 (2.1.6)으로 부터 다음과 같이 계산된다.

$$\begin{aligned} \|\boldsymbol{r}_j\|^2 &= \boldsymbol{r}_j^T \boldsymbol{r}_j, \\ &= (\boldsymbol{z}_{(2)j} - \beta \Gamma^T \boldsymbol{z}_{(1)j})^T (\boldsymbol{z}_{(2)j} - \beta \Gamma^T \boldsymbol{z}_{(1)j}), \\ &= \boldsymbol{z}_{(2)j}^T \boldsymbol{z}_{(2)j} - 2\beta \boldsymbol{z}_{(2)j}^T \Gamma^T \boldsymbol{z}_{(1)j} + \beta^2 \boldsymbol{z}_{(1)j}^T \boldsymbol{z}_{(1)j} \end{aligned} \tag{2.1.9}$$

그러므로 (2.1.8)은

$$\frac{\partial \|\boldsymbol{r}_j\|^2}{\partial \beta} = -2\boldsymbol{z}_{(2)j}^T \Gamma^T z_{(1)j} + 2\beta \boldsymbol{z}_{(1)j}^T z_{(1)j}$$

에 의해서 (2.1.9)의 합의 β에 대한 미분으로 다음과 같다.

$$\frac{\partial \sum_{j=1}^{k} \|\boldsymbol{r}_j\|^2}{\partial \beta} = \sum_{j=1}^{k} \left[-2\boldsymbol{z}_{(2)j}^T \Gamma^T \boldsymbol{z}_{(1)j} + 2\beta \boldsymbol{z}_{(1)j}^T \boldsymbol{z}_{(1)j} \right] = 0.$$

따라서 $\hat{\beta}$은 다음과 같다.

$$\hat{\beta} = \frac{\sum_{j=1}^{k} \boldsymbol{z}_{(2)j}^T \hat{\Gamma}^T \boldsymbol{z}_{(1)j}}{\sum_{j=1}^{k} \boldsymbol{z}_{(1)j}^T \boldsymbol{z}_{(1)j}} = \frac{tr\,(Z_2^T Z_1 \hat{\Gamma})}{tr\,(Z_1^T Z_1)} \tag{2.1.10}$$

다음으로 $\Gamma\Gamma^T = I_m$을 만족하는 Γ에 대하여 (2.1.7)을 최소화하는 문제를 고려하여 보자. 이는 다음과 같은 라그랑즈 함수

$$\mathcal{L} = \sum_{j=1}^{k} \|\boldsymbol{r}_j\|^2 + L(\Gamma\Gamma^T - I_m) \tag{2.1.11}$$

를 최소화하는 문제가 되며 L은 라그랑즈승수(Lagrangian multiplier)이다.

(2.1.11)과 (2.1.9)로부터 라그랑즈함수의 Γ에 관한 미분을 통해

$$\frac{\partial \mathcal{L}}{\partial \Gamma} = -2\beta \sum_{j=1}^{k} \boldsymbol{z}_{(1)j} \boldsymbol{z}_{(2)j}^T + 2L\Gamma = 0$$

을 얻고 이로부터 다음을 얻게 된다.

$$Z_1^T Z_2 = \frac{1}{\beta} L\Gamma$$

(2.1.3)의 비정칙값분해 $Z_2^T Z_1 = U\Lambda V^T$로부터 $Z_1^T Z_2$의 비정칙값분해

$$Z_1^T Z_2 = V\Lambda U^T$$

를 이용하면 다음을 만족한다.

$$V\Lambda U^T = \frac{1}{\beta} L\Gamma. \tag{2.1.12}$$

(2.1.12)로부터 다음이 계산된다.

$$\left(\frac{1}{\beta}L\Gamma\right)\left(\frac{1}{\beta}L\Gamma\right)^T = (V\Lambda U^T)(V\Lambda U^T)^T = (V\Lambda V^T)(V\Lambda V^T)$$

이로부터

$$\frac{1}{\beta}L = V\Lambda V^T$$

가 성립한다. 이를 (2.1.12)에 대입하면 다음을 만족한다.

$$V\Lambda U^T = V\Lambda V^T \Gamma$$

이다. 따라서

$$\hat{\Gamma} = VU^T \tag{2.1.13}$$

더불어 (2.1.10)의 $\hat{\beta}$은 $Z_2^T Z_1$의 비정칙값분해 (2.1.3), (2.1.13)의 $\hat{\Gamma} = VU^T$, 직교행렬 U, V와 $\|Z_1\| = 1$에 의해서 다음과 같이 계산된다.

$$\hat{\beta} = \frac{tr\,(Z_2^T Z_1 \hat{\Gamma})}{tr\,(Z_1^T Z_1)} = \frac{tr(U\Lambda V^T V U^T)}{\|Z_1\|^2} = tr(\Lambda) = \sum_{k=1}^{m} \lambda_k \tag{2.1.14}$$

참고로 [정리 2.1.1]의 증명은 [정리 2.1.2]의 증명에서 $\beta = 1$인 경우로 (2.1.13)의 $\hat{\Gamma} = VU^T$만 구하면 된다.

[정리 2.1.3] 부분과 완전 프로크러스티즈거리

[정리 2.1.1]의 부분프로크러스티즈거리는 다음과 같이 표현된다.

$$d_P(X_1,\ X_2) = \sqrt{2}\left(1 - \sum_{k=1}^{m} \lambda_k\right)^{1/2} \tag{2.1.15}$$

[정리 2.1.2]의 완전프로크러스티즈거리는 다음과 같이 표현된다.

$$d_F(X_1,\ X_2) = \left\{1 - \left(\sum_{k=1}^{m} \lambda_k\right)^2\right\}^{1/2} \tag{2.1.16}$$

여기서 비정칙값 $\lambda_k,\ k = 1, \dots, m$는 비정칙값분해 (2.1.3)을 만족한다.

[정리 2.1.3]의 증명:

(2.1.2)의 $d_P(X_1,\ X_2)$와 [정리 2.1.1]의 증명의 결과인 $\hat{\Gamma} = VU^T$으로부터 다음을 만족한다.

$$\begin{aligned} d_P(X_1,\ X_2)^2 &= \| Z_2 - Z_1 \hat{\Gamma} \|^2 \\ &= tr\left[\left(Z_2 - Z_1 \hat{\Gamma}\right)^T \left(Z_2 - Z_1 \hat{\Gamma}\right)\right] \\ &= tr\left[Z_2^T Z_2 - 2\hat{\Gamma}^T Z_1^T Z_2 + \hat{\Gamma}^T Z_1^T Z_1 \hat{\Gamma}\right]. \end{aligned}$$

$$tr(Z_2^T Z_2) = \|Z_2\|^2 = 1,$$

$$tr\left(\hat{\Gamma}^T Z_1^T Z_2\right) = tr\left(UV^T V \Lambda U^T\right) = tr(\Lambda) = \sum_{k=1}^{m} \lambda_k,$$

$$tr\left(\hat{\Gamma}^T Z_1^T Z_1 \hat{\Gamma}\right) = tr\left(UV^T Z_1^T Z_1 V U^T\right) = tr\left(Z_1^T Z_1\right) = \|Z_1\|^2 = 1$$

이들에 의해서 다음을 만족한다.

$$d_P(X_1, X_2)^2 = 1 - 2\sum_{k=1}^{m}\lambda_k + 1 = 2\left(1 - \sum_{k=1}^{m}\lambda_k\right).$$

따라서 (2.1.15)이 성립한다.

다음은 (2.1.3)의 $d_F(X_1, X_2)$와 [정리 2.1.1]의 증명의 결과인 $\hat{\Gamma} = VU^T$와 $\hat{\beta} = \sum_{k=1}^{m}\lambda_k$로부터 다음을 만족한다.

$$\begin{aligned} d_F(X_1, X_2)^2 &= \| Z_2 - \hat{\beta}Z_1\hat{\Gamma} \|^2 \\ &= tr\left[\left(Z_2 - \hat{\beta}Z_1\hat{\Gamma}\right)^T\left(Z_2 - \hat{\beta}Z_1\hat{\Gamma}\right)\right] \\ &= tr\left[Z_2^TZ_2 - 2\hat{\beta}\hat{\Gamma}^TZ_1^TZ_2 + \hat{\beta}^2\hat{\Gamma}^TZ_1^TZ_1\hat{\Gamma}\right]. \end{aligned}$$

$d_P(X_1, X_2)^2$의 증명으로부터 다음을 만족한다.

$$d_F(X_1, X_2)^2 = 1 - 2\hat{\beta}\sum_{k=1}^{m}\lambda_k + \hat{\beta}^2 = 1 - \left(\sum_{k=1}^{m}\lambda_k\right)^2.$$

따라서 (2.1.16)이 성립한다.

실제 크기가 $(k-1)\times m$ 사전형상 Z_1과 Z_2는 사전형상 공간 $\mathbb{R}^{(k-1)m}$에 속하는 구(sphere)의 형상공간의 형상 $[X_1]$과 $[X_2]$에 존재하고 이를 사전형상구라고 한다. 즉, 형태행렬에 의한 형상들이 이 구에 존재하게 되며 이들은 형상공간에서의 형상과 일대일 대응한다.

특히 사전형상구의 단면은 [그림 2.1.1]-(a)와 같이 중심 O로부터 부채꼴을 형성하며 부채꼴의 각을 θ하고 반지름의 길이를 r이라고 하자. 이와 함께 (a)에서는 [정리 2.1.3]에서 정의한 부분프로크러스티즈거리 d_P, 완전프로크러스티즈거리 d_F와 부채꼴 호의 길이를 ρ로 나타내고 있다. 즉, Z_1으로부터 OZ_2상에 수직으로 내려진 거리가 d_F이고 호의 현 Z_1Z_2의 길이를 d_P로 정의한다. 부채꼴 호의 길이를 ρ를 리만거리

$\rho(X_1, X_2)$로 정의하며 [정리 2.1.4]에 요약되어 있다. (b)는 중심 O로부터 현 Z_1Z_2의 가운데 M까지 직선에 의해서 부채꼴의 각의 반인 $\theta/2$에 의한 삼각형 OZ_1M을 고려한 것으로 부분프로크러스티즈거리 d_P와 각 $\theta/2$와의 기하적 관계를 보여주게 된다.

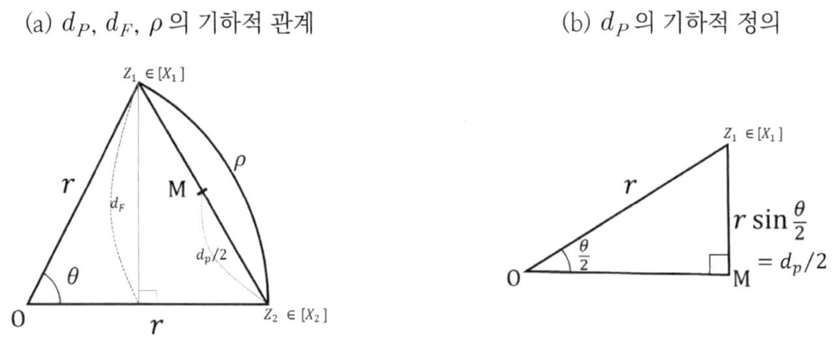

[그림 2.1.1] 사전형상구에서 부채꼴의 기하적 관계도:
(a) d_P, d_F, ρ의 기하적 관계 (b) d_P의 기하적 정의

[그림 2.1.1]-(a)로 부터 부채꼴 호의 길이를 ρ와 각 θ의 기하적 관계는 부채꼴의 호의 길이가 중심각 크기에 비례하므로 원의 둘레 $2\pi r$과 다음과 같은 비례식을 고려하게 된다.

$$2\pi : 2\pi r = \theta : \rho \iff \theta = \frac{\rho}{r}$$

사전형상구에 존재하는 사전형상의 대수적 성질상 부채꼴의 반지름 길이는 $r=1$로 부채꼴의 각과 호의 길이(리만거리)는 $\theta=\rho$같게 됨을 알 수 있다. 이를 통하여 (b)의 d_P의 기하적 정의로부터 리만거리 ρ와는 다음과 같은 수리적 관계를 계산할 수 있다.

$$\frac{d_p}{2} = r\sin\frac{\theta}{2} \iff \frac{d_p}{2} = \sin\frac{\rho}{2} \iff \rho = 2\sin^{-1}\left(\frac{d_p}{2}\right) \qquad (2.1.17)$$

(2.1.17)의 $d_p/2 = \sin(\rho/2)$ 로부터 $\cos\rho = \cos^2\left(\frac{\rho}{2}\right) - \sin^2\left(\frac{\rho}{2}\right)$ 를 활용하면

$$d_p^2 = 4\sin^2\left(\frac{\rho}{2}\right) = 2 - 2\cos\rho = 2 - 2\sum_{k=1}^{m}\lambda_k$$

을 만족한다. 이로부터 리만거리 ρ는

$$\cos\rho = \sum_{k=1}^{m}\lambda_k \Leftrightarrow \rho = \cos^{-1}\left(\sum_{k=1}^{m}\lambda_k\right) \tag{2.1.18}$$

로 계산되며 이는 [정리 2.1.4]의 (2.1.19)에 정리되어 있다.

[정리 2.1.4] 리만거리

크기가 $k \times m$ 두 형태행렬 $X_1, X_2 \in \mathbb{R}^{km}$의 사전형상구에서 사전형상 Z_1와 Z_2 간의 가장 근접하게 큰 원을 리만거리로 나타낸다.

$$\rho(X_1, X_2) = \cos^{-1}\left(\sum_{k=1}^{m}\lambda_k\right) \tag{2.1.19}$$

여기서 비정칙값 λ_k, $k = 1, \ldots, m$는 비정칙값분해 (2.1.3)을 만족한다.

따라서 [정리 2.1.4]의 리만거리 ρ에 의해서 [정리 2.1.3]의 부분프로크러스티즈거리 d_P와 완전프로크러스티즈거리 d_F는 다음과 같이 관계를 가진다.

$$d_F(X_1, X_2) = \sin\rho$$
$$d_P(X_1, X_2) = 2\sin(\rho/2)$$

따라서 리만거리 ρ를 사전형상구상에서 부채꼴을 형성하는 Z_1과 Z_2에 대응하는 벡터 사이의 가장 작은 각으로 사전형상의 회전의 관점에서 볼 수 있다.

library(shapes)에서 리만거리 $\rho(X_1, X_2)$는 함수 riemdist()에 의해서 제공되며 이를 통하여 $d_F(X_1, X_2) = \sin\rho$과 $d_P(X_1, X_2) = 2\sin(\rho/2)$를 계산할 수 있다.

[보기 2.1.1]과 [보기 2.1.2]에서는 쥐의 세 그룹별 흉부척추 뼈 형상간의 세 종류의 형상거리를 살펴보자.

[보기 2.1.1] 쥐의 흉부척추 뼈 사전형상의 형상거리

1.3절의 [예 1.3.1]에서 쥐의 흉부척추 뼈 형상에 대한 몸무게의 영향을 알아보기 위해서 몸무게에 따라 쥐들을 대조 그룹(30마리), 큰 그룹(23마리)과 작은 그룹(23마리)에 대한 형상 윤곽을 살펴보았다. 이를 위한 자료는 library(shape)의 data(mice)에 의해서 제공되고 있는 세 그룹별 각각의 배열형태인 형상점 자료 qcet2.dat, qlet2.dat, qset2.dat를 활용한다. 따라서 각 그룹별 첫 번째 쥐에 대한 세 종류의 형상거리를 구한 것이 [결과 2.1.1]에 있다. 이를 위한 [R-코드 2.1.1](mice-distances-shapes.R)를 참고 바라며 특히, 리만거리는 함수 riemdist()에 의해서 제공된다.

[결과 2.1.1]-(1)의 리만거리를 보면 먼저 0.1204(대조 그룹과 작은 그룹), 0.1147(작은 그룹과 큰 그룹)보다 0.0927(대조그룹과 큰 그룹)의 형상거리가 짧아 대조그룹과 큰 그룹의 첫 번째 쥐의 척추 뼈 형상이 더 유사해 보인다. 이는 (2) 부분프로크러스티즈거리와 (3) 완전프로크러스티즈거리에서도 비슷한 경향을 보인다.

[R-코드 2.1.1] 쥐의 그룹별 첫 번째 쥐의 척추 뼈에 대한 그룹별 형상거리 (mice-distances-shapes.R)

```
## Shape Distances for Three Groups of Mices
library(shapes)

## 1st mice of Control, Small, Large groups
cX=qcet2.dat[,,1];lX=qlet2.dat[,,1];sX=qset2.dat[,,1]

#Reimannian distance
rho1=riemdist(cX,sX);rho2=riemdist(cX,lX);rho3=riemdist(sX,lX)
rho1; rho2; rho3

#Partial Procrustes distance
dP1=2*sin(rho1/2);dP2=2*sin(rho2/2);dP3=2*sin(rho3/2)
dP1; dP2; dP3

#Full Procrustes distance
dF1=sin(rho1);dF2=sin(rho2);dF3=sin(rho3)
dF1; dF2; dF3
```

[결과 2.1.1] [R-코드 2.1.1]의 수행 결과

(1) 리만거리

```
> rho1; rho2; rho3
[1] 0.1203869
[1] 0.09266618
[1] 0.1146814
```

(2) 부분프로크러스티즈거리

```
> dP1; dP2; dP3
[1] 0.1203143
[1] 0.09263302
[1] 0.1146185
```

(3) 완전프로크러스티즈거리

```
> dF1; dF2; dF3
[1] 0.1200964
[1] 0.09253361
[1] 0.1144301
```

[보기 2.1.2] 쥐의 흉부척추 뼈 북스테인 평균형상의 형상거리

[보기 1.5.1]에는 쥐의 몸무게에 따라 큰 그룹(23마리)과 작은 그룹(23마리) 그리고 대조그룹(30마리) 중 작은 그룹 전체 자료의 척추 뼈에 대한 원형상, 사전형상, 북스테인형상, 북스테인 평균형상을 살펴보았다. 여기서는 세 그룹의 북스테인 평균형상 간에 형상거리를 구하고자 한다. 자료는 [보기 2.1.1]과 동일하게 library(shape)의 data(mice)에 의해서 제공되는 qcet2.dat, qlet2.dat, qset2.dat를 활용하고 이로 부터 [그림 2.1.2]는 세 그룹의 북스테인 평균형상을 보여 주고 있다.

따라서 이들 세 그룹의 북스테인 평균형상 간에 세 종류의 형상거리의 비교를 구해 둔 것이 [결과 2.1.1]에 있다. 이를 위한 [R-코드 2.1.2](mice-distances- meanshapes.R)를 참고 바란다.

[결과 2.1.1]-(1)의 리만거리를 보면 먼저 0.054(대조 그룹과 작은 그룹), 0.082 (작은 그룹과 큰 그룹)보다 0.051(대조 그룹과 큰 그룹)의 형상거리가 짧아 대조 그룹과 큰 그룹의 형상이 유사하다고 여겨지나 대조 그룹과 작은 그룹간의 0.054는 큰 차이를 나타내지 않는다. 이는 (2) 부분프로크러스티즈거리와 (3) 완전프로크러스티즈거리에서도 비슷한 경향을 보인다.

[R-코드 2.1.2] 세 그룹 쥐의 척추 뼈의 북스테인 평균형상 간 형상거리 (mice-distances-meanshapes.R)

```
## Shape distances for three groups's mean shapes
library(shapes)
joins=c(1, 6, 2, 3, 4, 5, 1)

## Groups: Control, Large, Small
cm=qcet2.dat # Control n1=30
lm=qlet2.dat # Large n2=23
sm=qset2.dat # Samll n3=23

## Bookstein Coordinates
bcm=bookstein2d(cm)
blm=bookstein2d(lm)
bsm=bookstein2d(sm)

par(mfrow=c(1,3))
##Plots of Bookstein mean shapes
plotshapes(bcm$mshape, symbol=1, joinline=joins)
title("(a)대조 그룹")
plotshapes(bsm$mshape, symbol=1, joinline=joins)
title("(b)작은 그룹")
plotshapes(blm$mshape, symbol=1, joinline=joins)
title("(c)큰 그룹")

#Reimannian distance
rho1=riemdist(bcm$mshape,bsm$mshape)
rho2=riemdist(bcm$mshape,blm$mshape)
rho3=riemdist(bsm$mshape,blm$mshape)
rho1; rho2; rho3

#Partial Procrustes distance
dP1=2*sin(rho1/2);dP2=2*sin(rho2/2);dP3=2*sin(rho3/2)
dP1; dP2; dP3

#Full Procrustes distance
dF1=sin(rho1);dF2=sin(rho2);dF3=sin(rho3)
dF1; dF2; dF3
```

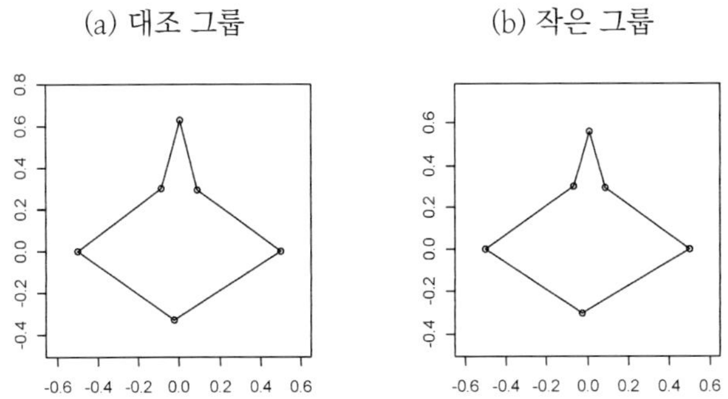

[그림 2.1.2] 세 그룹의 북스테인 평균형상

[결과 2.1.2] [R-코드 2.1.2]의 수행 결과

(1) 리만거리

```
> rho1; rho2; rho3
[1] 0.05423052
[1] 0.05070027
[1] 0.0818199
```

(2) 부분프로크러스티즈거리

```
> dP1; dP2; dP3
[1] 0.05422388
[1] 0.05069484
[1] 0.08179708
```

(3) 완전프로크러스티즈거리

```
> dF1; dF2; dF3
[1] 0.05420395
[1] 0.05067855
[1] 0.08172864
```

2.2 형상거리의 다차원척도법

2.1절에서는 형상들의 사전형상들이 존재하는 사전형상구에서 형상간의 기하적 거리인 부분프로크러스티즈거리 d_P, 완전프로크러스티즈거리 d_F와 리만거리 ρ를 요약하였다. 실제 library(shapes)에서 함수 riemdist()에 의해서 제공되는 리만거리 $\rho = \rho(X_1, X_2)$를 활용하여 나머지 두 가지 프로크러스티즈거리 $d_F(X_1, X_2) = \sin \rho$과 $d_P(X_1, X_2) = 2\sin(\rho/2)$를 계산할 수 있었다.

2.2절에서는 특히 리만거리를 활용하여 다차원척도법(Multidimensional scaling, MDS)을 적용하여 그룹 또는 군집 간의 차이를 살펴보려고 한다. 특히 다차원척도법은 다차원공간에서 개체(objects)간의 거리(distance)를 나타내는 자료로부터 그들의 유사성(similarity) 또는 비유사성(dissimilarity)을 저차원공간에 기하적으로 나타내어 그들의 관계를 탐색적으로 살펴보는 다변량 그래프적 기법이다. 특히, 다차원척도법에서는 저차원공간을 형상공간(configuration space)라하며 여기에 개체를 기하적으로 나타낸 것을 다차원척도그림이라 한다. 다차원척도법은 일반적으로 계량형(metric)과 비계량형(non-metric)이 있는 데 전자는 고전적 유클리드거리와 토거선(Torgerson) 알고리즘에 바탕을 두며 후자는 이들 거리의 순서척도(ordinal scaling)와 크루스칼-세퍼드(Kruskal-Sherpard) 알고리즘에 바탕을 두고 있다. 여기서 최용석(2014, 3장; 2018, 7장)의 것을 참고로 이들 알고리즘에 대해 간단히 요약하도록 하자.

이 절에서 살펴 볼 형상거리들은 특성상 형상의 비유사성을 보여 주는 것으로 이를 바탕으로 다차원척도법을 적용하여 형상을 통한 개체들의 군집화를 탐색적으로 살펴보려 한다.

일반적으로 MDS는 고차원에서 개체간의 거리를 나타내는 비유사성 d_{ij}와 차원 축소된 형상공간에서 거리 δ_{ij} 사이의 관계가 일치되도록 표현하려 한다. 이들 거리 d_{ij}와 δ_{ij}의 관계는 다음과 같이 모형화할 수 있다.

$$d_{ij} = f(\delta_{ij}) + \epsilon_{ij},\ i, j = 1, \dots, n. \tag{2.2.1}$$

여기서, ϵ_{ij}는 측정 및 저차원 공간 근사에 따른 왜곡오차를 의미한다. 만약에 (2.2.1)에서 측정수준에 의해서 $f(\delta_{ij}) = \delta_{ij}$이면 절대척도라 하고 $f(\delta_{ij}) = a + b\delta_{ij}$, $b > 0$이면 구간척도, $f(\delta_{ij}) = b\delta_{ij}$, $b > 0$이면 비율척도라 한다. d_{ij}와 δ_{ij} 사이의 관계가 이들 세 가지 수준을 만족하는 경우를 계량형 MDS라 한다.

계량형 MDS를 위한 대표적인 토거선 알고리즘은 대수적으로 스펙트럼분해를 이용한다. (2.2.1)에서 정의한 크기가 $n \times n$인 비유사성행렬 $D = (d_{ij})$, $i, j = 1, \ldots, n$가 있다면 토거선 알고리즘은 다음의 [정리 2.2.1]과 같이 요약될 수 있다.

[정리 2.2.1] 토거선 알고리즘

[1단계] 비유사성행렬 $D = (d_{ij})$, $i, j = 1, \ldots, n$로부터 행렬 $A = (a_{ij})$를 계산한다. 여기서, $a_{ij} = -\frac{1}{2}d_{ij}^2$, $i, j = 1, \ldots, n$.

[2단계] 행렬 A로부터 이중-중심화행렬 $B = (b_{ij}) = HAH$를 계산한다. 여기서, $b_{ij} = a_{ij} - \overline{a_{i.}} - \overline{a_{.j}} + \overline{a_{..}}$이며, $\overline{a_{i.}}$, $\overline{a_{.j}}$ 그리고 $\overline{a_{..}}$는 각각 행렬 A의 i번째 행의 평균, j번째 열의 평균 그리고, 모든 원소의 평균이다. $H = I_n - J_n / n$이며 I_n은 단위행렬이고 J_n은 모든 원소가 1인 $n \times n$ 행렬이다.

[3단계] 행렬 B의 스펙트럼분해 $B = VD_\lambda V^t$를 계산한다. 여기서, D_l는 고유값 $l_1 \geqq \cdots \geqq l_p > 0$를 대각원소로 하는 대각행렬이며, V는 고유벡터 $\boldsymbol{v}_1, \ldots, \boldsymbol{v}_p$가 열인 직교행렬이다.

[4단계] 행렬 B의 스펙트럼분해로부터 $s\,(\leqq p)$개의 고유값과 이에 대응하는 고유벡터를 가지고 크기가 $n \times s$인 행렬

$$C_{(s)} = V_{(s)} D_{l(s)}^{1/2} = (\boldsymbol{v}_1 l_1^{1/2}, \cdots, \boldsymbol{v}_s l_s^{1/2})$$

를 계산한다. 이는 s차원 형상공간의 좌표를 제공한다.

다음으로 비계량형 MDS를 위한 크루스칼-세퍼드 알고리즘을 소개하려 한다. 개체간의 거리를 나타내는 비유사성 d_{ij}와 차원축소된 형상공간에서 거리 δ_{ij} 사이의 관계가 (2.2.1)의 $d_{ij} = f(\delta_{ij}) + \epsilon_{ij}$를 만족하면서 함수 $f(\cdot)$는 모든 $i, j, k, l = 1, \ldots, n$에 대하여 $d_{ij} \le d_{kl}$이면 $f(d_{ij}) \le f(d_{kl})$가 성립하는 단조증가함수라 하자. 그러면 차원축소된 형상공간의 개체간의 거리 δ_{ij}를 구하기 위해 사용할 수 있는 정보로 유클리드공간의 개체간의 거리 d_{ij}들의 크기순서(rank order)가 유일하다. 따라서 비계량형 MDS의 목표는 d_{ij}와 δ_{ij}에 대한 그림이 단조증가하는 s 차원의 형상공간을 찾는 것이며 이를 위한 대표적인 크루스칼-세퍼드 알고리즘이 있으며 이를 [정리 2.2.2]에 요약하였다.

[정리 2.2.2] 크루스칼-세퍼드 알고리즘

[1단계] 크기가 $n \times n$인 비유사성행렬 $D = (d_{ij})$로부터 $m = n(n-1)/2$개의 비대각원소를 그 크기에 따라 다음과 같이 순서화 한다.

$$d_{i_1 j_1} \le d_{i_2 j_2} \le \cdots \le d_{i_m j_m}$$

[2단계] X^*를 s 차원 형상공간의 좌표행렬이라 하고 이에 대응하는 비유사성행렬을 D^*라 한다면 $\delta^*_{i_1 j_1}, \delta^*_{i_2 j_2}, \ldots, \delta^*_{i_m j_m}$는 당연히 $d_{i_1 j_1}, d_{i_2 j_2}, \ldots, d_{i_m j_m}$에 대응되는 값이다.

[3단계] $\delta^*_{i_1 j_1}, \delta^*_{i_2 j_2}, \ldots, \delta^*_{i_m j_m}$와 거의 일치하면서 $d_{i_1 j_1}, d_{i_2 j_2}, \ldots, d_{i_m j_m}$에 단조관계를 갖는 순 위상(rank image)인 $\hat{d}_{i_1 j_1} \le \hat{d}_{i_2 j_2} \le \ldots \le \hat{d}_{i_m j_m}$을 계산한다.

[4단계] 크루스칼의 스트레스

$$\left[\sum_{i<} \sum_{j} (\delta^*_{ij} - \hat{d}_{ij})^2 / \sum_{i<} \sum_{j} (\delta^*_{ij})^2 \right]^{1/2}$$

을 정의하고 이를 최소화하는 형상공간 좌표행렬 X^*를 찾는다.

R에서 MDS는 최용석(2014, 3장; 2018, 7장)에 보다 다양한 이론과 응용을 보여 주고 있는 데 특히 계량형 MDS를 위한 함수 cmdscale()을 활용하면 되고 비계량형 MDS는 library(MASS)의 함수 isoMDS()에 의해서 제공된다.

[보기 2.2.1] 세 그룹의 첫번째 쥐 척추 뼈 사전형상의 형상거리의 MDS

[보기 2.1.1]의 [결과 2.1.1]에는 쥐의 흉부척추 뼈 형상에 대해 큰 그룹(23마리)과 작은 그룹(23마리) 그리고 대조그룹(30마리)의 첫 번째 쥐의 세 종류의 형상거리를 살펴보았다. 이들 거리 중에서 리만거리를 이용하여 각 쥐의 형상 간의 거리행렬을 구한 것이 [결과 2.2.1]-(1)에 주어져 있다. MDS의 관점에서 각 그룹별 쥐의 형상은 개체이고 개체간의 리만거리는 개체들의 비유사성으로 자기 자신과의 거리는 0임을 알 수 있다. (2)의 다차원척도법그림은 R에서 계량형 MDS을 위한 함수 cmdscale()의 결과에 대한 함수 plot()에 의해서 쉽게 제공되며 추가적으로 함수 text()와 abline()이 그림 상 문자와 원점을 지나는 수평축과 수직축을 제공한다. 이를 위한 [R-코드 2.2.1](mice-distances -MDSshapes.R)를 참고 바란다.

[결과 2.2.1]-(2)를 보면 Dim1(수평축)의 관점에서 왼편의 S(작은 그룹)와 오른편의 C(대조 그룹), L(큰 그룹)로 그룹화 되어 있다. 이는 대조 그룹과 큰 그룹의 첫 번째 쥐의 형상간 거리가 가까워 유사하게 한 그룹화 됨을 보여준다. 실제 이들 간의 리만거리도 0.093으로 제일 작았다.

[R-코드 2.2.1] 그룹별 첫 번째 쥐의 척추 뼈에 대한 그룹별 형상거리의 MDS (mice-distances-MDSshapes.R)

```
## MDS for Reimannian distance of Three Groups of Mices
library(shapes)

## 1st mice of Control, Small, Large groups
cX=qcet2.dat[,,1];lX=qlet2.dat[,,1];sX=qset2.dat[,,1]

#Reimannian distance
rho1=riemdist(cX,sX);rho2=riemdist(cX,lX);rho3=riemdist(sX,lX)
rho1; rho2; rho3

# Metrtic MDS with Reimannian distance
distR=matrix(c(0.0, rho1, rho2,
            rho1, 0.0, rho3,
            rho2, rho3, 0.0), 3,3)
distR
win.graph()
con=cmdscale(distR)
plot(con, xlab="Dim1",ylab="Dim2",  pch=".")
abline(h=0,v=0)
text(con[,1], con[,2], labels=c("C", "S", "L"))
```

[결과 2.2.1] [R-코드 2.2.1]의 수행 결과

(1) 리만거리행렬

```
> distR
           [,1]      [,2]       [,3]
[1,] 0.00000000 0.1203869 0.09266618
[2,] 0.12038695 0.0000000 0.11468135
[3,] 0.09266618 0.1146814 0.00000000
```

(2) 계량형 다차원척도법

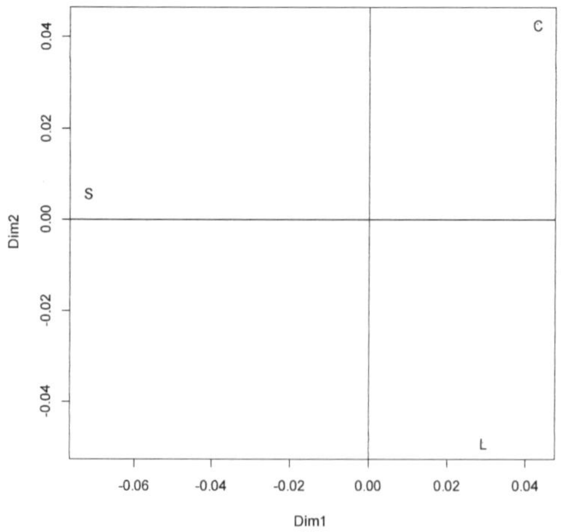

[보기 2.2.2] 세 그룹 쥐의 척추 뼈 사전형상의 형상거리의 MDS

[보기 2.2.1]에는 쥐의 흉부척추 뼈 형상에 대해 큰 그룹(23마리)과 작은 그룹(23마리) 그리고 대조 그룹(30마리)의 첫 번째 쥐의 세 종류의 형상거리에 대한 계량형 MDS를 통해 유사성을 살펴보았다. 이번에는 세 그룹의 전체 쥐들의 리만거리를 이용하여 계량형과 비계량형 MDS을 적용하여 그룹 간의 군집을 살펴 보려한다. 비계량형 MDS는 library(MASS)의 함수 isoMDS()에 의해서 제공된다(최용석, 2014, 3장). 이를 위한 [R-코드 2.2.2](mice-Rdistance-Metric&NonmetricMDSshapes.R)를 참고 바란다.

[결과 2.2.2]-(a)와 (b)는 계량형과 비계량형 다차원척도법그림을 제공하고 있는데 각 그룹의 군집 경향은 유사하다. Dim1(1차원 축)의 관점에서 보면 다소 겹치는 개체들도 있지만 왼편이 주로 S(작은 그룹)이고 오른편이 C(대조 그룹)와 l(큰 그룹)로 이루어져 있다. 실제 Dim1은 왼편에서 오른 편으로 순서적으로 작은 그룹에서 대조 그룹과 큰 그룹으로 나누는 축으로 크기를 나타냄을 알 수 있다.

[R-코드 2.2.2] 쥐의 그룹별 척추 뼈에 대한 형상거리의 MDS (mice-Rdistance-Metric&NonmetricMDSshapes.R)

```
## MDS for Reimannian distance of Three Groups of Mices
library(shapes)
data(mice)
attach(mice)

#Reimannian distance
distR=matrix(0, 76, 76)
for (i in 1:76){
for (j in 1:76){
rho=riemdist(x[,,i], x[,,j])
distR[i, j]=rho
}
}

# Metrtic MDS with Reimannian distance
con=cmdscale(distR)
plot(con, xlab="Dim1",ylab="Dim2",  pch=as.character(group))
abline(h=0,v=0)

# Non-Metrtic MDS with Reimannian distance
library(MASS)
con=isoMDS(distR)
plot(con$points, xlab="Dim1",ylab="Dim2", pch=as.character(group))
abline(h=0,v=0)
```

[결과 2.2.2] [R-코드 2.2.2]의 수행 결과

(a) Metric MDS

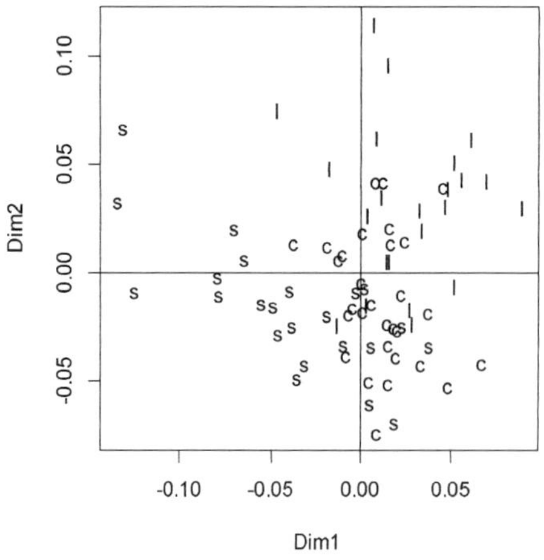

(b) Non-metric MDS

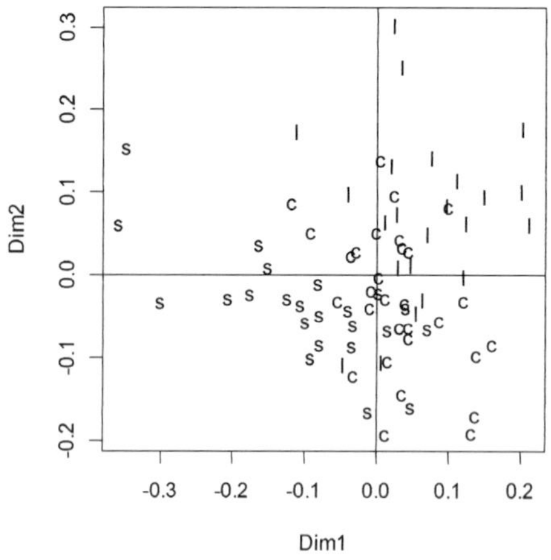

[보기 2.2.3] 오랑우탄 암수 두개골 형상거리의 MDS

[예 1.3.2]에서 고릴라, 침팬지, 오랑우탄 세 종류 유인원의 두개골 형상 차이를 보기위해 library(shape)의 data(apes)에 의해서 제공되는 자료를 이용하였다. [그림 1.3.4]는 8개의 형상점에 의한 세 종류 유인원 두개골 형상을 성별로 나타낸 것으로 특히 (e)와 (f)의 오랑우탄 수컷(30마리)과 암컷(24마리)에 따른 두개골 차이를 살펴보았다. 이번에는 오랑우탄 암수 간의 리만 형상거리에 대한 MDS에 의한 개체 간의 유사성을 살펴보고자 한다. 이를 위해 자료는 pongom.dat(오랑우탄 숫컷)과 pongof.data(오랑우탄 암컷)을 사용하였다.

[R-코드 2.2.3](orang-Rdistance-MDSshapess.R)은 [결과 2.2.3]의 (1) 오랑우탄 암컷과 수컷의 원 형상과 (2) 계량형 다차원척도법그림을 제공한다. 참고로 (1)의 (a)와 (b)는 [그림 1.3.4]의 (f)와 (e)와 동일하며 전체적으로 암컷의 두개골 형상이 수컷보다 다소 크고 차이가 있음을 알 수 있다. (2)의 계량형 다차원척도법그림을 보면Dim1(1차원 축)의 관점에서 보면 가운데 다소 겹치는 개체가 일부 있지만 전반적으로 왼편이 주로 m(수컷)이고 오른편이 f(암컷)으로 시각적으로 나누어져 있다. 따라서 Dim1은 오랑우탄의 형상을 두개골의 크기에 따라 수컷과 암컷으로 나누는 축임을 나타내고 있다.

[R-코드 2.2.3] 오랑우탄 암수 두개골 형상거리의 MDS (orang-Rdistance-MDSshapess.R)

```
## MDS for Orang Utan
library(shapes)
pongof.dat # 24 Females
pongom.dat # 30 Males

orang=array(data=c(pongof.dat,pongom.dat), dim=c(8,2,54))
group=c(rep("f",24), rep("m",30))

#Reimannian distance
distR=matrix(0, 54, 54)
for (i in 1:54){
for (j in 1:54){
rho=riemdist(orang[,,i], orang[,,j])
distR[i, j]=rho
}
}

# Metrtic MDS with Reimannian distance
con=cmdscale(distR)
plot(con, xlab="Dim1",ylab="Dim2",  pch=as.character(group))
abline(h=0,v=0)
```

[결과 2.2.3] [R-코드 2.2.3]의 수행 결과

(1) 오랑우탄 암컷과 수컷 원 형상

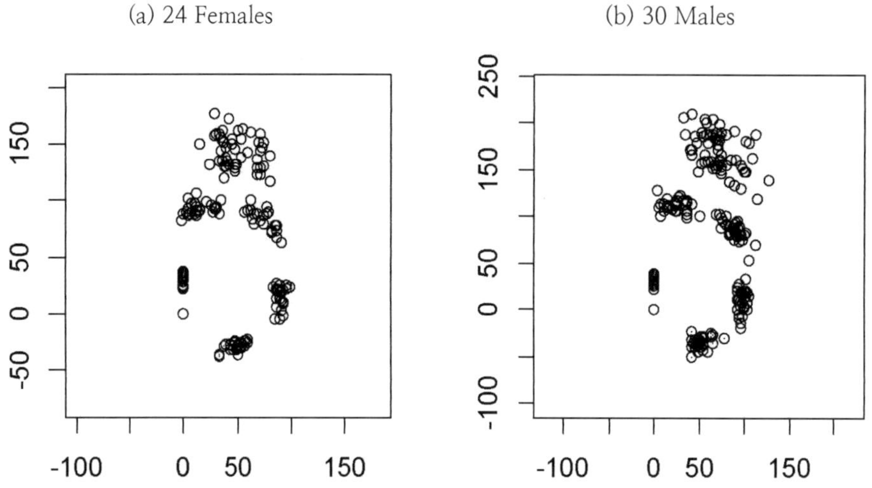

(2) 계량형 다차원척도법

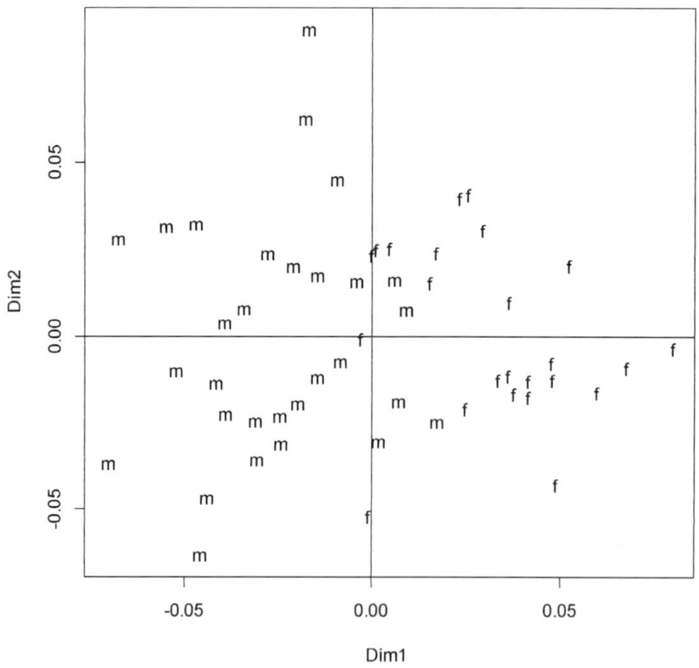

2.3 크기-형상공간과 척도

지금까지 위치, 회전과 척도를 고려한 개체들의 형상들의 크기와 형상거리에 대하여 살펴보았다. 경우에 따라 형상과 크기를 동시에 살펴보기 위해서는 위치효과와 회전효과는 제거되었으나 척도효과가 남아있게 되는 형태행렬의 크기-형상(size-shape)을 [정의 2.3.1]와 같이 정의할 수 있다. 경우에 따라 크기-형상은 모양(form)이라는 용어로 대신 할 수도 있다.

[정의 2.3.1] 크기-형상(size-shape)과 크기-형상공간(size-shape space)

- **크기-형상**: 크기가 $k \times m$ 인 형태행렬 $X \in \mathbb{R}^{km}$의 크기 $(k-1) \times m$ 헬머트화 형태행렬 $X_H = HX$에 대하여 다음을 만족하는 집합 $[X]_S$

$$[X]_S = \left\{X_H \Gamma : \Gamma^T \Gamma = \Gamma \Gamma^T = I_{m,} |\Gamma| = 1\right\} \tag{2.3.1}$$

- **크기-형상공간**: 모든 크기-형상들의 공간

따라서 크기-형상으로부터 중심크기가 1이 되게 척도화하여 크기가 제거되면 다시 형태행렬 X의 형상 (2.1.1)인

$$[X] = [X]_S / S(X) = \left\{Z_H \Gamma:\ \Gamma^T \Gamma = \Gamma \Gamma^T = I_m,\ |\Gamma| = 1\right\}$$

를 얻게 되며 집합 $[X]$의 형상과 집합 $[X]_S$ 크기-형상은 크기가 $(k-1) \times m$ 으로 원 형상에서 형상점이 하나 축소된 또 다른 형상 좌표점을 가지게 된다.

[예 1.3.5]의 지질학에서 3개의 형상점에 의한 미화석 형상을 비교하는 데 있어 크기(중심크기)가 형상과 연관이 있는 지에 관심이 있다고 했다. 실제 3개의 수학적 형상점으로 나타낸 형상 중에서 이들의 대표적인 5개 중심크기 60, 71, 84, 92, 100에 따른 형상을 [그림 1.3.8]에 보여 주고 있다. 전체적으로 이들이 표현된 미화석의 모양

은 삼각형으로 크기-형상 공간에 존재하며 이들 중심크기 외에 형상들의 차이를 측정하기 위한 측도로 [정의 2.3.2]의 평균잔차제곱근(root mean square deviation, RMSD)을 고려할 수 있다.

[정의 2.3.2] 평균잔차제곱근(RMSD)

크기가 $k \times m$ 인 중심화 형태행렬 $X_1, X_2 \in \mathbb{R}^{km}$에 대하여

$$RMSD = \sqrt{\frac{1}{k} \| X_2 - X_1 \hat{\Gamma} \|^2} \qquad (2.3.2)$$

여기서 직교정규 회전행렬 $\hat{\Gamma} = VU^T$는 $inf \| X_1 - X_2 \Gamma \|$ 를 만족하며 V와 U는 직교행렬로 비정칙값분해

$$X_2^T X_1 = \|X_2\| \|X_1\| U \Lambda V^T$$

를 만족하고 $\Lambda = diag(\lambda_1, \dots, \lambda_m)$는 크기가 $m \times m$ 인 대각행렬로 대각원소인 비정칙값 $\lambda_1 \geq \lambda_2 \geq \dots \geq \lambda_{m-1} \geq |\lambda_m|$을 만족한다.

(2.3.2)의 $RMSD$로부터 $RMSD^2$은 다음과 같다.

$$RMSD^2 = \frac{1}{k} \| X_2 - X_1 \hat{\Gamma} \|^2 = \frac{1}{k} tr\left[\left(X_2 - X_1 \hat{\Gamma} \right)^T \left(X_2 - X_1 \hat{\Gamma} \right) \right]$$

$$= \frac{1}{k} tr\left[X_2^T X_2 - 2 \hat{\Gamma}^T X_1^T X_2 + \hat{\Gamma}^T X_1^T X_1 \hat{\Gamma} \right].$$

$$tr(X_2^T X_2) = \|X_2\|^2 = S(X_2)^2 = S_2^2,$$

$$tr\left(\hat{\Gamma}^T X_1^T X_1 \hat{\Gamma} \right) = tr\left(U V^T X_1^T X_1 V U^T \right) = tr\left(X_1^T X_1 \right) = \|X_1\|^2 = S(X_1)^2 = S_1^2$$

$$tr\left(\hat{\Gamma}^T X_1^T X_2 \right) = tr\left(U V^T \|X_2\| \|X_1\| V \Lambda U^T \right) = \|X_2\| \|X_1\| tr(\Lambda) = S_2 S_1 \sum_{k=1}^{m} \lambda_k$$

따라서

$$RMSD^2 = \frac{1}{k}\left(S_2^2 + S_1^2 - 2S_1S_2\sum_{k=1}^{m}\lambda_k\right)$$
$$\Leftrightarrow RMSD = \frac{1}{\sqrt{k}}\sqrt{S_2^2 + S_1^2 - 2S_1S_2\sum_{k=1}^{m}\lambda_k} \quad (2.3.3)$$

특히 [정리 2.1.4] 리만거리로부터

$$\rho = \cos^{-1}\left(\sum_{k-1}^{m}\lambda_i\right) \Leftrightarrow \cos\rho = \sum_{k=1}^{m}\lambda_i$$

에 의해서 크기-형상공간에서 리만거리(리만크기-형상거리)를 다음과 같이 정의하자.

$$d_S(X_1, X_2) = \sqrt{S_2^2 + S_1^2 - 2S_1S_2\cos\rho(X_1, X_2)} \quad (2.3.4)$$

그러므로 (2.3.3)의 평균잔차제곱근 $RMSD$는 (2.3.4)의 리만거리 d_s와 다음과 같은 관계를 만족하게 된다.

$$RMSD = \frac{1}{\sqrt{k}}d_s. \quad (2.3.5)$$

특히, (2.3.4)의 크기-형상공간에서 리만거리는 프로크러스티즈(Procrustes)거리로 알려져 있다. [보기 2.3.1]과 [보기 2.3.2]에서는 리만거리(리만크기-형상거리)에 대한 2.2절의 계량형 MDS를 적용하여 세 그룹의 쥐 척추 뼈 형상과 오랑우탄 암수 두개골 형상에 대한 군집화를 시각적으로 각각 확인하고자 한다.

[보기 2.3.1] 세 그룹 쥐의 척추 뼈 형상의 리만크기-형상거리의 MDS

[보기 2.2.2]에는 쥐의 흉부척추 뼈 형상에 대해 큰 그룹(23마리)과 작은 그룹(23마리) 그리고 대조그룹(30마리)의 전체 쥐들의 리만거리에 대한 계량형 MDS를 통해 유사성을 살펴보았다. 이번에는 원 형상으로부터 리만크기-형상거리를 이용하여 계량형 MDS를 적용하려고 한다. 이를 위한 [R-코드 2.3.1](mice-Rsize-sahpedistance-MetricMDSshapes.R)를 참고 바라며 리만크기-형상거리는 함수 ssriemdis()에 의해서 제공된다.

[결과 2.3.1]-(a) 계량형 다차원척도법그림을 살펴보면 오른편에 주로 s(작은 그룹)이고 왼편에 l(큰 그룹)과 c(대조 그룹)이루어져 있다. Dim1(1차원 축)은 다소 겹치는 개체들도 있지만 왼편에서 오른 편으로 순서적으로 l(큰 그룹)과 c(대조 그룹)에서 s(작은 그룹)으로 나누어 크기를 나타내는 축이라 생각된다. 이는 [결과 2.2.2]의 리만거리의 다차원척도법그림과는 그룹이 놓인 방향은 반대이나 경향은 동일함을 알 수 있다. (b)의 상자그림을 보면 각 그룹의 중심크기의 중위수가 큰 그룹, 대조 그룹, 작은 그룹 순이며 전체적으로 중위수를 중심으로 각 개체들의 형상 중심크기의 분포에도 차이가 있음을 보여주고 있다.

[R-코드 2.3.1] 쥐의 그룹별 척추 뼈에 대한 형상거리의 MDS
(mice-Rsize-sahpedistance-MetricMDSshapes.R)

```
## MDS for Reimannian size-and-shape distance of Three Groups of Mices
library(shapes)
data(mice)
attach(mice)

#Reimannian size-and-shape  distance
distS=matrix(0, 76, 76)
for (i in 1:76){
for (j in 1:76){
rho=ssriemdist(x[,,i], x[,,j])
distS[i, j]=rho
}
}

par(mfrow=c(1,2))
# Metrtic MDS with Reimannian size-and-shape distance
con=cmdscale(distS)
plot(con, xlab="Dim1",ylab="Dim2",  pch=as.character(group))
abline(h=0,v=0)
title("(a) Metric MDS")

# Box plot for Centriod size
plot(group, centroid.size(x), xlab="Groups",ylab="Centroid size")
title("(b) Box plot")
```

[결과 2.3.1] [R-코드 2.3.1]의 수행 결과

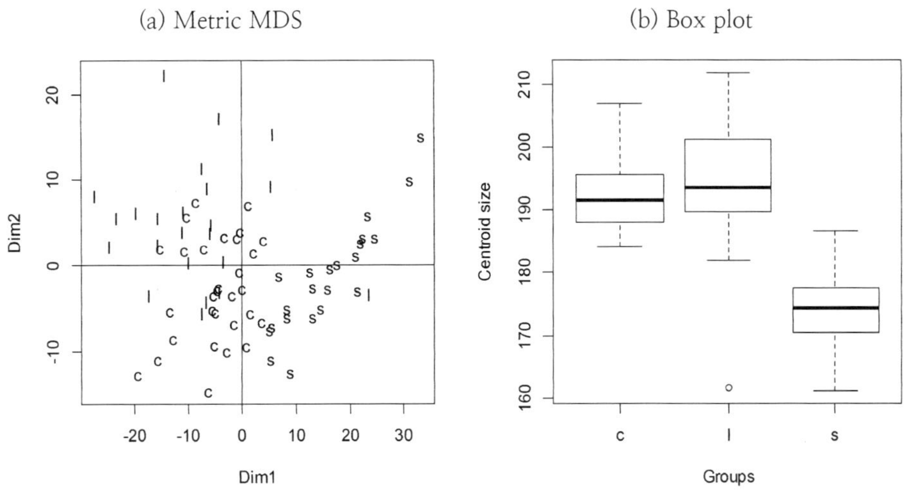

[보기 2.3.2] 오랑우탄 암수 두개골 리만크기-형상거리의 MDS

[보기 2.2.3]에서 오랑우탄 수컷(30마리)과 암컷(24마리)에 따른 두개골 형상 차이를 살펴보기 위해 리만 형상거리에 대한 계량형 MDS를 통해 개체 간의 유사성을 살펴보았다. 이를 위해 자료는 pongom.dat(오랑우탄 숫컷)과 pongof.data(오랑우탄 암컷)을 사용하였다. 이번에는 원 형상으로부터 리만크기-형상거리를 이용하여 계량형 MDS를 적용하려고 한다.

[R-코드 2.3.2](orang-Rsize-sahpedistance-MetricMDSshapes.R)은 [결과 2.3.2]의 (a) 계량형 다차원척도법그림과 (b) 상자그림을 제공한다. (a)의 계량형 다차원척도법그림을 보면 Dim1(1차원 축)의 관점에서 전반적으로 왼편이 주로 f(암컷)이고 오른편이 m(수컷)으로 나누어져 있다. 따라서 Dim1은 오랑우탄의 형상을 두개골의 크기에 따라 암컷과 수컷으로 나누는 축임을 나타내고 있다. 이는 [결과 2.2.3]과는 정반대로 놓여 있으나 경향은 동일하다. 실제 (b)의 상자그림에서도 수컷의 중심크기가 암컷보다 훨씬 큰 쪽으로 분포되어 있음을 보여주고 있다.

[결과 2.3.2] [R-코드 2.3.2]의 수행 결과

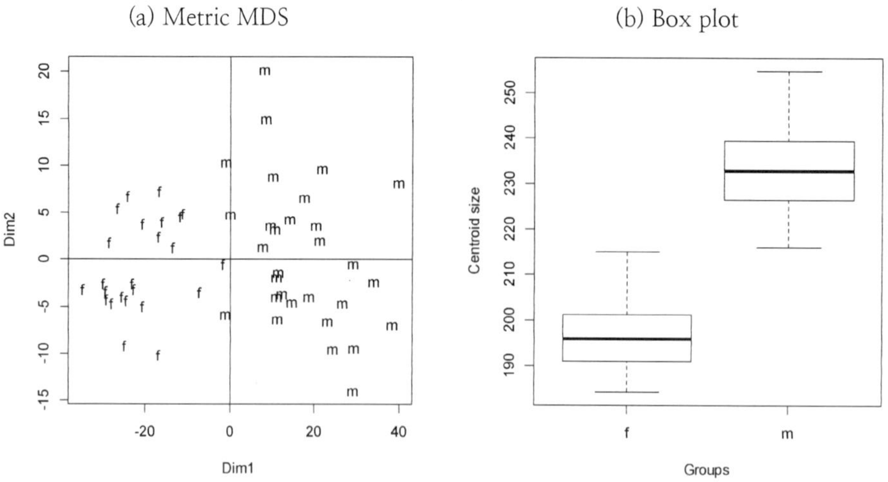

[R-코드 2.3.2] 오랑우탄 암수 두개골 리만크기-형상거리의 MDS
(orang-Rsize-sahpedistance-MetricMDSshapes.R)

```
## MDS for Reimannian size-and-shape distance of Orang Utan
library(shapes)
pongof.dat # 24 Females
pongom.dat # 30 Males

orang=array(data=c(pongof.dat,pongom.dat), dim=c(8,2,54))
group=c(rep("f",24), rep("m",30))

#Reimannian size-and-shape distance
distS=matrix(0, 54, 54)
for (i in 1:54){
for (j in 1:54){
rho=ssriemdist(orang[,,i], orang[,,j])
distS[i, j]=rho
}
}

par(mfrow=c(1,2))
# Metrtic MDS with Reimannian size-and-shape distance
con=cmdscale(distS)
plot(con, xlab="Dim1",ylab="Dim2",  pch=as.character(group))
abline(h=0,v=0)
title("(a) Metric MDS")

# Box plot for Centroid size
size=centroid.size(orang)
size=data.frame(size, group)
boxplot(size~group, data=size, xlab="Groups",ylab="Centroid size")
title("(b) Box plot")
```

2.4 평균형상

이 절에서는 개체 형상의 평균형상(mean shape)에 대하여 소개하려 한다. 1장에서 전체 개체들의 북스테인좌표의 평균인 북스테인 평균형상을 살펴보았다. 먼저 크기가 $k \times m$ 인 n개 개체의 형태행렬 $X_1, \ldots, X_n \in \mathbb{R}^{km}$ 에 대하여 [정의 2.4.1]과 같이 일반적으로 두 종류의 평균형상을 정의할 수 있다.

[정의 2.4.1] 평균형상(mean shape)

$$\hat{\mu}_M = \underset{\mu}{\arg\, inf} \frac{1}{n} \sum_{i=1}^{n} d^2(X_i, \mu) \tag{2.4.1}$$

- 전체최소(global minimum) $\Rightarrow$ 프레셰(Fréchet) 평균형상
- 국소최소(local minimum) $\Rightarrow$ 카처(Karcher) 평균형상

(2.4.1)의 평균형상에서 거리 $d^2(X_i, \mu)$의 선택에 따라 [정의 2.4.2]와 같은 평균형상의 다양한 종류를 정의하게 된다. 2.1.1절에서 정의한 세 가지 형상거리를 활용하면 내재 평균형상 $\widehat{\mu_I}$는 리만거리를 사용하여 얻어지며 부분프로크러스티즈거리와 전체프로크러스티즈거리를 사용하면 부분프로크러스티즈 평균형상 $\widehat{\mu_P}$과 완전프로크러스티즈 평균형상 $\widehat{\mu_F}$을 정의하게 된다. 추가적으로 Dryden 외 3인(2014)에서 리만거리를 고려한 켄트족(Kent's family)거리

$$d_K^2(X_i, \mu) = \frac{1}{h}\left(1 - \cos^{2h}\rho(X_i, \mu)\right) \tag{2.4.2}$$

를 활용한 켄트족 평균형상 $\widehat{\mu_K}$를 정의하게 되고 h는 양의 실수이다.

[정의 2.4.2] 여러 가지 평균형상

$$\text{내재 평균형상: } \hat{\boldsymbol{\mu}}_I = \underset{\boldsymbol{\mu}}{\arg\, inf} \frac{1}{n}\sum_{i=1}^{n} \rho^2(X_i, \boldsymbol{\mu}) \tag{2.4.3}$$

$$\text{부분프로크러스티즈 평균형상 : } \hat{\boldsymbol{\mu}}_P = \underset{\boldsymbol{\mu}}{\arg\, inf} \frac{1}{n}\sum_{i=1}^{n} d_P^2(X_i, \boldsymbol{\mu}) \tag{2.4.4}$$

$$\text{완전프로크러스티즈 평균형상: } \hat{\boldsymbol{\mu}}_F = \underset{\boldsymbol{\mu}}{\arg\, inf} \frac{1}{n}\sum_{i=1}^{n} d_F^2(X_i, \boldsymbol{\mu}) \tag{2.4.5}$$

$$\text{켄트족 평균형상: } \hat{\boldsymbol{\mu}}_K = \underset{\boldsymbol{\mu}}{\arg\, inf} \frac{1}{n}\sum_{i=1}^{n} d_K^2(X_i, \boldsymbol{\mu}) \tag{2.4.6}$$

특히, 켄트족거리 (2.4.2)는 h의 큰 값을 갖는 평균형상은 이상치(outlier) 형상에 대해 작은 값보다 더 저항성(resistance)이 있다고 알려져 있다. 일반적으로 $h=1/2$이면 부분프로크러스티즈거리와 일치하고, $h=1$이면 완전프로크러티즈거리와 동일하다. $h=1/3$이면 내재 평균형상과 매우 유사하게 된다. 내재 평균형상은 부분 평균형상보다 덜 저항성이 있게 되며 따라서 이상치 형상이 존재 한다면 $h=1$인 완전프로크러스티즈 평균형상이 가장 선호된다. 형상분석에서 이상치는 형상점 이상치(landmark outliers)와 개체 이상치(object outliers)가 있다. 이는 최용석· 현기홍(2006, 4장-7장)의 제2부 저항성 형상분석에서 자세히 다루고 있으며 특히, Hyun 외(2018)은 M과 LMS(least median of square) 추정 의한 저항성 GPA(generalized Procrustes abalysis) 알고리즘을 제안하고 있다.

h의 값에 따른 다양한 평균형상 간의 차이를 비교하기 위해서 [정의 2.3.2]의 평균잔차제곱근 $RMSD$(2.3.2)를 활용하려 하며 이는 리만거리와 (2.3.5)와 같이 수리적 관계를 형성하고 있다. 따라서 $RMSD$는 평균형상 간의 거리로 생각할 수 있으며 비유사성행렬 자료로 여길 수 있다. 2.2.3절의 개체간의 형상거리에 대한 MDS를 적용하여 개체간의 군집화를 시도한 것과 같이 평균형상 간의 군집화를 위해 $RMSD$에 MDS를 적용할 수 있다. 특히, 평균형상을 구할 때 이상치 형상에 저항하는 정도에 따라 평균형상의 군집화를 살펴볼 수 있다.

[보기 2.4.1]에서는 형상점 13개에 의한 손으로 쓴 우편번호 3의 형상에 대하여 다양한 h의 값에 따라 내재 평균형상, 부분프로크러스티즈거리 평균형상, 완전프로크러스티즈거리 평균형상과 켄트족 평균형상에서 이들 간의 리만거리와 $RMSD$를 살펴보려 한다. 이는 h의 값에 따라 이상치 형상에 대한 저항성의 정도를 살펴보게 하며 $RMSD$를 비유사성행렬 자료로 하여 2.2절의 계량형 다차원척도법과 군집분석을 적용하여 저항성의 정도에 대한 군집화를 시도하려 한다.

와드(Ward)연결법을 포함한 단일(single)연결법, 완전(complete)연결법, 평균(average)연결법과 같은 계층적 군집분석에 대해서는 최용석(2018, 5장)을 참고 바란다. R에서는 함수 hclust()를 활용한다. 추가적으로 $K-$평균법과 같은 비계층적(non-hierarchical) 군집분석과 개체에 대한 분포를 가정한 우도함수에 의한 군집을 형성하는 EII 모형, VII 모형, VEI 모형과 같은 통계모형 군집분석도 최용석(2018, 5장)에서는 소개하고 있으니 호기심 있는 독자는 참고해서 적용해 보기 바란다. 이들은 R에서 함수 kmeans()와 library(mclust)의 함수 Mclust()의 옵션 modelNames=c("EII","VII","VEI")로 실행 가능하다.

[보기 2.4.1] 우편번호 인식의 평균형상과 리만거리를 이용한 다차원척도법

[예 1.3.4]에서 30명의 사람들이 우편번호 자료에서 각각 손으로 쓴 숫자 3에 대한 13개 형상점 자료가 shapes 패키지 data(digit3.dat)에 대해 13개 형상점의 위치와 30명 전체 숫자 3의 형상 등에 대해 설명하였다. 여기서는 이 자료에 대해 [정의 2.4.2]에서 요약한 $h = 1/2$ 인 부분프로크러스티즈 평균형상, $h = 1$ 인 완전프로크러티즈 평균형상, $h = 1/3$ 인 내재 평균형상과 $h = 2$ 인 켄트족 평균형상을 비교하고 그들 간의 형상 차이를 측정하기 위해 리만거리를 통한 (2.3.5)의 평균잔차제곱근 $RMSD$를 구하고자 한다. 이를 위해 [R-코드 2.4.1](digit3-Meanshapes-RMSD-shapes.R)를 활용하면 되고 다양한 평균형상은 함수 frechet()에 의해서 다음과 같은 옵션을 활용한다.

mean="intrinsic"/"partial.procrustes"/"full.procrustes"/"2"

더불어 함수 riemdist()에 의해서 평균잔차제곱근을 계산하게 된다.

실제 [그림 2.4.1]-(a)는 30명의 손으로 쓴 우편번호 숫자 3의 개별 형상이고 특히 1번째와 29번째 형상이 3의 정형적인 모양에서 많이 벗어난 이상치로 간주할 수 있겠다. (b)는 이들 전체 형상을 한꺼번에 보여주고 있으며 (c)는 4가지 평균형상(- intr., --- partial, ··· full, ·—·— h=2)을 한꺼번에 비교 하고 있는 데 이상치에 의해 영향을 다소 줄여 모두가 유사한 평균형상을 보여준다. 따라서 [결과 2.4.1]의 $RMSD$를 살펴보면 전체적으로 매우 작은 값을 보여 주고 있어 평균형상간의 차이는 매우 작음을 알 수 있다. 특히, Int.(h1/3)(내재 평균형상)과 Partial(h1/2)(부분프로크러스티즈 평균형상)간의 RMSD가 0.000로 가장 작다.

[결과 2.4.1] [R-코드 2.4.1]의 수행 결과

	Int.(h1/3)	Partial(h1/2)	Full(h1)	h2
Int.(h1/3)	0.000	0.000	0.002	0.004
Partial(h1/2)	0.000	0.000	0.001	0.003
Full(h1)	0.002	0.001	0.000	0.002
h2	0.004	0.003	0.002	0.000

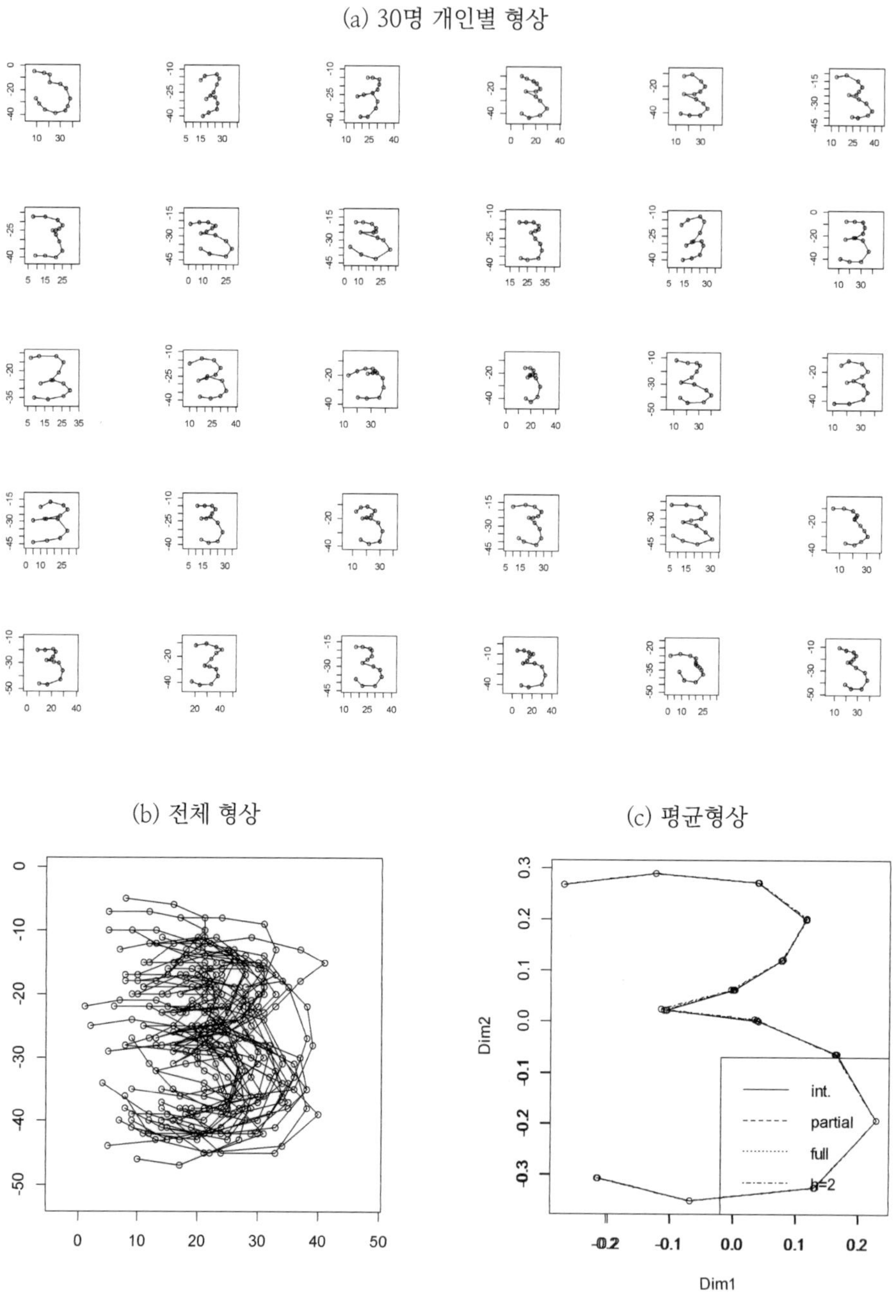

[그림 2.4.1] 형상점 13개에 의한 손으로 쓴 우편번호 3의 형상:
(a) 30명 개인별 형상 (b) 전체 형상 (c) 평균형상(– intr., --- partial, full, · – · – · h=2)

[R-코드 2.4.1] 우편번호 숫자 3의 형상 (digit3-Meanshapes-RMSD-shapes.R)

```
## Mean shapes for 3 digits
library(shapes)
data=digit3.dat
join=c(1:13)

win.graph()
par(mfrow=c(5,6))
# 30 handwritten digit 3
for(i in 1:30){
plotshapes(data[,,i], joinline=join)
}

win.graph()
par(mfrow=c(1,2))
plotshapes(data, joinline=join)

# Mean shpaes
f1=frechet(data, mean="intrinsic")# h=1/3 : Reemannian dist
f2=frechet(data, mean="partial.procrustes")# h=1/2
f3=frechet(data, mean="full.procrustes")# h=1
f4=frechet(data, mean=2)


# Joint Mean Shapes
plot(f1$mshape[,1], f1$mshape[,2], xlab="Dim1", ylab="Dim2")
lines(f1$mshape[join,], lty=1)
par(new=TRUE)
plot(f2$mshape[,1], f2$mshape[,2], xlab="Dim1", ylab="Dim2")
lines(f2$mshape[join,], lty=2)
par(new=TRUE)
plot(f3$mshape[,1], f3$mshape[,2], xlab="Dim1", ylab="Dim2")
lines(f3$mshape[join,], lty=3)
par(new=TRUE)
plot(f4$mshape[,1], f4$mshape[,2], xlab="Dim1", ylab="Dim2")
lines(f4$mshape[join,], lty=4)
legend("bottomright", c("intrinsic", "partial.p", "full.p", "h=2"), lty=c(1:4))

#Reimannian distances and RMSD
mshapes=array(data=c(f1$mshape,f2$mshape,f3$mshape,f4$mshape),
        dim=c(13, 2, 4))
k=dim(data)[1]
distR=matrix(0,4,4)
for (i in 1:4){
for (j in 1:4){
ds=riemdist(mshapes[,,i], mshapes[,,j])
distR[i, j]=ds
}
}
RMSD=distR/sqrt(k)
name=c("Int.(h1/3)", "Partial(h1/2)", "Full(h1)", "h2")
rownames(RMSD)=name;colnames(RMSD)=name
round(RMSD, 3)
```

[결과 2.4.2] [R-코드 2.4.2]의 수행 결과

(1) RMSD

RMSD	h0.001	Int. (h1/3)	Partial (h1/2)	Full (h1)	h2	h3	h5	h10	h20
h0.001	0.000	0.001	0.001	0.003	0.005	0.006	0.007	0.008	0.011
Int.(h1/3)	0.001	0.000	0.000	0.002	0.004	0.005	0.006	0.007	0.010
Partial(h1/2)	0.001	0.000	0.000	0.001	0.003	0.004	0.006	0.007	0.010
Full(h1)	0.003	0.002	0.001	0.000	0.002	0.003	0.005	0.006	0.009
h2	0.005	0.004	0.003	0.002	0.000	0.001	0.003	0.004	0.008
h3	0.006	0.005	0.004	0.003	0.001	0.000	0.001	0.004	0.007
h5	0.007	0.006	0.006	0.005	0.003	0.001	0.000	0.002	0.007
h10	0.008	0.007	0.007	0.006	0.004	0.004	0.002	0.000	0.004
h20	0.011	0.010	0.010	0.009	0.008	0.007	0.007	0.004	0.000

(2) 계량형 다차원척도법

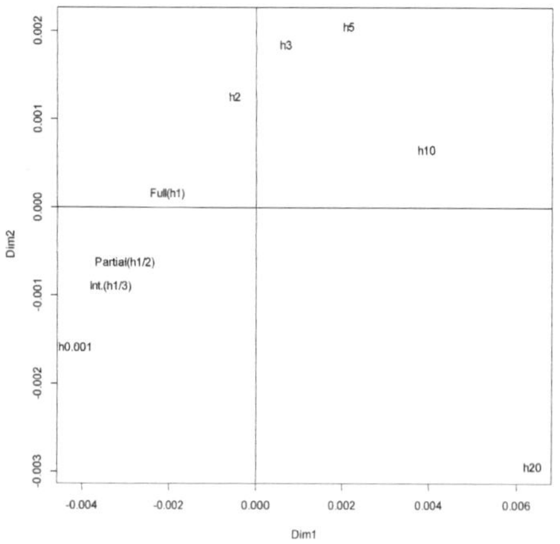

(3) 계층 군집분석 : 와드연결법

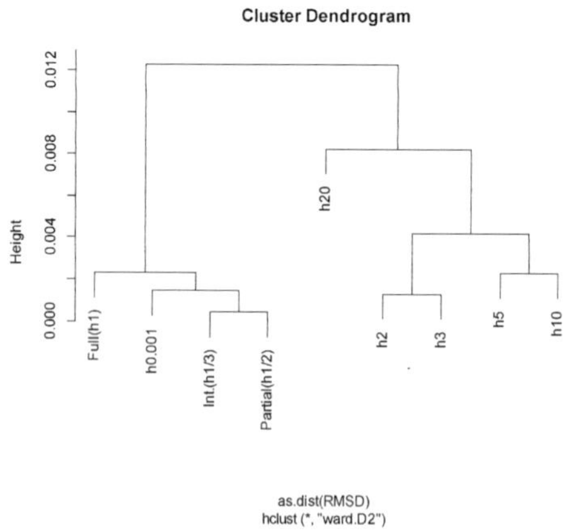

[결과 2.4.2]-(1)은 h의 값 0.001부터 20까지 9가지 h0.001, Int.(h1/3), Partial(h1/2), Full(h1), h2, h3, h5, h10, h20 평균형상간의 $RMSD$를 구한 것이다. h0.001에서 h20으로 갈수록 평균형상 간의 $RMSD$의 값이 커짐을 알 수 있다. 이 $RMSD$를 비유사성행렬 자료로 하여 계량형 MDS를 적용한 [결과 2.4.2]-(2)를 보면 Dim1(1차원 축)의 왼편에서부터 오른편으로 순차적 h0.001<Int.(h1/3)<Partial(h1/2)<Full(h1)<h2<h3<h5<h10 경향은 이상치 형상에 대하여 저항적인 순으로 평균형상이 구해졌음을 보여주고 있다. 굳이 Dim1(1차원 축)에 대해 군집을 나눈다면 왼편의 h0.001<Int.(h1/3)<Partial(h1/2)<Full(h1)<h2와 오른편의 h3<h5<h10로 나눌 수 있다. 실제로 계층적 군집분석(hierarchical cluster analysis)의 와드연결법(Ward linkage)에 의한 [결과 2.4.2]-(3)의 덴드로그램(dendrogram)을 보면 h2를 제외하면 계량형 MDS의 결과랑 유사한 군집을 형성하게 된다. h2의 경우 계량형 다차원척도법그림에서 가운데 위치하고 있어 저항성의 정도가 하위와 상위의 중간 정도 됨을 의미한다고 여겨진다.

[결과 2.4.2]를 위한 [R-코드 2.4.2](digit3-RMSD-MDS-CAshapes.R)에서는 계량형 MDS를 위해선 함수 cmdscale()을 활용하고, 와드연결법에 의한 군집분석은 함수 hclust()의 옵션 method="ward.D2"를 활용하였다.

[R-코드 2.4.2] 우편번호 숫자 3의 평균형상의 RMSD의 계량형 MDS (digit3-RMSD-MDS-CAshapes.R)

```
## MDS for RMSD of Mean shapes of 3 digits
library(shapes)
data=digit3.dat

# Mean shpaes
f0=frechet(data, mean=0.0001)# h=0.0001
f1=frechet(data, mean="intrinsic")# h=1/3 : Reemannian dist
f2=frechet(data, mean="partial.procrustes")# h=1/2
f3=frechet(data, mean="full.procrustes")# h=1
f4=frechet(data, mean=2)# h=2
f5=frechet(data, mean=3)# h=3
f6=frechet(data, mean=5)# h=5
f7=frechet(data, mean=10)# h=10
f8=frechet(data, mean=20)# h=20

#Reimannian distances and RMSD
mshapes=array(data=c(f0$mshape,f1$mshape,f2$mshape,f3$mshape,f4$mshape,
              f5$mshape,f6$mshape,f7$mshape,f8$mshape),
         dim=c(13, 2, 9))
k=dim(data)[1]
distR=matrix(0,9,9)
for (i in 1:9){
for (j in 1:9){
ds=riemdist(mshapes[,,i], mshapes[,,j])
distR[i, j]=ds
}
}
RMSD=distR/sqrt(k)
name=c("h0.001", "Int.(h1/3)", "Partial(h1/2)", "Full(h1)", "h2", "h3", "h5", "h10", "h20")
rownames(RMSD)=name;colnames(RMSD)=name
round(RMSD, 3)

# MDS for RMSD
con=cmdscale(RMSD)
plot(con, xlab="Dim1",ylab="Dim2",  pch=".")
abline(h=0,v=0)

# Hierarchical Cluster Analysis: Wards linkage
wards=hclust(as.dist(RMSD), method="ward.D2")
plot(wards, labels=name)
```

3장
프로크러스티즈분석

3장 프로크러스티즈분석

이 장에서는 수리적으로 최소제곱법(least squares method, LSM)에 기반을 둔 프로크러스티즈분석(Procrustes analysis, PA)과 이로부터 두 개체의 형태(configuration)를 비교하기 위한 보통의 프로크러스티즈분석(ordinary procrustes analysis, OPA)과 여러 개체의 형태를 비교하기 위한 일반화 프로크러스티즈분석(generalized procrustes analysis, GPA)을 소개하고 있다. 이들 방법은 평균형상을 추정하거나 형상변동을 탐색적으로 살피는 데 도움이 된다. 이와 관련된 알고리즘과 R-코드를 제공하고 예제를 통하여 이들의 차이점을 이해하고 논의하려 한다.

3.1 프로크러스티즈분석과 종류

프로크러스티즈분석 PA는 형상분석의 근간을 이루는 분석방법으로 OPA와 GPA가 있다. 이들 방법은 모두 수리적으로 최소제곱법(least squares method, LSM)에 기반을 두고 있으며 평균형상을 추정하거나 형상변동을 탐색적으로 살피는 데 도움이 된다.

1장의 [그림 1.3.1]에서 세 그룹 중 쥐의 크기에 따른 큰 그룹과 작은 그룹 또는 대조 그룹과 큰 그룹의 첫 번째 쥐 두 마리의 척추 뼈 형상을 비교하는 것과 [그림 1.3.7]-(c) 같이 30명의 우편번호 숫자 3에 대한 손 글씨 중 두 번째와 세 번째의 사람의 글씨 형상을 비교할 수 있다. 여기서 두 개체 형상 간에 한 개체의 형상을 다른 개체의 형상에 대해 적합하는 방법을 OPA라 한다. 반면에 [그림 1.3.4]에서 고릴라 암컷(30마리)와 수컷(29마리)의 두개골 형상과 [그림 1.3.7]-(b) 30명의 우편번호 숫자 3에 대한 손 글씨 같이 여러 개체의 형상에 대한 평균형상을 찾기 위해서 상호간의 적합을 고려하는 방법을 GPA라 한다.

일반적으로 PA는 두 개체의 형태의 유클리드거리에 따라 가능한 가깝도록 최소제곱법을 활용하여 변환에 의해 유사하도록 하게하는 매칭 분석기법으로 제안되었으나, 1장 4절에서 언급한 바와 같이 형상분석에서 두 개체의 형상 비교에도 활용가능하다. 특히, 2장에서 개체간의 형상거리를 이용한 그룹간의 군집화 또는 평균형상 간의 차이를 비교하는 계량형과 비계량형 MDS의 결과인 MDS그림의 경향과 형태 비교에 PA를 활용하기도 한다. 이뿐만 아니라 다변량 시각화 기법으로 다변량 자료의 개체와 변수 간의 관계를 보여주는 행렬도(biplot)에서 주성분 행렬도, 대칭 행렬도와 JK 행렬도의 비교(Choi 외, 2005b)와 범주형 자료(categorical data)인 분할표에 대한 대응분석(correspondence analysis)에서 여러 가지 대응분석그림의 비교(Choi 외, 2005a)에 PA를 응용하고 있다.

PA의 두 가지 종류인 OPA와 GPA의 자세한 설명에 앞서, [보기 3.1.1]과 [보기 3.1.2]를 통하여 두 방법 간의 차이를 이해하도록 하자.

[보기 3.1.1] 두 사람의 손 글씨 숫자 3의 형상간의 OPA 적합

[예 1.3.4]의 [그림 1.3.7]-(c)에는 30명이 손으로 쓴 숫자 3에 대한 13개 형상점 자료(digits3.data) 중에서 두 번째와 세 번째 사람의 숫자 3 형상이 주어져 있다. 각각 중심화 사전형상을 구하고 이를 그려보면 [그림 3.1.1]의 (a)와 (b)이다. (c)와 (d)는 두 형상을 비교하기 위하여 (a)에서 (b)로의 OPA 적합을 (a) → (b)로, (b)에서 (a)로의 OPA 적합을 (b) → (a)로 표시하고 이로부터 얻어진 적합형상이다. 특히, (c)의 OPA 적합형상 : (a) → (b)의 그림은 다소 오른쪽으로 기울었는데 이는 다소 위 아래로 길고 기울지 않은 형상인 (a)의 숫자 3이 다소 오른쪽으로 회전된 형상인 (b)의 영향을 받아 (b)의 형상을 닮은 쪽으로 많이 적합 되었음을 보여주고 있다. 반대로 (d)의 OPA 적합형상 : (b) → (a)의 그림은 다소 기울어진 (b)의 숫자 3이 바르게 생긴 (a)의 영향을 받아 (a) 형상과 같이 적합 되었음을 보여주고 있다. 이는 OPA 적합의 방향에 따라 서로 다른 결과를 제공하며 이를 두고 OPA 적합은 대칭적(symmetric)이지 못하다고 한다.

이를 위한 [R-코드 3.1.1](digit3-OPAshapes.R)을 참고 바라며 함수 procOPA(A, B)는 B에서 A로 OPA 적합을 제공한다.

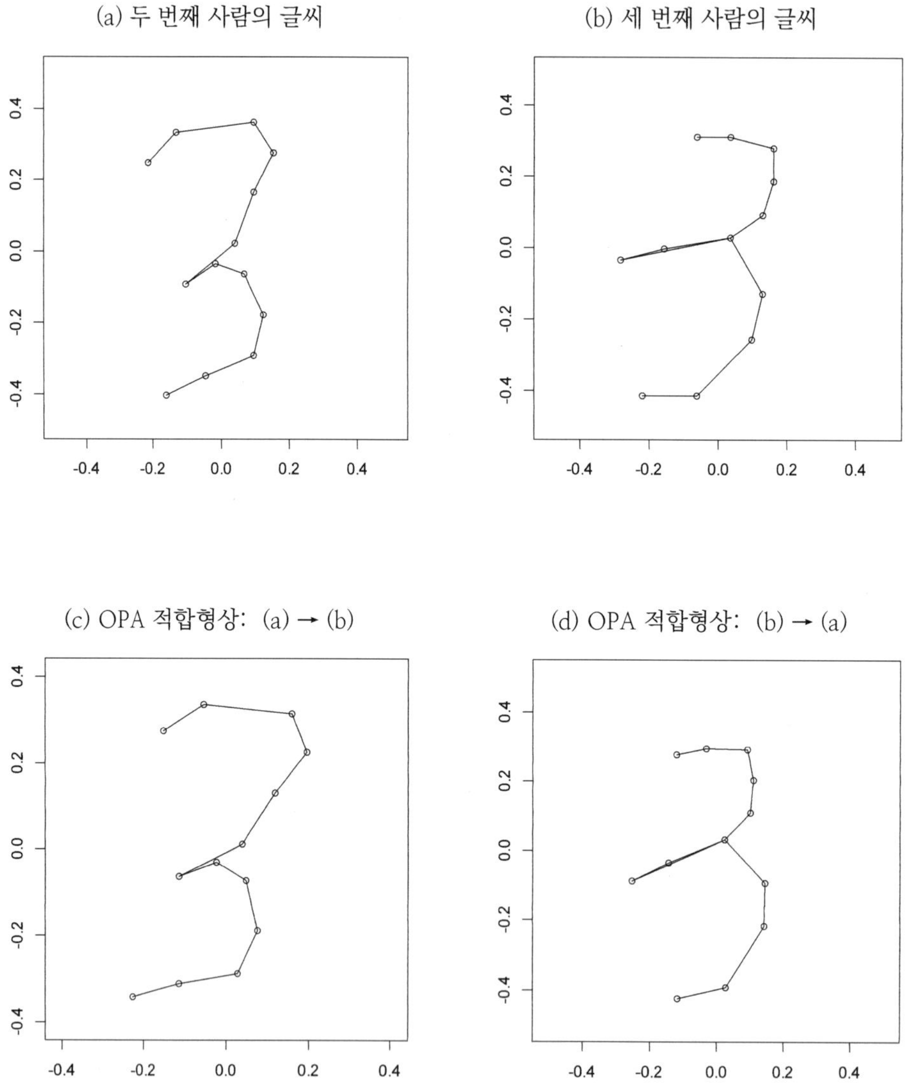

[그림 3.1.1] 숫자 3 손 글씨 형상의 OPA 적합 : (a) 두 번째 사람의 글씨 (b) 세 번째 사람의 글씨 (c) OPA 적합형상: (a) → (b) (d) OPA 적합형상: (b) → (a).

[R-코드 3.1.1] 두 사람의 손으로 쓴 숫자 3의 OPA 적합 (digit3-OPAshapes.R)

```
## OPA of digit 3
library(shapes)
data(digit3.dat)
k=dim(digit3.dat)[1]
C=diag(k)-matrix(1/k, k ,k)

## centred pre-shapes of 1st and 2nd
X<-digit3.dat[,,2:3]
cA<-C%*%X[,,1]
cB<-C%*%X[,,2]
A<-cA/centroid.size(cA)
B<-cB/centroid.size(cB)

par(mfrow=c(1,2))
plotshapes(A, B,symbol=1, joinline=1:13)

# OPA
PAB<-procOPA(B, A) #matching A onto B
plotshapes(PAB$Bhat,symbol=1, joinline=1:13)
PBA<-procOPA(A, B) #matching B onto A
plotshapes(PBA$Bhat,symbol=1, joinline=1:13)
```

[보기 3.1.2] 고릴라 암컷과 수컷의 두개골 형상의 GPA 적합

[그림 3.1.2]의 (a)와 (b)는 8개 형상점으로 된 고릴라의 두개골 형상에 대한 각각 암컷(female) 30마리와 수컷(male) 29마리로 구성된 자료이다. 이 자료는 data(gorf,dat)와 data(gorm.dat)에 의해서 각각 제공된다.

(a)의 암컷의 두개골 형상이 (b) 수컷의 두개골 형상 보다는 전체적으로 작아 보인다. (a)와 (b) 각각에 대하여 GPA를 적용하여 얻어진 평균형상 (c)와 (d)는 (a)와 (b)의 형상의 크기로부터 영향을 받았음을 충분히 추정될 수 있다.

이를 위한 [R-코드 3.1.2](gorfm-GPAshapes.R)을 참고 바라며 특히, 함수 procGPA()는 여러 개체 형상의 GPA 적합을 나타낸다.

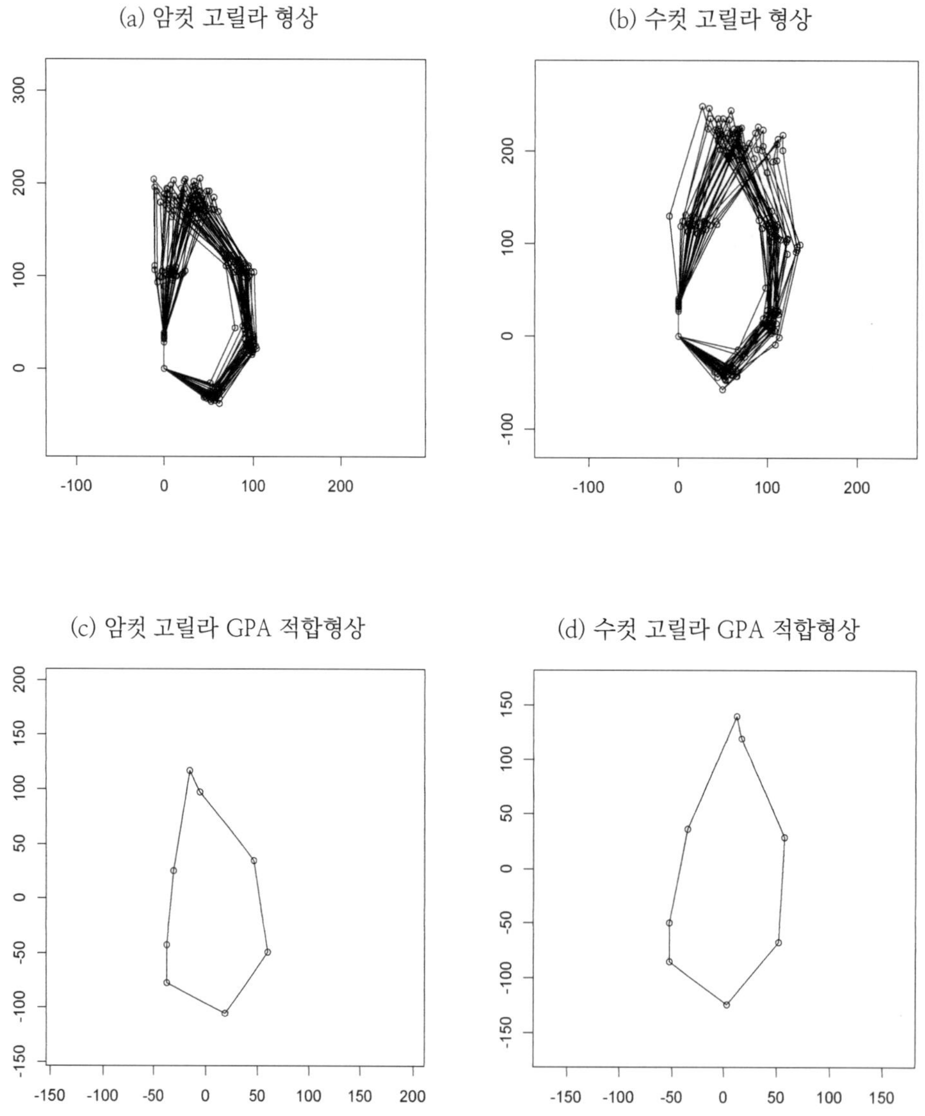

[그림 3.1.2] 고릴라 암수 두개골 형상의 GPA 적합형상 (a) 암컷 고릴라 형상 (b) 수컷 고릴라 형상 (c) 암컷 고릴라 GPA 적합형상 (d) 수컷 고릴라 GPA 적합형상

[R-코드 3.1.2] 고릴라 암수 두개골 형상의 GPA 적합 (gorfm-GPAshapes.R)

```
## GPA for female and male Gorillas
library(shapes)
data(gorf.dat)
data(gorm.dat)

join=c(1,5,4,3,2,8,7,6,1)
par(mfrow=c(1,2))
plotshapes(gorf.dat, gorm.dat, symbol=1,joinline=join)

# GPA
gorf<-procGPA(gorf.dat)
gorm<-procGPA(gorm.dat)
plotshapes(gorf$mshape, gorm$mshape, symbol=1, joinline=join)
```

[보기 3.1.1]에서와 같이 두 개체의 형상 간의 적합을 OPA는 제공하며 이를 위한 알고리즘은 3.2절에서 요약하고 있다. [보기 3.1.2]에서와 같이 여러 집단의 많은 개체들의 형상에 대한 GPA에서는 GPA 적합에 의한 평균형상을 얻어 시각적으로 차이점을 비교하게 된다. Kim 외(2010)은 이들 자료에 대하여 평균형상을 분류분석에 활용하였고 평균형상에 대한 각 집단의 형상변동에 대한 검정을 제안하기도 하였다. 이들 방법에 따른 결과는 분류분석의 경우 5장에서 반영하고 한 군집을 포함하여 여러 군집의 평균형상 검정은 6장에서 반영하고 있다. 더 나아가 이들 평균형상에 대한 서로 간의 OPA 적합도 고려할 수 있겠다.

이처럼 GPA는 일반적으로 둘 이상의 개체들에 대한 평균형상을 파악하고 형상변동을 측정하기 위한 분석 방법이다. 평균형상을 획득하기 위한 GPA 알고리즘은 3.3절을 참고하기 바란다.

3.2 OPA 적합 알고리즘

이 절에서는 [보기 3.1.1]에서 숫자 3에 대한 두 사람이 쓴 두 형상그림을 비교했던 것처럼 두 개체의 형태를 비교하기 위해서 한 개체의 형상을 다른 개체의 형상에 대해 적합 시키는 OPA 적합방법과 이것에 대한 알고리즘이 [정리 3.2.1]에 요약되고 알고리즘에 대한 증명이 주어진다. 특히 이 증명은 2장의 [정리 2.1.2]의 완전프로크러스티즈거리를 증명하는 방법과 매우 유사하다.

[정리 3.2.1] OPA 적합방법과 알고리즘

OPA는 중심화 형태행렬 X_1 과 X_2 간의 제곱 유클리드 거리

$$O(X_1, X_2) = \| X_2 - \beta X_1 \Gamma - 1_k \boldsymbol{\alpha}^T \|^2 \tag{3.2.1}$$

를 최소화하는 $\boldsymbol{\alpha}$, β 그리고 Γ를 추정하는 것이다. 여기서, $\|X\| = \sqrt{tr(X^T X)}$ 이고 $\boldsymbol{\alpha}$는 크기 $m \times 1$ 벡터로 위치모수(location parameter)이며 $\beta > 0$는 척도모수(scale parameter), 크기가 $m \times m$ 행렬 Γ는 직교정규 회전행렬로 $\Gamma^T \Gamma = \Gamma \Gamma^T = I_m$ 과 $|\Gamma| = 1$을 만족한다. 그리고 1_k는 모든 원소를 1로 가지는 $k \times 1$ 벡터이다.

(3.2.1)을 최소화하는 추정치는 다음과 같이 구할 수 있다.

$$\hat{\boldsymbol{\alpha}} = 0, \tag{3.2.2}$$

$$\hat{\Gamma} = VU^T, \tag{3.2.3}$$

$$\hat{\beta} = \frac{tr(X_2^T X_1 \hat{\Gamma})}{tr(X_1^T X_1)}. \tag{3.2.4}$$

그리고 (3.2.3)의 V와 U는 크기 $m \times m$ 직교행렬로 비정칙값분해

$$X_2^T X_1 = \|X_2\| \|X_1\| U \Lambda V^T \tag{3.2.5}$$

를 만족하며, (3.2.5)의 행렬 Λ는 크기가 $m \times m$ 대각행렬로 대각원소의 비정칙값들은 $\lambda_1 \geq \lambda_2 \geq \cdots \geq \lambda_{m-1} \geq |\lambda_m|$을 만족한다.

[정리 3.2.1]의 증명:

먼저 잔차행렬(residual matrix)을

$$R = X_2 - \beta X_1 \Gamma - 1_k \alpha^T = (\boldsymbol{r}_1, \dots, \boldsymbol{r}_k)^T \tag{3.2.6}$$

과 같이 정의하자. 여기서, 크기 $m \times 1$의 벡터 $\boldsymbol{r}_j$, $j = 1, \dots, k$는 잔차행렬 R의 j번째 행으로 다음과 같다.

$$\boldsymbol{r}_j = \boldsymbol{x}_{(2)j} - \beta \Gamma^T \boldsymbol{x}_{(1)j} - \boldsymbol{\alpha} \tag{3.2.7}$$

여기서 $\boldsymbol{x}_{(1)j} = (x_{(1)j1}, \dots, x_{(1)jm})^T$와 $\boldsymbol{x}_{(2)j} = (x_{(2)j1}, \dots, x_{(2)jm})^T$는 각각 X_1과 X_2의 j번째 형상점이다. 따라서 (3.2.1)은 (3.2.6)과 (3.2.7)에 의해서 다음과 같이 정리할 수 있다.

$$O(X_1, X_2) = \| R \|^2 = \sum_{j=1}^{k} \| \boldsymbol{r}_j \|^2. \tag{3.2.8}$$

따라서 (3.2.1)을 최소화하는 문제는 (3.2.8)을 최소화하는 문제와 같다.

먼저 (3.2.8)을 β에 대해서 최소화하는 문제는

$$\frac{\partial}{\partial \beta} \sum_{j=1}^{k} \| \boldsymbol{r}_j \|^2 = 0 \tag{3.2.9}$$

을 고려하면 된다. 여기서 (3.2.7)로부터

$$\begin{aligned}
\| \boldsymbol{r}_j \|^2 &= \boldsymbol{r}_j^T \boldsymbol{r}_j \\
&= \boldsymbol{x}_{(2)j}^T \boldsymbol{x}_{(2)j} - 2\beta \boldsymbol{x}_{(2)j}^T \Gamma^T \boldsymbol{x}_{(1)j} + \beta^2 \boldsymbol{x}_{(1)j}^T \boldsymbol{x}_{(1)j} \\
&\quad - 2\boldsymbol{\alpha}^T (\boldsymbol{x}_{(2)j} - \beta \Gamma^T \boldsymbol{x}_{(1)j}) + \boldsymbol{\alpha}^T \boldsymbol{\alpha}
\end{aligned}$$

이고 형태행렬 X_1과 X_2가 중심화되어 있다는 가정 하에 $\alpha = 0$이므로

$$\frac{\partial}{\partial \beta}\|\boldsymbol{r}_j\|^2 = -2\boldsymbol{x}_{(2)j}^T \Gamma^T \boldsymbol{x}_{(1)j} + 2\beta \boldsymbol{x}_{(1)j}^T \boldsymbol{x}_{(1)j}$$

가 되므로, (3.2.9)는 다음과 같이 정리된다.

$$\frac{\partial}{\partial \beta}\sum_{j=1}^{k}\|\boldsymbol{r}_j\|^2 = \sum_{j=1}^{k}\left[-2\boldsymbol{x}_{(2)j}^T \Gamma^T \boldsymbol{x}_{(1)j} + 2\beta \boldsymbol{x}_{(1)j}^T \boldsymbol{x}_{(1)j}\right] = 0$$

따라서 β는 다음과 같이 추정할 수 있다.

$$\hat{\beta} = \frac{\sum_{j=1}^{k}\boldsymbol{x}_{(2)j}^T \hat{\Gamma}^T \boldsymbol{x}_{(1)j}}{\sum_{j=1}^{k}\boldsymbol{x}_{(1)j}^T \boldsymbol{x}_{(1)j}} = \frac{tr\,(X_2^T X_1 \hat{\Gamma})}{tr\,(X_1^T X_1)}.$$

다음으로 $\Gamma\Gamma^T = I_m$을 만족하는 Γ에 대하여 (3.2.8)을 최소화하는 문제를 고려하여 보자. 이는 다음과 같은 라그랑즈 함수

$$\mathcal{L} = \sum_{j=1}^{k}\|\boldsymbol{r}_j\|^2 + \Lambda(\Gamma\Gamma^T - I_m) \tag{3.2.10}$$

를 최소화하는 문제가 된다. 여기서 Λ는 라그랑즈 승수이다. (3.2.10)으로 부터

$$\frac{\partial \mathcal{L}}{\partial \Gamma} = -2\beta\sum_{j=1}^{k}\boldsymbol{x}_{(1)j}\,\boldsymbol{x}_{(2)j}^T + 2\Lambda\Gamma = 0$$

을 유도할 수 있으며 이는 다음과 같이 계산된다.

$$X_1^T X_2 = \frac{1}{\beta}\Lambda\Gamma$$

다음으로 V와 U는 직교행렬이고 대각행렬 $\Lambda = diag(\lambda_1, \ldots, \lambda_m)$는 비정칙값 $\lambda_1 \geq \lambda_2 \geq \ldots \geq |\lambda_m|$로 이루어진 대각행렬일 때, 비정칙값분해

$$X_1^T X_2 = (X_2^T X_1)^T = \left(\|X_2\|\|X_1\| U\Lambda V^T\right)^T = \|X_2\|\|X_1\| V\Lambda U^T$$

를 이용하면 다음을 만족한다.

$$V\Lambda U^T = (\|X_2\|\|X_1\|)^{-1}\frac{1}{\beta}\Lambda\Gamma. \tag{3.2.11}$$

이로부터

$$\begin{aligned}\left((\|X_2\|\|X_1\|)^{-1}\frac{1}{\beta}\Lambda\Gamma\right)\left((\|X_2\|\|X_1\|)^{-1}\frac{1}{\beta}\Lambda\Gamma\right)^T &= (V\Lambda U^T)(V\Lambda U^T)^T \\ &= (V\Lambda V^T)(V\Lambda V^T)\end{aligned}$$

이고

$$(\|X_2\|\|X_1\|)^{-1}\frac{1}{\beta}\Lambda = V\Lambda V^T$$

가 성립한다. 이를 (3.2.11)에 대입하면

$$V\Lambda U^T = V\Lambda V^T\Gamma$$

이다. 이로부터 Γ는 다음과 같이 추정할 수 있다.

$$\hat{\Gamma} = VU^T$$

특히, [정리 3.2.1]에서 (3.2.1)을 최소화하는 모수의 추정치 (3.2.2)~(3.2.4)를 이용하여 이를 (3.2.1)에 대치한 값을 보통프로크러스티즈제곱합(ordinary Procrustes sum of squares) $O_P(X_1, X_2)$이라 하고 이로부터 중심화 사전형상에 의한 $O_P(Z_1, Z_2)$는 [정리 2.1.4]의 리만거리와 수리적 관계 (3.2.12)를 맺으며 [정리 3.2.2]에 요약되어 있다.

[정리 3.2.2] 보통프로크러스티즈제곱합(ordinary Procrustes sum of squares)

중심화 형태행렬 X_i의 중심화 사전형상 $Z_i = X_i / \|X_i\|, i = 1,2$를 고려하면 [정리 3.2.1]로부터 Z_1과 Z_2의 보통프로크러스티즈제곱합은 [정리 2.1.4]의 리만거리 $\rho(X_1, X_2)$와 [정리 2.1.3] 완전프로크러스티즈거리 $d_F(X_1, X_2)$에 의해 다음과 같이 계산된다.

$$O_P(Z_1, Z_2) = \inf_{\Gamma, \beta, \alpha} O(Z_1, Z_2) = \sin^2\rho(X_1, X_2) = d_F^2(X_1, X_2) \qquad (3.2.12)$$

[정리 3.2.2]의 증명:

(3.2.1)로 부터 추정된 모수를 고려하여 대수적으로 정리한 보통프로크러스티즈제곱합은 다음과 같다.

$$\begin{aligned} O_P(X_1, X_2) &= \| X_2 - \hat{\beta} X_1 \hat{\Gamma} \|^2 \\ &= \|X_2\| + \hat{\beta}^2 \|X_1\|^2 - 2\hat{\beta}\, tr\left(X_2^T X_1 \hat{\Gamma}\right) \end{aligned} \qquad (3.2.13)$$

여기서 중심화 형태행렬 X_i의 중심화 사전형상 $Z_i = X_i / \|X_i\|, i = 1,2$을 고려하면 $\|Z_2\| = \|Z_1\| = 1$ 이므로 이들의 보통프로크러스티즈제곱합은

$$\begin{aligned} O_P(Z_1, Z_2) &= \| Z_2 - \hat{\beta} Z_1 \hat{\Gamma} \|^2 \\ &= \|Z_2\| + \hat{\beta}^2 \|Z_1\|^2 - 2\hat{\beta}\, tr\left(Z_2^T Z_1 \hat{\Gamma}\right) \\ &= 1 + \hat{\beta}^2 - 2\hat{\beta}\, tr\left[(\|X_1\| \|X_2\|)^{-1} X_2^T X_1 \hat{\Gamma} \right] \end{aligned}$$

이다. 이는 (3.2.5)의 비정칙값분해 $X_2^T X_1 = \|X_1\| \|X_2\| U \Lambda V^T$과 $\hat{\Gamma} = V U^T$에 의해서

$$tr\left[(\|X_1\| \|X_2\|)^{-1} X_2^T X_1 \hat{\Gamma} \right] = tr(U \Lambda V^T V U^T) = tr(\Lambda) = \sum_{k=1}^{m} \lambda_k$$

된다. 더불어 (3.2.4)의 척도모수도 중심화 사전형상에 의해서 다음과 같이 만족된다.

$$\hat{\beta} = tr(Z_2^T Z_1 \hat{\Gamma})/tr(Z_1^T Z_1) = \sum_{k=1}^{m} \lambda_k$$

따라서

$$O_P(Z_1, Z_2) = 1 - \left\{ \sum_{k=1}^{m} \lambda_k \right\}^2 \tag{3.2.14}$$

[정리 2.1.3]의 (2.1.16) 완전프로크러스티즈거리 $d_F(X_1, X_2)$와 [정리 2.1.4]의 리만거리 (2.1.19)에 의해서 중심화 사전형상 $Z_i = X_i / \|X_i\|,\ i = 1,2$ 의 보통프로크러스티즈제곱합은 (3.2.12)를 만족하게 된다.

일반적으로 m 차원에서 k 개의 형상점들에 의해 각각 표현되는 크기가 $k \times m$ 인 두 개의 중심화 형태행렬 X_1 과 X_2가 있다고 하면 X_2 를 기준으로 X_1 을 OPA에 의해 적합한 형상을 획득하기 위해서는 수리적으로 최소제곱법에 바탕을 두고 있는 [정리 3.2.1]의 OPA 알고리즘에 의한 결과를 이용하면 된다. 이를 OPA $X_1 \rightarrow X_2$ 로 나타내고 X_1 을 X_2 로 OPA 적합시켰다고 하며 그 결과 형상을 OPA 적합형상: $X_1 \rightarrow X_2$ 로 나타낸다. 이미 [보기 3.1.1]에서 두 사람의 손 글씨 숫자 3에 대한 형상 비교에서 이를 설명한바 있다.

[정리 3.2.1]에서 (3.2.1)을 최소화하는 모수의 추정치 (3.2.2)~(3.2.4)를 이용하여 OPA 적합형상: $X_1 \rightarrow X_2$ 를 위한 적합좌표를 OPA 완전프로크러스티즈적합(full Procrustes fit) 또는 OPA 완전프로크러스티즈좌표(full Procrustes coordinates)라고 하는데 이를 [정리 3.2.3]에 요약하자. [그림 3.1.1]에서 살펴본 바와 같이 일반적으로 OPA $X_1 \rightarrow X_2$ 와 OPA $X_2 \rightarrow X_1$ 는 서로 다른 결과를 제공하며, (3.2.13)에 따르면 $O_P(X_1, X_2) \neq O_P(X_2, X_1)$ 이 된다. 이를 두고 OPA는 대칭적지 못하다고 이야기 한 바 있다. 실제로 적합의 방향이 달라져 추정된 모수를 $\hat{\alpha}^R$, $\hat{\beta}^R$, $\hat{\Gamma}^R$ 라 하면 이들은 $\hat{\beta}^R$ 을 제외하고 적합 시키는 방향을 바꾸기 전의 추정된 모수와 $\hat{\alpha}^R = -\hat{\alpha}$, $\hat{\Gamma}^R = \hat{\Gamma}^T$ 의 관계를 맺는다.

[정리 3.2.3] OPA 완전프로크러스티즈적합(완전프로크러스티즈좌표)

OPA 적합 $X_1 \rightarrow X_2$의 적합좌표 :

$$\hat{X}_1 = \hat{\beta} X_1 \hat{\Gamma} + 1_k \hat{\alpha}^T \tag{3.2.15}$$

일반적으로 (3.2.15)의 적합좌표에 의한 $\hat{X}_1$과 X_2의 형상 차이의 정도는 추정된 잔차행렬

$$\hat{R} = X_2 - \hat{X}_1$$

에 의해서 직접 판단할 수 있다. 또한, 추정된 잔차행렬에 대한 놈은 (3.2.13)으로 부터 보통프로크러스티즈제곱합 $O_P(X_1, X_2)$와 수리적으로 동일하다.

$$\| \hat{R} \|^2 = \| X_2 - \hat{X}_1 \|^2 = O_P(X_1, X_2) \tag{3.2.16}$$

즉, (3.2.16)을 통해 수치적으로 형상의 차이를 판단을 할 수도 있으며 이를 $OPSS$(ordinary Procrustes sum of square)라 부르자. 더불어 평균잔차제곱근의 [정의 2.3.2]와 동일하게

$$RMSD = \sqrt{\frac{O_P}{k}} \tag{3.2.17}$$

를 정의할 수 있다. 비록 OPA $X_1 \rightarrow X_2$와 OPA $X_2 \rightarrow X_1$는 서로 다른 결과를 제공 하나 그들의 $OPSS$와 $RMSD$는 동일한 값을 가지며 R에서 함수 procOPA()의 추가적인 값(Value)으로 $OSS 와 $rmsd에서 각각 제공된다.

실제 (3.2.17)의 $RMSD$는 OPA적합에서 두 개체 간의 형상변동(shape variability)을 측정하는 척도로 사용된다. 이들 값은 0에 가까우면서 작을수록 두 형상 간의 OPA 적합 후 형상변동은 작아 두 형상은 같은 경향을 보인다고 할 수 있다.

다변량통계학의 시각화와 관련된 기법에서 다양한 알고리즘에 의한 그림의 형상을 비교를 위해 (3.2.17) *RMSD* 보다는 (3.2.16) *OPSS*를 주로 사용하는 데 이는 프로크러스티즈 통계량으로 알려져 있다. Cox와 Cox(2001, 5장)는 다차원척도법 MDS에서 계량형과 비계량형 MDS 그림의 형상을 비교하는 데 PA 알고리즘과 *OPSS*를 프로크러티즈 통계량으로 소개하고 있다. 더불어 *OPSS*를 활용하여 Choi 외(2005a)와 Choi 외(2005b)는 각각 단순대응분석(simple CRA)에서 그림들의 형상 차이와 행렬도(biplots)에서 여러 행렬도간의 차이를 살펴보았다. 최태훈 외(2009)는 테니스 그랜드슬램대회의 선수특성요인과 경기요인의 비교분석을 정준상관행렬도(canonical correlation biplot)에서의 PA를 적용하고 *OPSS*를 통해 비교하고 있다. 최태훈과 최용석(2012)은 정준상관행렬도와 편(partial)정준상관행렬도의 형상변동을 비교하는 데 *OPSS*를 활용하였다. 5장에서는 여러 군집의 개체의 각 평균형상과 형태 행렬 간의 *OPSS*를 판별분석을 위한 분류기준으로 사용하고 있다.

프로크러스티즈(Procrustes)라는 용어는 그리스 신화에 나오는 에레우시스에서 아테네로 가는 길의 노상강도인 다마스테스(Damastes)의 별명이다. 그는 밤이면 여행객들에게 잠자리를 제공하여 그가 제공한 침대보다 키가 크면 팔다리를 자르고 키가 작으면 팔다리를 잡아 늘려 침대에 맞게 적합 시켰다고 한다. 여기서 침대를 형상분석에서와 같이 하나의 형태(configuration)로 보고 여행객을 다른 형태로 보아 침대에 가능한 맞게 여행객의 팔다리를 자르거나 늘려 적합 시키려고 한 그의 별명을 따서 이동하고 회전하고 크기를 변화시켜 두 형태간의 적합을 고려하는 것을 프로크러스티즈분석 PA라 하였다. PA라는 용어는 역사적으로 Hurley와 Cattell(1962)이 인자분석(factor analysis)에서 인자들의 해석을 위해 인자회전에 처음 사용하였고, Schonemann과 Carroll(1970), 그리고 Gower(1971)는 다차원척도법 MDS에서 PA를 중요한 도구로 여겼다. 최근에는 Dryden과 Mardia(2016)에 의해서 널리 연구되고 있다.

[보기 3.2.1] 두 사람의 손 글씨 숫자 3의 형상간의 OPA 적합

[보기 3.1.1]의 30명이 손으로 쓴 숫자 3에 대한 13개 형상점 자료(digits3.dat) 중에서 두 번째와 세 번째 사람의 숫자 3의 중심화 사전형상 [그림 3.1.1]-(a)와 (b) 그리고 (c)와 (d)는 OPA (a) → (b)와 OPA (b) → (a)의 그림이 주어져 있다. 이들로부터 [그림 3.2.1]-(a)와 (b)는 [그림 3.1.1]-(b)와 (c) 그리고 (a)와 (d)를 각각 겹쳐놓은 것으로 두 개체간의 형상이 OPA에 의해서 얼마나 잘 적합 되었는지를 눈으로 비교 판단할 수 있다. [그림 3.2.1]을 위한 [R-코드 3.2.1] (digit3-OPA-Jointplotshapes.R)를 참고 바라며 함수 procOPA(A, B)는 B에서 A로 OPA 적합을 제공한다.

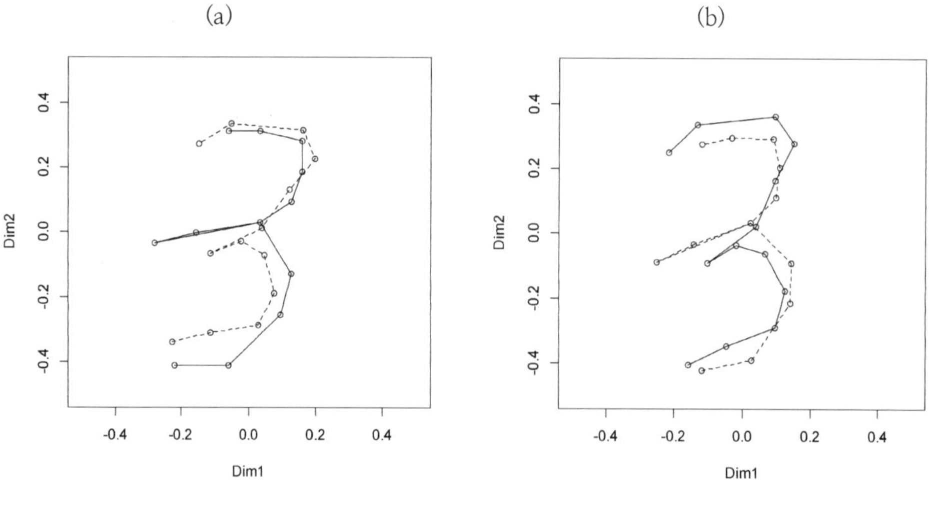

[그림 3.2.1] 손으로 쓴 숫자 3 (a) 두 번째 자료의 적합형상(실선)과 세 번째 자료 형상(점선)
(b) 세 번째 자료의 적합형상(실선)과 두 번째 자료 형상(점선)

[R-코드 3.2.1] 두 사람의 손으로 쓴 숫자 3의 OPA 적합 후 형상그림의 결합
(digit3-OPA-Jointplotshapes.R)

```
## Joint plots after OPA of digit 3
library(shapes)
data(digit3.dat)
k=dim(digit3.dat)[1]
C=diag(k)-matrix(1/k, k ,k)

## centred pre-shapes of 1st and 2nd
X<-digit3.dat[,,2:3]
cA<-C%*%X[,,1]
cB<-C%*%X[,,2]
A<-cA/centroid.size(cA)
B<-cB/centroid.size(cB)

# OPA
PAB<-procOPA(B, A) #matching A onto B
PBA<-procOPA(A, B) #matching B onto A

par(mfrow=c(1,2))
# Joint plot of OPA A -> B and B
lim=c(-0.5,0.5)
join=c(1:13)
plot(B[,1],B[,2], xlim=lim,ylim=lim, xlab="Dim1", ylab="Dim2")
lines(B[join,], lty=1)
par(new=TRUE)
plot(PAB$Bhat[,1], PAB$Bhat[,2],xlim=lim,ylim=lim, xlab="Dim1", ylab="Dim2")
lines(PAB$Bhat[join,], lty=2)

# Joint plot of OPA B -> A and A
plot(A[,1],A[,2], xlim=lim,ylim=lim, xlab="Dim1", ylab="Dim2")
lines(A[join,], lty=1)
par(new=TRUE)
plot(PBA$Bhat[,1], PBA$Bhat[,2],xlim=lim,ylim=lim, xlab="Dim1", ylab="Dim2")
lines(PBA$Bhat[join,], lty=2)
```

[결과 3.2.1]는 [R-코드 3.2.2](digit3-OPA-OPSS-RMSD-shapes.R)의 실행 결과인데 R에서 함수 procOPA()의 추가적인 값으로 OPA 적합을 위한 회전행렬 Γ와 척도모수 β의 추정 값을 각각 $R와 $s가 제공하며 $OPSS$와 $RMSD$는 $OSS와 $rmsd가 각각 제공된다. 추가적으로 회전행렬을 이용하여 회전 각 $\theta = \arctan(\sin\theta/\cos\theta)$를 구하게 된다. 이들에 대한 결과를 [표 3.2.1]에서 요약하고 있다. 먼저 [그림 3.2.1]을 참고로 해보면 두 가지 OPA (a) → (b)와 OPA (b) → (a)에 대하여 제공하고 있는 데 $OPSS$와 $RMSD$는 동일 한 값을 가짐을 확인 할 수 있다. 회전행렬의 경우 대수적 관계 $\hat{\Gamma}^R = \hat{\Gamma}^T$를 만족하며 회전각은 $\hat{\theta} = -12.356°$ 으로 OPA (a) → (b)을 위한 것으로 [그림 3.1.1]의 세 번째 사람의 손 글씨의 형상이 오른쪽으로 다소 기울어져 있는 (b)로 다소 똑 바른 형상의 두 번째 사람의 손 글씨 (a)를 적합 시킨 이유이다. $\hat{\theta}^R = 12.356°$ 은 그 반대의 경우이다. 다만 두 척도모수는 일반적으로 다르나 여기서는 $\hat{\beta} = \hat{\beta}^R$로 동일하다.

[표 3.2.1] OPA 적합의 추정(회전행렬, 각, 척도), $OPSS$와 $RMSD$

OPA 적합	$\hat{\Gamma}$	$\hat{\theta}$	$\hat{\beta}$	$OPSS$	$RMSD$
(a) → (b)	0.9768355 -0.2139916 0.2139916 0.9768355	-12.356	0.943	0.111	0.092
OPA 적합	$\hat{\Gamma}^R = \hat{\Gamma}^T$	$\hat{\theta}^R = -\hat{\theta}$	$\hat{\beta}^R$	$OPSS$	$RMSD$
(b) → (a)	0.9768355 0.2139916 -0.2139916 0.9768355	12.356	0.943	0.111	0.092

R의 함수 procOPA()에서 OPA 적합을 위한 추가적으로 제공하는 회전행렬, 척도모수, $OPSS$와 $RMSD$를 계산하기 위해 [정리 3.2.1]의 OPA 알고리즘을 바탕으로 만든 [R-코드 3.2.3](digit3-OPAalgorithm-OPSS-RMSD-shapes.R)를 참고 바란다. OPA 알고리즘을 대수적으로 이해 하고자 하는 독자는 꼭 참고 바란다.

[R-코드 3.2.2] 두 사람의 손으로 쓴 숫자 3의 OPA 적합을 위한 모수추정과 *OPSS*와 *RMSD* (digit3-OPA-OPSS-RMSD-shapes.R)

```
## Estimated rotation, angle, scale, OPSS and RMSD in OPA of digit 3
library(shapes)
data(digit3.dat)
k=dim(digit3.dat)[1]
C=diag(k)-matrix(1/k, k ,k)

## centred pre-shapes of 1st and 2nd
X<-digit3.dat[,,2:3]
cA<-C%*%X[,,1]
cB<-C%*%X[,,2]
A<-cA/centroid.size(cA)
B<-cB/centroid.size(cB)

# OPA
PAB<-procOPA(B, A) #matching A onto B
PBA<-procOPA(A, B) #matching B onto A

# Rotaion matrix: Gamma and GammaR
PAB$R;PBA$R

# Rotation angle: theta and thetaR
theta=(atan2(PAB$R[1,2], PAB$R[1,1])*180/pi)
thetaR=(atan2(PBA$R[1,2], PBA$R[1,1])*180/pi)
theta;thetaR

# Scale : beta and betaR
PAB$s;PBA$s

# OPSS and RMSD : OPA A -> B
PAB$OSS; PAB$rmsd

# OPSS and RMSD : OPA B -> A
PBA$OSS; PBA$rmsd
```

[R-코드 3.2.3] 두 사람의 손으로 쓴 숫자 3의 OPA 알고리즘에 의한 *OPSS*와 *RMSD* (digit3-OPAalgorithm-OPSS-RMSD-shapes.R)

```
## OPA Algorithm :  digit 3
library(shapes)
data(digit3.dat)
k=dim(digit3.dat)[1]
C=diag(k)-matrix(1/k, k ,k)

## centred pre-shapes of 1st and 2nd
X<-digit3.dat[,,2:3]
cA<-C%*%X[,,1]
cB<-C%*%X[,,2]
A<-cA/centroid.size(cA)
B<-cB/centroid.size(cB)

svd<-svd(t(A)%*%B)
gamma<-svd$v%*%t(svd$u)
beta<-sum(diag((t(A)%*%B%*%gamma)))/sum(diag(t(B)%*%B))
OPSS<-sum(diag((t(A)%*%A))) + beta^2%*% sum(diag((t(B)%*%B))) - 2%*%beta%*%sum(diag(svd$d))
RMSD<-sqrt(OPSS/k)
list(gamma, beta, OPSS, RMSD)
```

[결과 3.2.1] [R-코드 3.2.3]의 수행 결과

```
> # Rotaion matrix: Gamma and GammaR
> PAB$R;PBA$R
          [,1]       [,2]
[1,] 0.9768355 -0.2139916
[2,] 0.2139916  0.9768355
           [,1]      [,2]
[1,]  0.9768355 0.2139916
[2,] -0.2139916 0.9768355

> # Rotation angle: theta and thetaR
> theta=(atan2(PAB$R[1,2], PAB$R[1,1])*180/pi)
> thetaR=(atan2(PBA$R[1,2], PBA$R[1,1])*180/pi)
> theta;thetaR
[1] -12.35637
[1] 12.35637

> # Scale : beta and betaR
> PAB$s;PBA$s
[1] 0.9427635
[1] 0.9427635

> # OPSS and RMSD : OPA A -> B
> PAB$OSS; PAB$rmsd
[1] 0.111197
[1] 0.09248574

> # OPSS and RMSD : OPA B -> A
> PBA$OSS; PBA$rmsd
[1] 0.111197
[1] 0.09248574
```

이번에는 [정리 3.2.1]에서 척도모수를 고려하지 않는 크기-형상공간에서의 두 형태에 대한 OPA 적합에 대해 살펴보기로 하자. 이 개념은 이미 2.3절의 크기-형상공간에서 [정의 2.3.2] 중심화 형태행렬의 평균잔차제곱근 $RMSD$와 (2.3.4) 리만거리

(리만크기-형상거리) $d_S(X_1, X_2)$ 와의 관계를 살펴 볼 때 접하였다. 척도모수를 고려하지 않는 OPA를 POPA(partial OPA)라 하며 이에 비해 실제 척도모수까지 고려한 [정리 3.2.1]의 OPA는 완전 OPA(full OPA)로 불러지기도 한다. 여기서 [정리 3.2.4]를 통해 POPA를 정의하자.

[정리 3.2.4] POPA 적합방법과 알고리즘

POPA는 중심화 형태행렬 X_1 과 X_2 간의 제곱 유클리드 거리

$$O(X_1, X_2) = \| X_2 - X_1\Gamma - 1_k \boldsymbol{\alpha}^T \|^2 \tag{3.2.18}$$

를 최소화하는 α 와 Γ를 추정하는 것이다. 여기서, $\|X\| = \sqrt{tr(X^TX)}$ 이고 α 는 크기 $m \times 1$ 벡터로 위치모수(location parameter)이며 크기가 $m \times m$ 행렬 Γ 는 직교정규 회전행렬로 $\Gamma^T\Gamma = \Gamma\Gamma^T = I_m$ 과 $|\Gamma| = 1$ 을 만족한다. 그리고 1_k 는 모든 원소를 1로 가지는 $k \times 1$ 벡터이다. (3.2.18)을 최소화하는 추정치는 (3.2.2)와 (3.2.3)과 동일하다.

따라서 (3.2.18)의 최소값 $O_P(X_1, X_2)$ 는 (2.3.4)의 리만거리의 제곱으로 다음과 같이 같아진다.

$$O_P(X_1, X_2) = \inf_{\Gamma, \alpha} O(X_1, X_2) = d_S^2(X_1, X_2)$$

만약에 중심화 형태행렬 X_i 의 중심화 사전형상 $Z_i = X_i / \|X_i\|,\ i = 1,2$ 을 고려하면 $\|Z_2\| = \|Z_1\| = 1$ 이므로 $O_P(Z_1, Z_2)$ 는 (2.1.15) 부분프로크러스티즈거리 $d_P(X_1, X_2)$ 의 제곱과 다음과 같이 일치함을 알 수 있다.

$$O_P(Z_1, Z_2) = 2\left(1 - \sum_{k=1}^{m} \lambda_k\right)^2 = d_P^2(X_1, X_2)$$

참고로 POPA는 R의 함수 procOPA()에서 옵션 scale=FALSE를 활용하면 제공받을 수 있다.

3.3 GPA 적합 알고리즘

3.1절에서 [보기 3.1.2]의 고릴라의 두개골 형상에 대한 암컷(female) 30마리와 수컷(male) 29마리로 구성된 형상을 비교하였다. 이는 여러 개체의 형태의 비교를 위한 GPA(generalized Procrustes analysis)적합 알고리즘을 바탕으로 한 R의 함수 procGPA()를 활용하였다. 이절에서는 이와 같이 여러 개체의 형상을 비교하기 위한 GPA 적합 알고리즘을 소개하려 한다.

m 차원에서 k 개의 형상점들에 의해 각각 표현되는 크기가 $k \times m$ 인 $n(\geq 2)$개의 중심화 형태행렬 $X_1, \ldots, X_n$ 이 있다고 가정하자. 이들 형태행렬을 크기가 $k \times m$ 인 평균형상 μ 의 모집단으로부터 추출한 확률표본이라 하면, 이들로부터 평균형상을 추정하고 각각의 형태행렬에 대한 프로크러스티즈좌표를 얻으면 이것이 GPA에 의한 적합좌표가 된다. 여기서 평균형상은 GPA 적합 평균형상으로 2.4절의 (2.4.5)의 완전프로크러스티즈 평균형상과 유사한 개념이다. [정리 3.3.1]은 GPA 적합방법의 수리적 정의를 요약하고 있다.

[정리 3.3.1] GPA 적합방법

GPA는 중심화 형태행렬간의 쌍별 차에 대한 제곱 놈의 총합

$$G(X_1, \ldots, X_n) = \frac{1}{n} \sum_{i=1}^{n-1} \sum_{j=i+1}^{n} \| (\beta_i X_i \Gamma_i + 1_k \boldsymbol{\alpha}_i^T) - (\beta_j X_j \Gamma_j + 1_k \boldsymbol{\alpha}_j^T) \|^2 \qquad (3.3.1)$$

을 전체 중심크기가 $\sum_{i=1}^{n} S^2(\beta_i X_i \Gamma_i + 1_k \boldsymbol{\alpha}_i^T) = \sum_{i=1}^{n} S^2(X_i)$되게 최소화하는 $\boldsymbol{\alpha}_i$와 β_i, Γ_i, $i = 1, \ldots, n$를 추정하는 것이다. 여기서 $\boldsymbol{\alpha}_i$는 크기 $m \times 1$ 위치벡터이고 $\beta_i > 0$는 척도모수, Γ_i는 크기 $m \times m$ 특수 직교회전행렬로 $\Gamma_i^T \Gamma_i = \Gamma_i \Gamma_i^T = I_m$와 $|\Gamma_i| = 1$을 만족한다. 그리고 1_k는 모든 원소를 1로 가지는 $k \times 1$ 벡터이며, $\|X\| = \sqrt{tr(X^T X)}$ 이다.

(3.3.1)로 부터 평균형상을 $\mu = \frac{1}{n}\sum_{i=1}^{n}\left(\beta_i X_i \Gamma_i + 1_k \boldsymbol{\alpha}_i^T\right)$ 라 하면 다음을 만족한다.

$$G(X_1, \dots, X_n) = \sum_{i=1}^{n} \| \beta_i X_i \Gamma_i + 1_k \boldsymbol{\alpha}_i^T - \mu \|^2 \tag{3.3.2}$$

[정리 3.3.1]의 (3.3.1)을 최소화하는 것은 (3.3.2)로부터 다음과 같이 나타내어진다.

$$\begin{aligned} G_P(X_1, \dots, X_n) &= \inf_{\beta_i, \Gamma_i, \boldsymbol{\alpha}_i} G(X_1, \dots, X_n) \\ &= \inf_{\beta_i, \Gamma_i, \boldsymbol{\alpha}_i, \mu} \sum_{i=1}^{n} \| \beta_i X_i \Gamma_i + 1_k \boldsymbol{\alpha}_i^T - \mu \|^2 \end{aligned} \tag{3.3.3}$$

가 된다. 따라서 (3.3.1)을 최소화하는 $\boldsymbol{\alpha}_i$ 와 β_i , Γ_i 를 추정하는 것은 (3.3.2)를 최소화하는 평균형상 μ 를 추정하는 것과 동일하다. 실제로 평균형상의 프로크러스티즈 추정치는

$$\hat{\mu} = \frac{1}{n}\sum_{i=1}^{n}\left(\hat{\beta}_i X_i \hat{\Gamma}_i + 1_k \hat{\boldsymbol{\alpha}}_i^T\right) \tag{3.3.4}$$

와 같이 정의된다. 이를 프로크러스티즈 평균형상(Procrustes mean shape)이라고 부르기도 한다. 또한, (3.3.3)의 $G_P(X_1, \dots, X_n)$ 를 프로크러스티즈 제곱합(Procrustes sum of squares)이라 한다. 다음으로 각 형태행렬의 추정을 OPA에서와 같이 GPA 프로크러스티즈좌표 또는 GPA 프로크러스티즈 적합이라 하는데 이를 GPA에 의한 적합좌표라 하며 이들을 [정리 3.3.2]에 요약하고 있다. 이들 적합좌표와 평균형상간의 변동의 정도는 [정리 3.3.3]에서 GPA에서 평균잔차제곱근 $RMSD$ 로 정의하고 있다. 이는 두 형태행렬의 OPA적합에서 한 형상과 적합 형상과의 $OPSS$ 로부터 정의한 (3.2.17)의 것과는 다르나 형상변동을 측정하는 것에는 동일한 개념을 가지고 있다.

[정리 3.3.2] GPA 완전프로크러스티즈적합(완전프로크러스티즈좌표)

GPA에 의한 적합좌표와 이들의 산술평균인 추정된 평균형상은 다음과 같다.

$$\text{적합좌표: } \widehat{X}_i = \hat{\beta}_i X_i \hat{\Gamma}_i + 1_k \widehat{\boldsymbol{\alpha}}_i^T, i = 1, \dots, n.$$
$$\text{추정된 평균형상: } \hat{\mu} = \frac{1}{n}\sum_{i=1}^{n} \widehat{X}_i. \tag{3.3.5}$$

특히 [정리 3.3.3]에서 사용한 리만거리 $\rho(\widehat{X}_i, \hat{\mu})$의 정의는 [정리 2.1.4]를 참고하고 이는 library(shapes)의 함수 riemdist()에 의해서 제공되며 $RMSD$는 GPA 적합을 위한 함수 procGPA()의 $rmsd에 의해서 제공된다. 이 값이 0에 가까울수록 형상변동이 매우 작아 적합이 잘 이루어 졌음을 보여준다.

[정리 3.3.3] GPA에서 RMSD(평균잔차제곱근)

GPA 적합좌표 $\widehat{X}_1, \dots, \widehat{X}_n$와 추정된 평균형상 $\hat{\mu} = \sum_{i=1}^{n} \widehat{X}_i / n$의 리만거리 $\rho(\widehat{X}_i, \hat{\mu})$로부터 완전프로크러스티즈거리는 $d_F(\widehat{X}_i, \hat{\mu}) = \sin(\rho)$가 된다. 이때 GPA에서 $RMSD$는 다음과 같이 정의된다.

$$RMSD = \sqrt{\frac{1}{n}\sum_{i=1}^{n} d_F^2(\widehat{X}_i, \hat{\mu})} \tag{3.3.6}$$

[정리 3.3.2]의 평균형상을 제공하는 GPA 알고리즘은 Gower(1975)에 의해서 제안되었고 Ten Berge(1977)와 Kent(1994)도 이와 유사한 GPA를 제안하였는데 수리적으로 같은 결과를 준다는 것을 Lima(2003)는 자세히 비교하고 있다. 여기서 실제로 (3.3.2)를 만족하는 α_i, β_i 그리고 Γ_i를 추정하는 [정리 3.3.4]의 GPA 알고리즘을 소개하기로 하자. 이것은 Gower(1975)의 알고리즘으로 Ten Berge(1977)에 의해서 수정된 것이다. [2단계]와 [3단계]의 수치해석적 반복 과정에서 수렴은 전체적으로 매

우 빠르게 이루어지며 특히 수렴을 위한 허용(tolerance)은 자료의 크기에 의존하지만 주관적으로 $10^{-3} \sim 10^{-5}$ 정도를 선택한다.

[정리 3.3.4] GPA 알고리즘(GPA-형상-1 알고리즘)

[1단계] 크기가 $k \times m$인 $n\ (\geq 2)$개의 형태행렬 $X_1, \ldots, X_n$이 있다고 하자. X_i에 대한 초기 적합형상으로 중심화 형태행렬을 다음과 같이 고려하자.

$$\widehat{X}_i = CX_i = \left(I_k - \frac{1}{k}1_k 1_k^T\right)X_i, \quad i = 1, \ldots, n$$

[2단계] n개의 회전행렬 $\Gamma_i,\ i = 1, \ldots, n$을 아래와 같이 반복 추정한다.

(1) OPA $\widehat{X}_1 \rightarrow \dfrac{1}{n-1}\sum_{i=2}^{n}\widehat{X}_i \Rightarrow \widehat{\Gamma}_1$을 추정하고 $\widehat{X}_1$을 $\widehat{X}_1\widehat{\Gamma}_1$으로 갱신한다.

(2) OPA $\widehat{X}_2 \rightarrow \dfrac{1}{n-1}\sum_{i \neq 2}^{n}\widehat{X}_i \Rightarrow \widehat{\Gamma}_2$을 추정하고 $\widehat{X}_2$을 $\widehat{X}_2\widehat{\Gamma}_2$으로 갱신한다.

$\vdots$

(n) OPA $\widehat{X}_n \rightarrow \dfrac{1}{n-1}\sum_{i=1}^{n-1}\widehat{X}_i \Rightarrow \widehat{\Gamma}_n$을 추정하고 $\widehat{X}_n$을 $\widehat{X}_n\widehat{\Gamma}_n$으로 갱신한다.

위의 과정을 (3.3.3)의 프로크러스티즈 제곱합이 더 이상 줄어들지 않을 때까지 반복한다.

[3단계] $vec(\widehat{X}_i),\ i = 1, \ldots, n$에 대한 크기 $n \times n$ 상관행렬에 대한 가장 큰 고유값에 대응하는 고유벡터를 $\psi = (\psi_1, \ldots, \psi_n)^T$라 하면, $\beta_i,\ i = 1, \ldots, n$는 다음과 같이 추정할 수 있다.

$$\hat{\beta}_i = \frac{\left(\sum_{k=1}^{n} \| \widehat{X}_k \|^2\right)^{1/2}}{\| \widehat{X}_i \|}\psi_i$$

여기서 $vec(X)$는 크기 $k \times m$ 행렬 X를 열 순서대로 쌓아 크기 $km \times 1$의 벡터로 변환시키는 벡터화 연산자(vectorize operator)이다.

[4단계] (3.3.3)의 프로크러스티즈 제곱합이 더 이상 줄어들지 않을 때까지 [2단계]과 [3단계]를 반복한다.

Dryden과 Mardia(2016, 7장)에는 [정리 3.3.4]외에 또 다른 GPA 알고리즘을 소개하고 있다. [정리 3.3.4]를 참고로 비교 설명하자면 [1단계]에서 초기 적합형상 $\widehat{X}_i$로부터 평균형상 $\hat{\mu} = n^{-1}\sum_{i=1}^{n}\widehat{X}_i$을 구하고 [2단계]에서 OPA $\widehat{X}_i \rightarrow \hat{\mu} \Rightarrow \widehat{\beta}_i$과 $\widehat{\Gamma}_i$를 추정하고 $\widehat{X}_i$을 $\beta_i \widehat{X}_i \widehat{\Gamma}_i$로 갱신하고 [3단계]에서 평균형상 $\hat{\mu} = n^{-1}\sum_{i=1}^{n}\widehat{X}_i$을 갱신한다. [2단계]와 [3단계]를 (3.3.3)의 프로크러스티즈 제곱합이 더 이상 줄어들지 않을 때까지 반복하게 된다. 다만, [2단계]에서 $\widehat{\beta}_i$과 $\widehat{\Gamma}_i$를 동시에 추정하여 [3단계]에서 평균형상을 추정하므로 추정수렴을 위한 허용(tolerance)의 값은 [3단계]에서만 $10^{-3} \sim 10^{-5}$정도를 선택한다.

Dryden과 Mardia(2016, 7장)는 이를 GPA-형상-2 알고리즘이라 하며 [정리 3.3.4]를 GPA-형상-1 알고리즘으로 부르고 있다. 특히 이들 두 알고리즘은 비록 회전행렬과 척도모수가 서로 연관성 없이 각각 달라도 동일한 평균형상으로 수렴한다.

R의 함수 procGPA()는 GPA-형상-1 알고리즘 [정리 3.3.4]를 바탕으로 하고 있으며 각 단계 허용의 값을 지정하기 위해선 옵션 tol1과 tol2가 사용된다. 디폴트 값 1e-05(10^{-5})은 아주 다양한 상황에서 적합한 것으로 알려져 있다. 이에 따른 알고리즘의 반복과정에 대한 자세한 내용은 옵션 print.output=TRUE 의해서 살펴 볼 수 있다.

[보기 3.3.1] 고릴라 암컷과 수컷의 두개골 형상의 GPA 적합

[보기 3.1.2]에는 8개 형상점으로 된 고릴라의 두개골 형상에 대한 각각 암컷(female) 30마리와 수컷(male) 29마리로 구성된 자료에 대해 원 형상과 GPA 적합 평균형상이 [그림 3.1.2]에 정리되어 있다. 이 그림에는 암컷과 수컷 고릴라 두 그룹의 두개골 형상이 아래쪽으로 향해 있어 시계방향으로 직교 변환하여 GPA 평균형상(실선)과 같이 [그림 3.3.1]-(a)와 (b)에 그려져 있다. (c)는 두 그룹의 평균형상을 비교하기 위해 겹쳐서 그린 것이다. 수컷(점선)의 두개골 형상이 암컷(실선) 보다는 전체적으로 규모면에서 시각적으로 커 보여 서로 간의 차이가 있음을 보여주고 있다. 이를 위한 [R-코드 3.3.1](gorfm-GPAjointmeanhapes.R)을 참고 바란다.

더불어 [그림 3.3.1]-(c)의 암컷과 수컷의 두 그룹의 형상 크기 차이를 시각적으로 판단하기 보다는 중심크기를 활용하여 평균에 대한 t-검정을 고려하자. 고릴라 수컷의 두개골 형상이 암컷 보다 크므로 귀무가설 $H_0: \mu_F - \mu_M = 0$과 대립가설 $H_1: \mu_M - \mu_F > 0$을 세울 수 있다. 두 그룹의 자료 수가 각각 30마리와 29마리로 통계적으로 대표본을 만족한다. 형상들의 중심크기는 함수 procGPA()의 추가값 $sized에 의해서 제공되며 t-검정 위한 [R-코드 3.3.2](gorfm-csizettest-GPAmeanshapes.R)의 수행 결과는 [결과 3.3.1]-(1)~(3)에 요약되어 있다. 추가적으로 (4)~(5)는 R의 library(shapes)의 함수 riemdist()에 의해서 제공되는 평균형상 간의 리만거리와 함수 procGPA()의 변수 $GSS에 의해 제공되는 프로크러스티즈 제곱합의 최소값을 포함하고 있다.

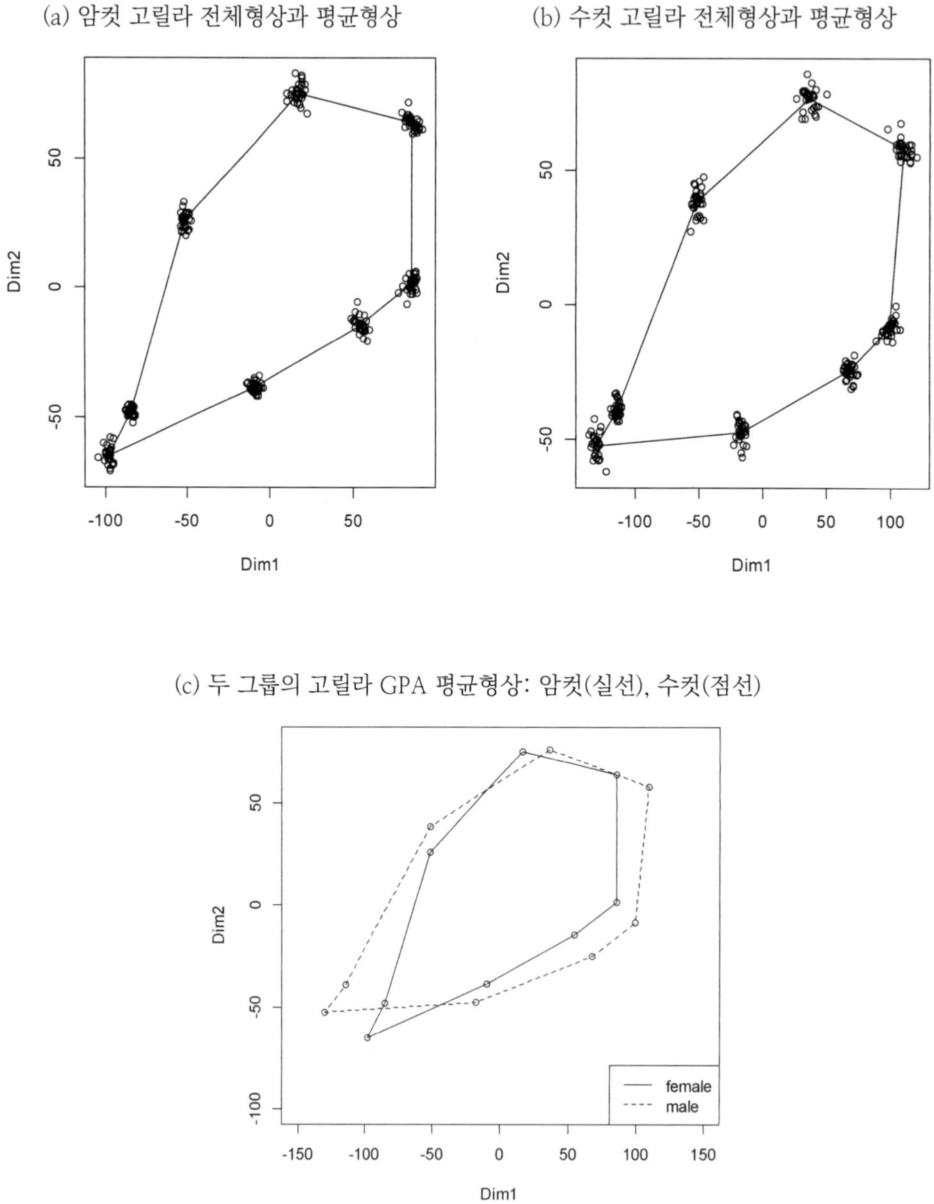

[그림 3.3.1] 고릴라 암수 두개골 형상 및 GPA 평균형상의 비교

[R-코드 3.3.1] 고릴라 암수 두개골 형상의 GPA 평균형상 (gorfm-GPAjointmeanhapes.R)

```
## GPA for female and male Gorillas
library(shapes)
data(gorf.dat)
data(gorm.dat)
n1<-dim(gorf.dat)[3]
n2<-dim(gorm.dat)[3]

# Rotation of Row Shapes
gorft<-array(0,dim=c(8,2, n1))
for(i in 1:n1){
T<-matrix(c(cos(90),sin(90),
        -sin(90), cos(90)), byrow=T, nrow=2)
gorft[,,i]<-gorf.dat[,,i]%*%T
}
gormt<-array(0,dim=c(8,2, n2))
for(i in 1:n2){
T<-matrix(c(cos(90), sin(90),
        -sin(90), cos(90)), byrow=T, nrow=2)
gormt[,,i]<-gorm.dat[,,i]%*%T
}

join=c(1,5,4,3,2,8,7,6,1)

# GPA
gorf<-procGPA(gorft)
gorm<-procGPA(gormt)

# Joint plot of row shapes and mean shapes
par(mfrow=c(1,2))
plot(gorf$rotated[,1,], gorf$rotated[,2,], xlab="Dim1", ylab="Dim2" )
points(gorf$mshape)
lines(gorf$mshape[join,])
plot(gorm$rotated[,1,],gorm$rotated[,2,], xlab="Dim1", ylab="Dim2" )
points(gorm$mshape)
lines(gorm$mshape[join,])

# Joint plot of mean shapes
win.graph()
lim1=c(-150,150)
lim2=c(-100, 80)
plot(gorf$mshape[,1], gorf$mshape[,2],xlim=lim1,ylim=lim2, xlab="Dim1", ylab="Dim2")
lines(gorf$mshape[join,], lty=1)
par(new=TRUE)
plot(gorm$mshape[,1], gorm$mshape[,2],xlim=lim1,ylim=lim2, xlab="Dim1", ylab="Dim2")
lines(gorm$mshape[join,], lty=2)
legend("bottomright", c("female", "male"), lty=c(1:2))
```

먼저 (1)의 두 그룹의 중심크기 평균값은 237.112와 280.986으로 차이를 보이며 표준편차의 차이가 커서 두 그룹의 분산이 동질하지 못함을 알 수 있다. 두 그룹의 표본의 크기가 크기도 하지만 실제로 (2)에서 샤피로-윌크 검정은 두 그룹 모두 귀무가설 H_0 : 정규성을 유의확률 $p-$값이 각각 0.066과 0.845로 유의수준 5%에서 기각하지 못한다. 따라서 (3)의 분산이 다른 대표본의 두 그룹에 대한 $t-$검정의 결과 유의확률 $p-$값 = 0.000은 유의수준 5%에서 귀무가설 $H_o : \mu_F - \mu_M = 0$을 기각하고 대립가설 $H_1 : \mu_M - \mu_F > 0$ 채택하여 수컷 고릴라 두개골의 중심크기가 암컷 그룹보다는 통계적으로 매우 유의하게 크다고 할 수 있다.

(4)의 두 그룹의 평균형상 간의 유사성을 비교하기 위한 리만거리 $\rho(\hat{\mu}_F, \hat{\mu}_M)$ 0.059와 (5)의 프로크러스티즈 제곱합 G_P는 암컷과 수컷 고릴라 각각 3225.242와 5717.254이다. 수컷 고릴라 두개골 전체 형상들이 평균형상에 대해 암컷보다 더 가변적임을 알 수 있다. 이는 [그림 3.3.1]의 (a)와 (b)의 비교를 통해서 각 그룹별 형상들이 실선인 평균형상에 대해 가변적인 정도를 탐색적으로도 확인 가능하다.

[R-코드 3.3.2] 고릴라 암수 두개골 형상의 크기와 GPA 평균형상의 차이 비교 (gorfm-csizettest-GPAmeanshapes.R)

```
## Comparison between GPA meanshapes for female and male Gorillas
library(shapes)
data(gorf.dat)
data(gorm.dat)

# GPA
gorf<-procGPA(gorf.dat)
gorm<-procGPA(gorm.dat)
x=gorf$size;y=gorm$size

#표본의 크기
n1=length(x);n2=length(y)
n1;n2
#평균, 표준편차
mean(x);sd(x)
mean(y);sd(y)

# t-test of centroid sizes of two groups
shapiro.test(x);shapiro.test(y)
t.test(x, y, alternative="less")

# Riemannian distance
riemdist(gorf$mshape, gorm$mshape)

# Gp=infG : minimized Procrustes SS
gorf$GSS;gorm$GSS
```

[결과 3.3.1] [R-코드 3.3.2]의 수행 결과

(1) 암컷과 수컷 고리릴라 두개골 형상 중심크기 정보

그룹	표본의 크기	평균	표준편차
암컷 X	30	237.112	6.302
수컷 Y	29	280.986	10.291

(2) 샤피로-윌크 정규성 검정

```
> shapiro.test(x);shapiro.test(y)
Shapiro-Wilk normality test
data:  x
W = 0.93487, p-value = 0.06623
data:  y
W = 0.98026, p-value = 0.8447
```

(3) $t-$검정: 대표본

```
> t.test(x, y, alternative="less")
                Welch Two Sample t-test
data:  x and y
t = -19.667, df = 46.137, p-value < 2.2e-16
alternative hypothesis: true difference in means is less than 0
```

(4) 리만거리: $\rho(\hat{\mu}_F, \hat{\mu}_M)$

```
> riemdist(gorf$mshape, gorm$mshape)
[1] 0.05866407
```

(5) 프로크러스티즈 제곱합: G_P

```
> gorf$GSS;gorm$GSS
[1] 3225.242
[1] 5717.254
```

3.4 PGPA 적합 알고리즘

3.3절에서 GPA 적합 알고리즘은 평균형상을 구하는 데 있어 척도모수, 회전행렬, 위치모수를 모두 고려한 형상공간에서 형상들을 고려하는 것으로 완전(full) GPA라 할 수 있다. 반면에 척도모수를 고려하지 않은 크기-형상공간의 형상들의 평균형상을 추정하는 것을 부분 GPA(partial GPA, PGPA)로 적합 알고리즘으로 원래는 GPA-크기-형상 적합 알고리즘이라 한다.

m 차원에서 k 개의 형상점들에 의해 각각 표현되는 크기가 $k \times m$ 인 $n(\geq 2)$ 개의 중심화 형태행렬 $X_1, \ldots, X_n$ 이 있다고 가정하자. 이들 형태행렬은 크기가 $k \times m$ 평균형상 μ 의 모집단으로부터 추출한 확률표본이라 하면 이를 추정하는 PGPA 방법을 [정리 3.4.1]에서 요약하고 있다. 이는 GPA 알고리즘의 프로크러스티즈 제곱합 (3.3.3)에서 척도모수를 고려하지 않은 것과 일치한다.

[정리 3.4.1] PGPA 적합방법

PGPA는 척도도모수를 고려하지 않은 중심화 형태행렬에 대해 다음과 같이 정의된다.

$$G_P(X_1, \ldots, X_n) = \inf_{\Gamma_i, \boldsymbol{\alpha}_i, \mu} \sum_{i=1}^{n} \| X_i \Gamma_i + 1_k \boldsymbol{\alpha}_i^T - \mu \|^2 \tag{3.4.1}$$

(3.4.1)로부터 $G(X_1, \ldots, X_n)$ 를 다음과 같이 정리하자.

$$\begin{aligned} G(X_1, \ldots, X_n) &= \sum_{i=1}^{n} \| X_i \Gamma_i + 1_k \boldsymbol{\alpha}_i^T - \mu \|^2 \\ &= \|X_i\| + \|\mu\|^2 - 2\,tr\left(\mu^T X_i \Gamma_i\right) \end{aligned} \tag{3.4.2}$$

(3.4.1)을 만족하기 위해서는 (3.4.2)를 최소화시키는

$$\sup_{\Gamma_i} tr\left(\mu^T X_i \Gamma_i\right) = \|\mu\| \|X_i\| \cos\rho(X_i, \mu)$$

에 의해서 $G_P(X_1, \dots, X_n)$는 다음과 같이 최종적으로 정리된다.

$$G_P(X_1, \dots, X_n) = \inf_{\mu} \sum_{i=1}^{n} \left\{ \|X_i\| + \|\mu\|^2 - 2\|\mu\| \|X_i\| \cos\rho(X_i, \mu) \right\}$$

[정리 3.4.1]에는 GPA-크기-형상-1 알고리즘으로 불리는 PGPA 알고리즘을 요약하고 있는 데 GPA 알고리즘과 비교할 때 차이점은 척도모수를 추정하는 [3단계]를 고려하지 않는다는 점이다.

[정리 3.4.1] PGPA 알고리즘 (GPA-크기-형상-1 알고리즘)

[1단계] 크기가 $k \times m$ 인 $n (\geq 2)$개의 형태행렬 $X_1, \dots, X_n$이 있다고 하자. X_i에 대한 초기 적합형상으로 중심화 형태행렬을 다음과 같이 고려하자.

$$\widehat{X}_i = CX_i = \left(I_k - \frac{1}{k} 1_k 1_k^T\right) X_i, \quad i = 1, \dots, n$$

[2단계] n개의 회전행렬 $\Gamma_i, \ i = 1, \dots, n$을 아래와 같이 반복 추정한다.

(1) OPA $\hat{X}_1 \to \frac{1}{n-1} \sum_{i=2}^{n} \hat{X}_i \Rightarrow \hat{\Gamma}_1$을 추정하고 $\hat{X}_1$을 $\hat{X}_1 \hat{\Gamma}_1$으로 갱신한다.

(2) OPA $\hat{X}_2 \to \frac{1}{n-1} \sum_{i \neq 2}^{n} \hat{X}_i \Rightarrow \hat{\Gamma}_2$을 추정하고 $\hat{X}_2$을 $\hat{X}_2 \hat{\Gamma}_2$으로 갱신한다.

⋮

(n) OPA $\hat{X}_n \to \frac{1}{n-1} \sum_{i=1}^{n-1} \hat{X}_i \Rightarrow \hat{\Gamma}_n$을 추정하고 $\hat{X}_n$을 $\hat{X}_n \hat{\Gamma}_n$으로 갱신한다.

[3단계] (3.4.2)의 프로크러스티즈 제곱합이 더 이상 줄어들지 않을 때까지 [2단계]를 반복한다.

Dryden과 Mardia(2016, 7장)에는 [정리 3.4.1]외에 GPA-크기-형상-2 알고리즘을 소개하고 있다. 이는 3.3절의 GPA-형상-2 알고리즘에서 척도모수를 추정하는 단계만 생략하고 평균형상 $\hat{\mu} = n^{-1}\sum_{i=1}^{n}\hat{X}_i$을 구하면 된다. R의 함수 procGPA()에서 옵션 scale=FALSE에 의해서 [정리 3.4.1]의 PGPA 알고리즘에 바탕을 둔 추정된 평균형상을 제공받을 수 있다.

[보기 3.4.1] 고릴라 암컷과 수컷의 두개골 형상의 GPA와 PGPA 적합

[보기 3.3.1]에서 살펴본 고릴라의 두개골 형상에 대한 각각 암컷(female) 30마리와 수컷(male) 29마리로 구성된 자료의 GPA 적합을 살펴보았다. [결과 3.3.1]-(4)와 (5)에는 library(shapes)의 함수 riemdist()에 의해서 제공되는 평균형상간의 리만거리 $\rho(\hat{\mu}_F, \hat{\mu}_M)$와 함수 procGPA()의 변수 $GSS에 의해 제공되는 프로크러스티즈 제곱합의 최소값 G_P도 포함하고 있다. 이는 GPA 적합을 위한 함수 procGPA()의 디폴트 옵션 scale=TRUE에 의해 제공되며 여기서는 scale=FALSE에 의해서 구해지는 PGPA 적합의 $\rho(\hat{\mu}_F, \hat{\mu}_M)$와 G_P를 구하려 한다. 추가적으로 변수 $rmsd에 의해서 평균형상에 대한 완전프로크러스티즈에 의한 평균잔차제곱근 $RMSD$도 두 적합에 대해 구해서 서로 간의 비교를 위해 [표 3.4.1]에 요약하고 정리 하였다. 이를 위한 [R-코드 3.4.1](gorfm-PGPAshapes.R)을 참고 바란다.

[표 3.4.1]을 보면 고릴라 암컷과 수컷의 두개골 GPA 적합과 PGPA 적합의 평균형상 간의 유사성 비교를 위한 리만거리 $\rho(\hat{\mu}_F, \hat{\mu}_M)$는 소숫점 5자리 이하에서 약간의 차이를 보이나 둘다 0.059로 동일하다. G_P는 전체적으로 수컷 고릴라 두개골 전체 형상들이 그들의 평균형상에 대해 암컷보다 더 가변적이며 더군다나 PGPA 적합이 상대적으로 GPA 적합보다 변동이 큼을 알 수 있다. $RMSD$는 두 적합에 대해 약간의 차이를 보이나 동일한 값을 제공한다.

[표 3.4.1] 암수 고릴라 두개골 형상의 GPA와 PGPA 적합 비교

적합	$\rho(\hat{\mu}_F, \hat{\mu}_M)$	G_P		$RMSD$	
		암컷	수컷	암컷	수컷
GPA	0.05866407	3225.242	5717.254	0.04371396	0.04993772
PGPA	0.05860469	4383.694	8679.677	0.04371453	0.04993990

[R-코드 3.4.1] 고릴라 암수 두개골 형상의 PGPA 적합 (gorfm-PGPAshapes.R)

```
## Comparison between GPA meanshapes for female and male Gorillas
library(shapes)
data(gorf.dat)
data(gorm.dat)

# GPA
gorf<-procGPA(gorf.dat,scale=FALSE)#GPA:scale=TRUE
gorm<-procGPA(gorm.dat,scale=FALSE)#GPA:scale=TRUE


# Riemannian distance
riemdist(gorf$mshape, gorm$mshape)

# Gp=infG : minimized Procrustes SS
gorf$GSS;gorm$GSS

# RMSD
gorf$rmsd;gorm$rmsd
```

[보기 3.4.2] 남녀 구강형태 이미지 형상의 GPA와 PGPA 적합

[예 1.3.8]에서 골격성 Class III 기형(하악이 나온 보통 주걱턱)진단을 받은 성인 환자 100명(남자 60명, 여자 40명)의 구강형태를 비교하기 위해서 [그림 1.3.11]-(c)와 (d)에는 CBCT 검사의 3D 이미지에 대해 GPA 적합에 의한 평균형상을 볼 수 있었다. 여기에서는 GPA 적합과 PGPA 적합의 비교를 위해 평균형상간의 리만거리 $\rho(\hat{\mu}_F, \hat{\mu}_M)$, 프로크러스티즈 제곱합의 최소값 G_P 그리고 평균잔차제곱근 $RMSD$를 [표 3.4.2]에서 요약하자. 이를 위한 [R-코드 3.4.2](palatal-PGPAshapes)를 참고 바란다.

[표 3.4.2]를 보면 GPA 적합과 PGPA 적합의 평균형상 간의 유사성을 비교하기 위한 리만거리 $\rho(\hat{\mu}_F, \hat{\mu}_M)$는 소숫점 4자리 이하에서 약간의 차이를 보이나 유사하다.

G_P는 전체적으로 여자의 구강 이미지 형상이 평균형상에 대해 남자보다 덜 가변적이며 PGPA 적합이 상대적으로 GPA 적합 것보다 변동이 훨씬 작다. 그러나 $RMSD$는 두 적합에 대해 약간의 차이를 보이나 동일한 값을 제공한다.

[표 3.4.2] 남녀 구강형태 이미지 형상의 GPA와 PGPA 적합 비교

적합	$\rho(\hat{\mu}_F, \hat{\mu}_M)$	G_P		$RMSD$	
		남자	여자	남자	여자
GPA	0.03856662	26893.830	17095.560	0.08681166	0.08654138
PGPA	0.03842995	4383.694	8679.677	0.08681522	0.08654404

[R-코드 3.4.2] 남녀 구강형태 이미지 형상의 PGPA 적합 (palatal-PGPAshapes.R)

```
setwd("D:/최신저서/형상분석 (SE)/R-codes-ShapeAnalysis")

## 100 Patients(60 males, 40 females)
library(shapes)
library(openxlsx)
## Palatal Morphology
palatal=read.xlsx("palatal.xlsx")
palatal <- palatal[,-1]
write.table(palatal,"palatal.txt",row.names=F,col.names=F)
p=read.in("palatal.txt",200,3) # 전체 환자
f=p[,,1:40] # 여자 환자 40명
m=p[,, 41:100] # 남자 환자 60명

mGPA=procGPA(m,scale=FALSE)
fGPA=procGPA(f,scale=FALSE)

# Riemannian distance
riemdist(mGPA$mshape, fGPA$mshape)

# Gp=infG : minimized Procrustes SS
mGPA$GSS;fGPA$GSS

# RMSD
mGPA$rmsd;fGPA$rmsd
```

4장
형상 주성분분석과 독립성분분석

4장 형상 주성분분석과 독립성분분석

이 장에서는 다변량 통계학에서 가장 전통적 변수축소기법인 주성분분석(principal component analysis, PCA)이 형상분석에서 어떻게 활용되는지를 보이려 한다. 먼저 주성분분석 PCA에 대한 간략한 소개를 하고 GPA에 의한 평균형상과의 적합이 잘 이루어 졌음을 살펴보기 위해서 프로크러스티즈 잔차의 PCA를 통해 형상변동(shape variability)을 소개하고 살펴보려 한다. 특히, 형상변동을 판단하고 평가하기 위하여 3장에서 소개한 평균잔차제곱근 $RMSD$을 사용하며 추가적으로 전체측도인 평균제곱근 통계량 RMS(root mean square)를 이용할 수도 있다. 이는 다소 상대적이면서 주관적인 판단이 요구된다. 더불어 고차원의 자료에서 잠재된 독립변수를 추출하고 변수들 간의 상호 관계를 파악하는 다변량 통계기법으로 PCA를 접목하는 주성분 인자분석(principal component factor analysis, PCFA)이 있다, 그러나 잠재된 변수들이 서로 독립(independent)이면서 비가우스 (non-Gaussian) 분포를 따를 때 PCFA를 적용하면 원래 변수들의 상호 관계를 잘못 해석하는 경우도 있다. 이럴 경우 적용 가능한 독립성분분석(independent component analysis, ICA)을 소개하고 PCA와의 적용 결과를 서로 비교하고자 한다.

4.1 형상분석을 위한 PCA

일반적으로 최용석(2018, 2장)에 따르면 주성분분석 PCA는 차원축소를 통하여 저차원상에서 변수의 관계를 규명하는 다변량자료 분석기법이다. PCA는 다변량 기법에서 가장 오래 되었고 폭넓게 사용되고 있다. 이는 다변량자료에서 상호 독립성을 보장할 수 없는 원 변수들의 수학적 선형결합으로 이루어진 새로운 변수인 주성분을 만들어 내고 이들이 서로 독립이 되게 하는 다변량 분석기법이다. 특히, 주성분은 원 변수의 수만큼 생성되며 수리적으로 전체 주성분들의 분산의 합이 원 변수들의 분산의 합과 일치하도록 만들어 진다. 그러나 가급적 원 자료의 변수 수보다 적은 수의 주성분으로 분산에 손실이 발생하더라도 전체변동을 설명하려는 점이 차원축소의 개념이다. 적은 수의 주성분에 원 자료나 중심화 또는 표준화 자료 값을 대입하여 얻어지는 주성분점수(PC scores)로 새로운 다변량 자료가 만들어 지며 군집분석과 판별분석 등 추가적인 분석에 유용하게 사용하게 된다.

먼저 $\boldsymbol{x} = (x_1, \dots, x_p)^T$를 평균 $\boldsymbol{\mu} = (\mu_1, \dots, \mu_p)^T$와 공분산행렬 Σ를 갖는 p차원의 확률벡터라 하자. PCA에서 이들 p개 변수의 일차선형결합으로 이루어지는 새로운 변수인 j번째 주성분

$$y_j = a_{1j}x_1 + a_{2j}x_2 + \cdots + a_{pj}x_p = a_j^T\boldsymbol{x} \qquad (4.1.1)$$

을 찾는 것이다. 여기서 $j = 1, \dots, p$이고 $a_j = (a_{1j}, \dots, a_{pj})^T$는 $a_j^T a_j = 1$과 $a_j^T a_i = 0$, $i \neq j$을 만족하며 y_j의 분산을 최대가 되게 하는 주성분계수이다. 특히 이들 계수를 구하는 문제는 일반적으로 확률벡터 $\boldsymbol{x}$에 의해서 n개의 개체에 대해서 측정된 $\boldsymbol{x}_i = (x_{i1}, \dots, x_{ip})^T$, $i = 1, \dots, n$로부터 $\overline{\boldsymbol{x}} = (\overline{x_1}, \dots, \overline{x_p})^T$를 각 변수들의 평균으로 이루어진 평균벡터라 하면 크기가 $p \times p$ (표본)공분산행렬(sample covariance matrix)

$$S = \frac{1}{n-1}\sum_{i=1}^{n}(\boldsymbol{x}_i - \overline{\boldsymbol{x}})(\boldsymbol{x}_i - \overline{\boldsymbol{x}})^T \qquad (4.1.2)$$

의 고유값(eigenvalues)과 고유벡터(eigenvectors)를 구하는 것과 연관을 맺게 된다. 사실 이 고유벡터가 표본에서의 (4.1.1)의 주성분계수가 된다. 이를 구하는 대수적 방법인 스펙트럼분해 또는 비정칙값분해는 잘 알려져 있으므로 생략하고 [정리 4.1.1]에서 표본 주성분을 정리 요약하자. 그리고 측정된 자료의 척도나 일부 분산이 매우 큰 경우 공분산행렬 대신에 상관행렬(correlation matrix)을 활용한다. [정리 4.1.2]는 j번째 주성분이 전체 분산에 얼마나 기여하는 지를 나타내는 설명비율 (4.1.4)와 $m(\leq p)$개 주성분에 의한 설명비율의 합인 설명력에 대하여 (4.1.4)에서 정의하고 있으며 이는 몇 개의 주성분을 적절하게 선택할 것인가에 대한 기준도 된다.

[정리 4.1.1] 표본 주성분

크기가 $p \times p$인 공분산행렬 S의 고유값-고유벡터 쌍을 $(\lambda_1, \gamma_1), \dots, (\lambda_p, \gamma_p)$라 하고 $\lambda_1 \geq \cdots \geq \lambda_p \geq 0$라 할 때 j번째 표본 주성분은

$$\hat{y}_j = \gamma_j{}^T \boldsymbol{x} = \gamma_{1j}x_1 + \gamma_{2j}x_2 + \cdots + \gamma_{pj}x_p, \quad j = 1, 2, \dots, p \tag{4.1.3}$$

이다. 여기서 고유벡터 $\gamma_j = (\gamma_{1j}, \dots, \gamma_{pj})^T$는 표본 주성분계수 벡터이다.

[정리 4.1.2] 설명비율과 설명력

$\hat{y}_j$의 표본 분산은 λ_j이고, $\hat{y}_j$와 $\hat{y}_k$(단, $i \neq k$)의 표본 공분산은 0이다. 이 때, 주성분의 총 분산은 다음과 같이 나타낼 수 있다.

$$\sum_{j=1}^{p} s_{jj} = \lambda_1 + \cdots + \lambda_p.$$

그리고 $m(\leq p)$개 주성분의 설명력은 다음과 같다.

$$t_m = \frac{\sum_{j=1}^{m} \lambda_j}{\sum_{j=1}^{p} \lambda_j} \times 100\% \tag{4.1.4}$$

일반적으로 (4.1.4)의 설명력 t_m이 70% 이상이 되면 이에 해당하는 m개 주성분만을 이용해도 원 자료의 성질을 잘 설명하여 p개의 원 변수들을 대신할 수 있는 PCA의 차원 축소 개념을 실현하게 된다(Jolliffe, 2004, p. 113).

그리고 $\boldsymbol{x} = (x_1, \dots, x_p)^T$를 평균 $\boldsymbol{\mu} = (\mu_1, \dots, \mu_p)^T$를 뺀 중심화 확률벡터 $\boldsymbol{x} - \boldsymbol{\mu}$에 의해서 측정된 $\boldsymbol{x}_i - \overline{\boldsymbol{x}}$, $i = 1, \dots, n$에 의한 중심화자료의 공분산 역시 공분산행렬 S가 되므로 주성분 계수 또한 변하지 않는다. 여기서 $\overline{\boldsymbol{x}} = (\overline{x_1}, \dots, \overline{x_p})^T$는 평균벡터이다. 즉, j번째 주성분은

$$\hat{y}_j = \gamma_j^T(\boldsymbol{x} - \overline{\boldsymbol{x}}),\ j = 1, \dots, p$$

가 된다. 이러한 j번째 주성분이 n개의 개체에 대해서 측정된 $\boldsymbol{x}_i = (x_{i1}, \dots, x_{ip})^T$, $i = 1, \dots, n$로부터 [정리 4.1.3]의 주성분점수(PCs scores)를 구할 수 있다.

[정리 4.1.3] 주성분점수(PCs scores)

관찰값 $\boldsymbol{x}_i = (x_{i1}, \dots, x_{ip})^T$에서 j번째 주성분점수는 다음과 같다.

$$\hat{y}_{ij} = \gamma_j^T(\boldsymbol{x}_i - \overline{\boldsymbol{x}}),\ j = 1, \dots, p. \quad (4.1.5)$$

특히, [정리 4.1.3]에서 얻어지는 주성분점수는 원 자료가 주성분계수에 의해서 변환된 새로운 자료로 판별분석이나 군집분석 등 추가적인 통계분석에 사용되며 경우에 따라서 원 자료의 정규성 검토나 이상치(outlier)를 찾는 데 활용되어 진다(최용석, 2019, 2장).

4.2 잔차 형상변동을 위한 PCA

일반적으로 형상분석에서 형상변동은 GPA 적합에 의해 추정된 평균형상을 구한 뒤에 프로크러스티즈 잔차에 대한 PCA를 통하여 살펴보게 된다. 특히, OPA의 형상변동은 Choi 외(2005a)가 단순대응분석에서 4가지 대응분석그림을 비교하는 것과 Choi 외(2005b)의 행렬도에서 주성분, 대칭 그리고 JK^T 행렬도를 비교하는 곳에서 응용되고 있음을 참고 할 수 있다.

Dryden과 Mardia (1998, 3.4절, 5.5절)는 GPA에서 PCA를 이용한 형상변동에 대해서 설명하고 있다. Kent(1994)는 1.6절에서 살펴 본 바와 같이 형상점의 복소좌표 $z^o = (z_1^o, \dots, z_k^o)^T$를 헬머트 부행렬 H에 의해서 변환시킨 [정리 1.6.1]의 켄달좌표

$z_H = Hz^o = (z_1, \dots, z_{k-1})^T$를 이용하여 얻어진 탄젠트공간좌표(tangent space coordinates)에 대한 PCA를 개발하여 적용한 형상분석을 소개하고 있다. 특히, 복소공간에서 탄젠트공간좌표는 프로크러스티즈 잔차와 근사적으로 같기 때문에 복소공간에서 형상분석을 논의하기에 앞서 프로크러스티즈 잔차에 대한 PCA를 이용한 형상변동을 설명하려한다.

평균형상 μ인 모집단으로부터 임의 추출한 크기가 $k \times m$인 $n(\geq 2)$개의 중심화 형태행렬 $X_1, \dots, X_n$이 있고 3장의 [정리 3.3.2]에 의해서 GPA 적합좌표 $\widehat{X}_1, \dots, \widehat{X}_n$이 구해졌다고 하자. 그러면 적합좌표 $\widehat{X}_i$의 형상과 추정된 평균형상 $\hat{\mu}$간에 차이인 프로크러스티즈 잔차

$$R_i = \widehat{X}_i - \hat{\mu}, i = 1, \dots, n \tag{4.2.1}$$

에 PCA를 적용하여 형상변동(shape variability)을 평가할 수 있다.

일반적으로 PCA의 대수적 알고리즘이 [정리 4.1.1]에서 살펴본 바와 같이 공분산행렬의 고유값-고유벡터에 바탕을 두는 것처럼 형상분석에서는 GPA 적합좌표 $\widehat{X}_1, \dots, \widehat{X}_n$에 대한 크기가 $km \times km$인 공분산행렬

$$S = \frac{1}{n-1} \sum_{i=1}^{n} vec(\widehat{X}_i - \overline{X}) \, vec(\widehat{X}_i - \overline{X})^T \tag{4.2.2}$$

의 고유값-고유벡터를 고려하기로 하자. 여기서 $\overline{X} = n^{-1} \sum_{i=1}^{n} \widehat{X}_i$는 추정된 평균형상과 같다. 이를 [정리 4.2.1]에서 요약하고 있다.

[정리 4.2.1] 표본 주성분

크기가 $km \times km$인 공분산행렬 S의 고유값을 크기순으로 $\lambda_1 \geq \cdots \geq \lambda_p \geq 0$라 하고 이에 대응하는 고유벡터를 각각 γ_j, $j = 1, \dots, p$라 하자. 이는 j번째 주성분을 제공하고 이들 고유벡터는 $\gamma_j^T \gamma_j = 1$이고 $\gamma_i^T \gamma_j = 0$, $i \neq j$을 만족한다. 여기서 $p = \min(n-1, M)$이고 $M = 2k - 4$는 형상공간의 차원을 나타낸다.

다만 전통적인 PCA과 형상분석의 경우 사용되는 공분산행렬은 각각 (4.1.2)와 (4.2.2)로 이들의 차이는 원 자료의 차이에서 생긴다. 우선 (4.1.2)에서 공분산행렬의 크기는 $\boldsymbol{x}_i$의 크기가 $p \times 1$인 벡터이므로 $p \times p$이고 반면에 GPA 적합좌표 $\widehat{X}_i$는 크기가 $k \times m$인 행렬로 이를 벡터화하면 $vec(\widehat{X}_i)$는 $km \times 1$으로 (4.2.2)의 S는 크기가 $km \times km$이 된다.

따라서 형상분석에서 j번째 주성분에 대한 i번째 개체의 주성분점수는

$$z_{ij} = \gamma_j^T vec(\widehat{X}_i - \overline{X}), \; i = 1, \dots, n, \; j = 1, \dots, p \tag{4.2.3}$$

이다. 일반적으로 다변량 자료분석에서는 원 자료 보다는 PCA에 의해서 차원이 축소된 새로운 변수인 주성분에 의한 [정리 4.1.3]의 주성분점수 (4.1.5)를 새로운 자료로 추가적인 분석에 활용하듯이 형상분석에서도 동일하게 이를 활용할 수 있다. 그리고 (4.2.3)의 표준 주성분점수(standardized PCs scores)는 다음과 같다.

$$c_{ij} = \frac{z_{ij}}{\lambda_j^{1/2}}, \; i = 1, \dots, n, \; j = 1, \dots, p. \tag{4.2.4}$$

(4.2.4)의 주성분점수를 이용하여 j번째 주성분의 효과를 2차원의 공간에서 확인할 수 있다. 특별히 j번째 주성분의 구조를 추정된 평균형상 $\hat{\mu}$에 대한 전치벡터(displacement vector)

$$vec(\hat{\mu}) + c\lambda_j^{1/2}\gamma_j, \; j = 1, \dots, p. \tag{4.2.5}$$

의 그림을 통하여 볼 수 있다. 여기서 c는 표준 주성분점수의 값의 범위를 나타내는 상수로 대개 범위 [−3, 3]을 만족하며 경우에 따라서 [−6, 6]의 다소 넓은 범위를 만족하기도 한다. 그리고 주성분에 의한 변동의 설명비율은 [정리 4.1.2]의 고유값으로 PCA에서처럼 (4.1.4)와 동일하게 정의할 수 있고 [정리 3.3.3]의 GPA 적합좌표 $\widehat{X}_1, \dots, \widehat{X}_n$ 각각과 추정된 평균형상 $\hat{\mu}$ 간의 리만거리에 의한 평균잔차제곱근 $RMSD$ (3.3.6)에 의해서 형상변동을 측정한다. 이는 함수 procGPA()의 $rmsd에 의해서 제공되며 3.3절의 GPA 적합 알고리즘의 [보기 3.4.1]과 [보기 3.4.2]를 통하여 이 값이

0에 가까울수록 형상변동이 매우 작아 적합이 잘 이루어 졌음을 잘 알고 있다. 추가적으로 [정리 4.2.2]와 같이 GPA 적합좌표와 추정된 평균형상의 벡터화 $vec(\widehat{X_1}),\dots,vec(\widehat{X_n})$와 $vec(\hat{\mu})$간의 제곱유클리드거리에 의한 (4.2.6)의 평균제곱근 RMS도 형상변동의 전체측도(overall measure)로 고려 가능하다.

[정리 4.2.2] 평균제곱근 RMS (root mean square)

GPA 적합좌표와 추정된 평균형상의 벡터화 $vec(\widehat{X_1}),\dots,vec(\widehat{X_n})$와 $vec(\hat{\mu})$간의 제곱유클리드 거리의 평균제곱근

$$RMS = \sqrt{\frac{1}{n}\sum_{i=1}^{n}\| vec(\widehat{X_i}) - vec(\hat{\mu}) \|^2} \tag{4.2.6}$$

를 형상변동의 전체측도라 한다.

[보기 4.2.1]과 [보기 4.2.2]는 각각 크기가 6×2인 형태행렬로 이루어진 세 그룹의 쥐 척추 뼈 자료에서 23마리의 쥐로 구성된 작은 그룹 자료와 30명이 손으로 쓴 숫자 3에 대한 13개 형상점 자료에 대해서 GPA를 실시하고 추정된 평균형상간의 잔차에 대한 형상변동을 보이기 위해 형상 PCA를 응용한 것이다. R에서는 잔차를 활용한 형상 PCA를 위해 함수 procGPA()의 디폴트 옵션 tangentcoords="residual"과 추가 값 $percent에서 형상 PCA의 주성분에 따른 설명비율과 설명력을 계산할 수 있다. 함수 procGPA()의 적합 결과를 활용하여 함수 shapepca()는 옵션 type="r"/"v"/"s"/"g"/"m"에 따라 다양한 5가지 형상변동 그림을 제공 받을 수 있다. 특히, type="g"는 type="v"의 격자 형태이고 type="m"은 평균형상을 기준으로 형상변동을 연속적으로 보여준다. 여기서는 이들 두 가지는 생략한다.

[보기 4.2.1] 작은 쥐 척추 뼈 형상변동을 위한 형상 PCA

[결과 4.2.1]-(1)은 크기가 6×2인 형태행렬로 이루어진 세 그룹의 쥐 척추 뼈 자료에서 23마리의 쥐로 구성된 작은 그룹에 대해서 GPA를 실시하고 추정된 평균형상과 라벨 형상점을 나타내고 있다. (2)는 추정된 평균형상과의 잔차에 대한 형상변동의 PCA를 위한 고유값과 전체 고유값 합에 대한 각각의 설명비율을 나타내고 있다. 제1주성분과 제2주성분이 각각 68.43%와 9.70%를 차지하며 제1주성분이 차지하는 비율이 약 70%를 차지해서 제1주성분만으로도 충분히 형상변동을 평가할 수 있으나 여기서는 제2주성분까지 고려하여 전체 78.13%의 설명력을 가지도록 하자. (3)에서는 평균형상에 대한 형상변동 측도 $RMSD$는 0.064로 매우 작은 형상변동이 있음을 나타낸다.

[그림 4.2.1]은 형상변동을 위한 PCA를 적용하여 그려낸 형상그림으로 함수 shapepca()의 옵션 type="r"에 의해서 제공된다. 특히, 전치벡터 (4.2.5)에서 정의한 표준 주성분점수의 값의 범위 [−3, 3]에서 c는 −3, 0, 3으로 하였다. 이 그림들은 프로크러스티즈 잔차에 대한 크기가 12×12인 공분산행렬의 고유값-고유벡터를 통해 제1주성분과 제2주성분에 대한 (4.2.5)의 좌표에 의하여 그려낸 형상그림이다.

[그림 4.2.2]는 함수 shapepca()의 옵션 type="s"에 의해서 제공되며 c를 −3, −2, −1, 0, 1, 2, 3으로 했을 때 각각의 주성분 PC 1과 PC 2에 따라 겹쳐서 그려낸 그림으로 한꺼번에 전체적인 형상변동을 보여준다. 특히, 제1주성분 PC 1은 뼈의 폭에 비하여 오른쪽 뾰족한 돌기의 길이에 대한 상대적인 정도를 나타내고 있다. [결과 4.2.1]-(1)의 라벨 형상점을 참고하면 형상점 1에서 5와 2에서 3에 이르는 각 선분이 이루는 각은 오른쪽 뾰족한 돌기에 해당하는 형상점 4의 높이가 증가하면 작아지는 경향을 보이고 있다. 반면에 형상점 1에서 6과 2에서 6에 이르는 각각 선분이 서로 이루는 각은 큰 변화가 없다. 제2주성분 PC 2가 오른쪽 뾰족한 돌기의 끝부분의 비대칭성과 뼈의 나머지 부분에서 비대칭성의 효과를 포함하고 있음을 보여준다.

[그림 4.2.3]은 함수 shapepca()의 옵션 type="v"에 의해서 제공된다. 제1주성분 PC 1에 대하여 형상변동이 형상점 1과 2에 대해선 다소 긴 선분이 안쪽 왼쪽으로 있음을 보여준다. 형상점 3과 5에 대해선 아주 작은 선분이 안쪽으로, 형상점 4는 왼쪽

으로 긴 선분이 이동된 형상변동을 나타낸다. 반면에 형상점 6은 이동이 없음을 보여준다. 제2주성분 PC 2에 대해서 좌우 비대칭적 형상변동이 있음을 보여준다.

[R-코드 4.2.1] 작은 쥐 척추 뼈 형상변동을 위한 PCA (mice-PCAshapes.R)

```
## Shape PCA for Mice
library(shapes)
join=c(1, 6, 2, 3, 4, 5, 1)

# GPA for Small group
sm=qset2.dat# Samll n3=23
sm=procGPA(sm, tangentcoords="residual")

# Plot of GPA mean shape
plotshapes(sm$mshape, joinline=join, symbol=as.character(1:6))

# Goodness-of fit
sm$percent
round(sm$percent/sum(sm$percent)*100, 2)
# RMS
sm$rmsd

## Shape PCA
shapepca(sm, pcno=c(1,2), joinline=join, type="r")
shapepca(sm, pcno=c(1,2), joinline=join, type="s")
shapepca(sm, pcno=c(1,2), joinline=join, type="v")

## Multiple scatter plot
library(psych)
pairs.panels(cbind(sm$size, sm$rho, sm$scores[,1], sm$scores[,2]),
  dendity=F, ellipses=F,label=c("size", "rho", "pc1", "pc2"))

## Plot of Full Procrustes coordinates with rho
par(mfrow=c(4,6))
 for(i in 1:23){
 plotshapes(sm$rotated[,,i], joinline=join)
 title(round(sm$rho[i], 2))
}
```

[결과 4.2.1] [R-코드 4.2.1]의 수행 결과 일부

(1) GPA 평균형상과 라벨 형상점

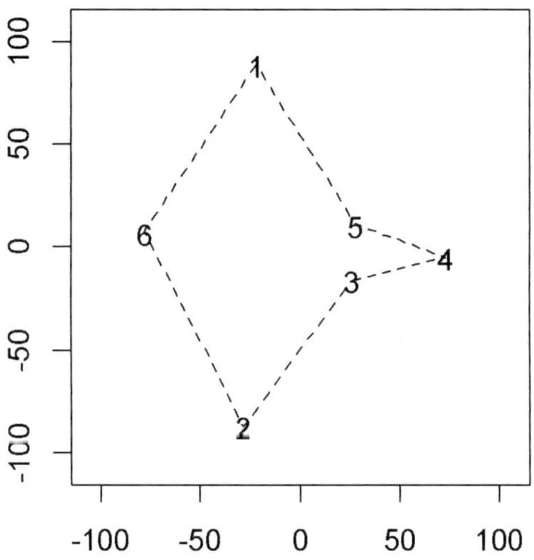

(2) 고유값과 설명비율

```
> sm$percent
 [1] 6.843087e+01 9.701803e+00 7.832971e+00 6.554448e+00 2.671126e+00
 [6] 2.366390e+00 1.586899e+00 6.752792e-01 1.802141e-01 5.786210e-08
[11] 1.188710e-28 8.399878e-29
> round(sm$percent/sum(sm$percent)*100, 2)
 [1] 68.43  9.70  7.83  6.55  2.67  2.37  1.59  0.68  0.18  0.00  0.00  0.00
```

(3) RMSD

```
> sm$rmsd
[1] 0.06400853
```

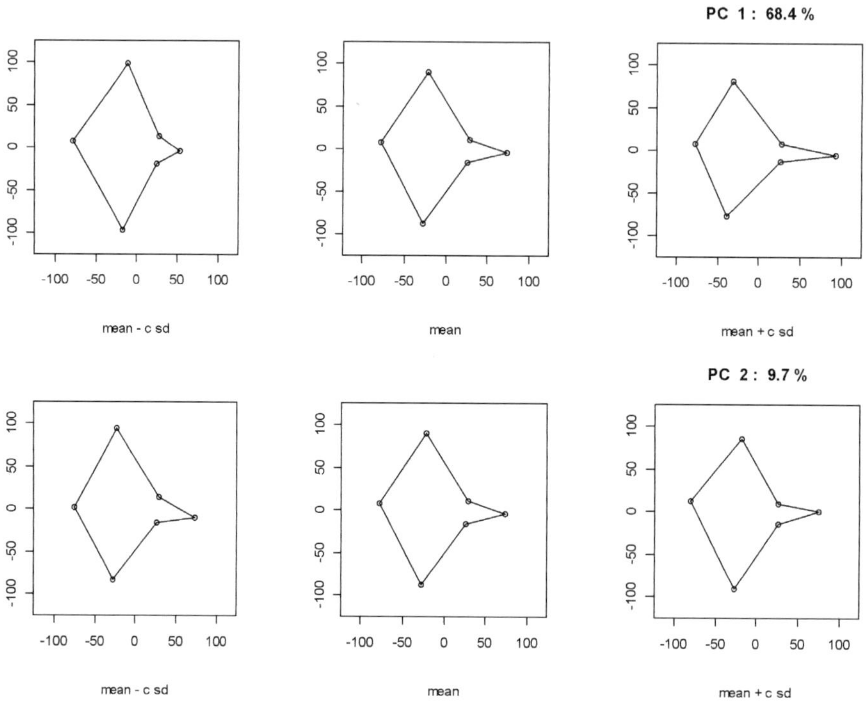

[그림 4.2.1] 각 행은 제1과 제2주성분 각각에 대해서 표준 주성분점수의 값 c를 −3, 0, 3로 하여 얻어진 작은 쥐 척추 뼈 형상그림이다.

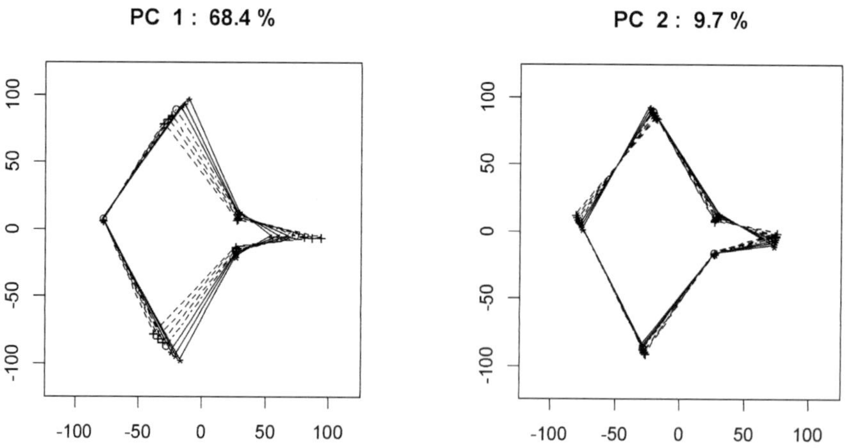

[그림 4.2.2] 제1과 제2주성분: + ··· +는 c를 +1, +2, +3으로, ∘−−∘은 c를 0으로, *—*은 c를 −1, −2, −3으로 하고 있다.

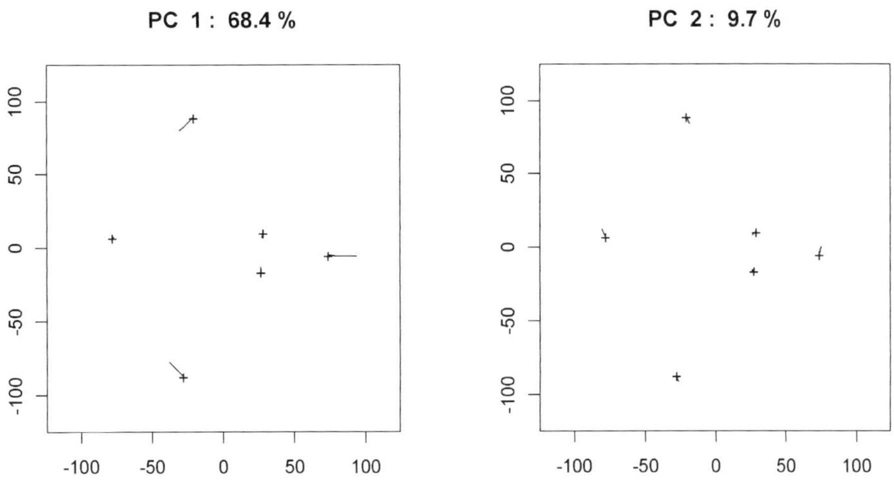

[그림 4.2.3] 제1과 제2주성분: 쥐 척추 뼈의 프로크리스티즈 평균형상과 각 주성분에 대한 표준편차 $c=+3$ 일 때의 그림

[그림 4.2.4]는 중심크기, 리만거리, 세 가지 주성분점수 간의 다중 산점도와 그들 간의 상관계수를 보여준다. 이는 R의 패키지 library(psych)의 함수 pairs.panels()에 의해서 제공된다. 기본적으로 함수 pairs()도 상관계수와 회귀곡선과 분포 없이 다중 산점도를 제공한다. 특히, 평균형상에 대한 리만거리와 제1주성분 pc1간에는 상관계수가 0.74로 제법 높은 양의 상관이 존재한다. 이는 작은 쥐 척추 뼈 형상이 평균형상에 가까워 리만거리가 작을수록 주성분점수도 작아지기 때문이다.

[그림 4.2.5]는 GPA 적합형상으로 그림에는 평균형상과의 거리인 리만거리의 값이 함께하고 있다. 특히, 리만거리의 값 0.12와 0.13인 12번째와 19번째의 척추 뼈가 오른쪽 돌기 부분이 나머지 것에 비해 상대적으로 작음을 보여주고 있어 이상치로 간주 할 수 있다. [결과 4.2.1]-(1) GPA 평균형상과 비교해 보면 오른쪽 돌기 꼭지점 4번 형상점 방향으로 폭에 비해 짧게 위치하고 있다. 이들 이상치는 [그림 4.2.4]에서 rho와 size, rho와 pc1의 산점도에서 나머지 것들과 동떨어진 오른 쪽 하단의 점으로 보인다.

따라서 전체 23마리 중 이상치로 여겨지는 12번째와 19번째 개체를 제외한 21마리 자료에 대한 형상 PCA에서는 제1과 제2 주성분들이 각각 58.81%과 12.70%로 전체적으로 71.51%로 원 자료의 비해 6.62% 낮은 설명력을 보인다. *RMSD*는 0.054로 이상치가 제거된 효과로 0.01 낮아져 더 작은 형상변동을 보인다. 특히, 제1주성분에서는 68.43%에서 상대적 기여율이 오히려 9.62%가 떨어졌다. 이는 오른쪽 돌기에 문제가 생긴 이상치 개체가 오른쪽 돌기의 길이의 상대적 정도를 나타내는 제1주성분으로 인해 제1주성분 점수가 매우 큰 점수를 가져 이것이 차지하는 비중이 높기 때문이다.

[결과 4.2.1]과 [그림 4.2.1]~[그림 4.2.5]를 위한 [R-코드 4.2.1](mice-PCAshapes.R)을 참고 바란다.

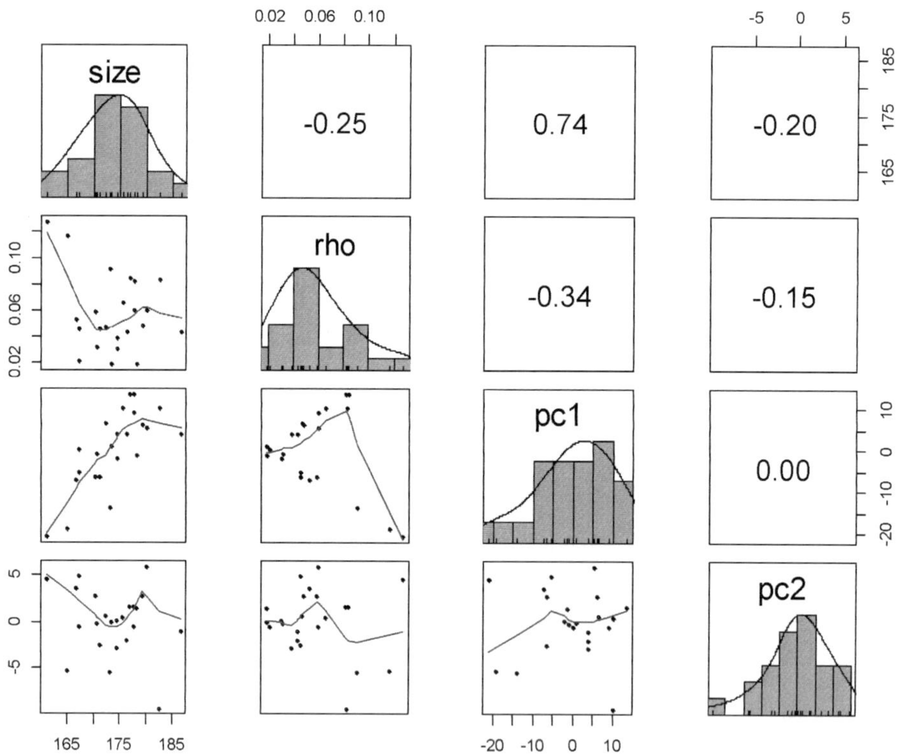

[그림 4.2.4] 작은 쥐 척추 뼈에 관한 다중 산점도: 중심크기, 리만거리, 제1과 제2 주성분점수

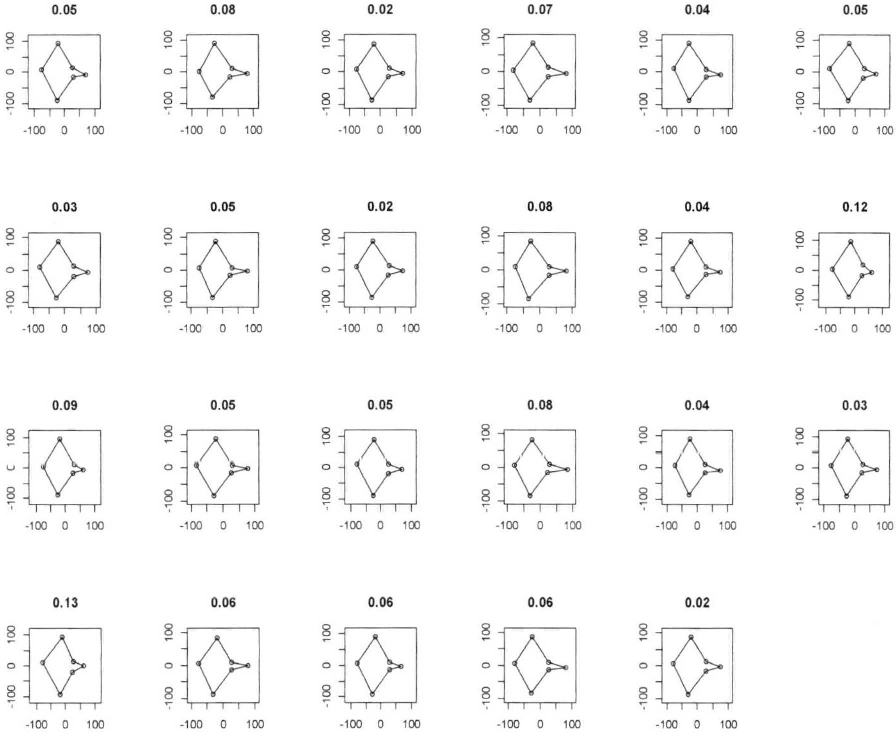

[그림 4.2.5] 작은 쥐 척추 뼈 GPA 적합형상과 평균형상에 대한 리만거리

[보기 4.2.2] 손으로 쓴 숫자 3의 형상변동을 위한 형상 PCA

[결과 4.2.2]-(1)은 30명이 손으로 쓴 숫자 3에 대한 13개 형상점 자료에 대하여 GPA를 실시하고 추정된 평균형상과 라벨 형상점을 나타내고 있다. (2)는 형상 PCA를 위한 고유값과 전체 고유값의 합에 대한 각각의 설명비율을 나타내고 있다. 제1주성분, 제2주성분, 제3주성분이 각각 43.22%, 15.07%, 14.60%를 차지하며 전체 72.89%의 설명력을 가진다. (3)에서는 평균형상에 대한 형상변동 전체측도 RMS는 0.274로 다소 작은 형상변동이 있음을 나타낸다.

[그림 4.2.6]은 GPA 적합 후 형상변동의 평가를 위해 PCA를 적용하여 제1주성분, 제2주성분, 제3주성분에 대한 주성분점수를 좌표로 하여 그려낸 형상그림이다. 여기서 각각 세 주성분에 대하여 c를 −3, 0, 3으로 두었다.

[그림 4.2.7]은 c를 −1, −2, −3, 0, 1, 2, 3으로 했을 때 각각의 주성분에 대한 형상그림을 겹쳐 놓은 것이다. 먼저 제1주성분 PC 1은 숫자 3의 중앙 부분(중간 갈래)이 아래쪽 고리 끝과 위쪽 고리의 길이에서 꺾이는 정도에 반비례해서 돌출된 양을 나타내고 있다. 즉, 오른쪽 안쪽에서 왼쪽 바깥쪽으로 튀어 나가는 변동을 보이고 있다. 제2주성분 PC 2는 세로 길이가 길고 가로 폭이 짧은 숫자에 대해 짧고 다소 폭이 넓어지는 숫자의 변동을 나타낸다. 제3주성분 PC 3는 고리의 위와 아래의 상대적 크기와 대각방향의 변형에 대한 정보를 제공한다. 여기서는 대각 방향에 대해 아래쪽으로 고리의 크기가 커지는 변동을 보여주고 있다.

[결과 4.2.2] [R-코드 4.2.2]의 수행 결과 일부

(1) GPA 평균형상과 라벨 형상점

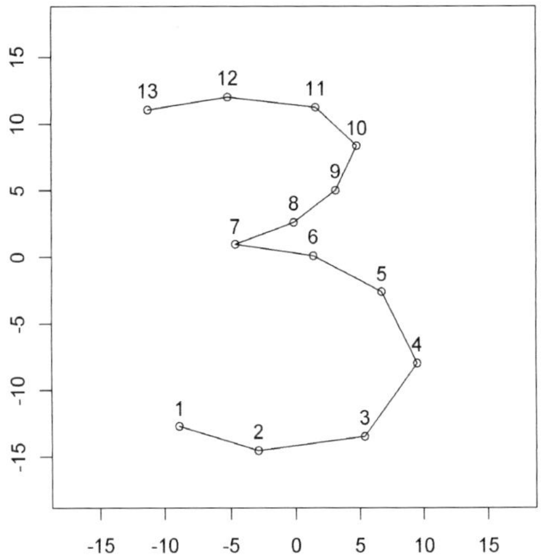

(2) 고유값과 설명비율

```
> data$percent
 [1] 4.322313e+01 1.507406e+01 1.460427e+01 7.849673e+00 6.406693e+00
 [6] 4.129861e+00 2.152446e+00 1.784942e+00 1.259444e+00 8.638114e-01
[11] 5.441795e-01 4.379002e-01 3.751049e-01 3.088124e-01 2.877362e-01
[16] 2.148608e-01 1.234384e-01 1.202128e-01 1.071280e-01 6.595885e-02
[21] 3.820294e-02 1.914732e-02 8.987946e-03 3.870411e-09 6.411613e-30
[26] 1.430280e-30
```

```
> round(data$percent/sum(data$percent)*100, 2)
 [1] 43.22 15.07 14.60  7.85  6.41  4.13  2.15  1.78  1.26  0.86  0.54  0.44
[13]  0.38  0.31  0.29  0.21  0.12  0.12  0.11  0.07  0.04  0.02  0.01  0.00
[25]  0.00  0.00
```

(3) RMSD

```
> data$rmsd
[1] 0.2742355
```

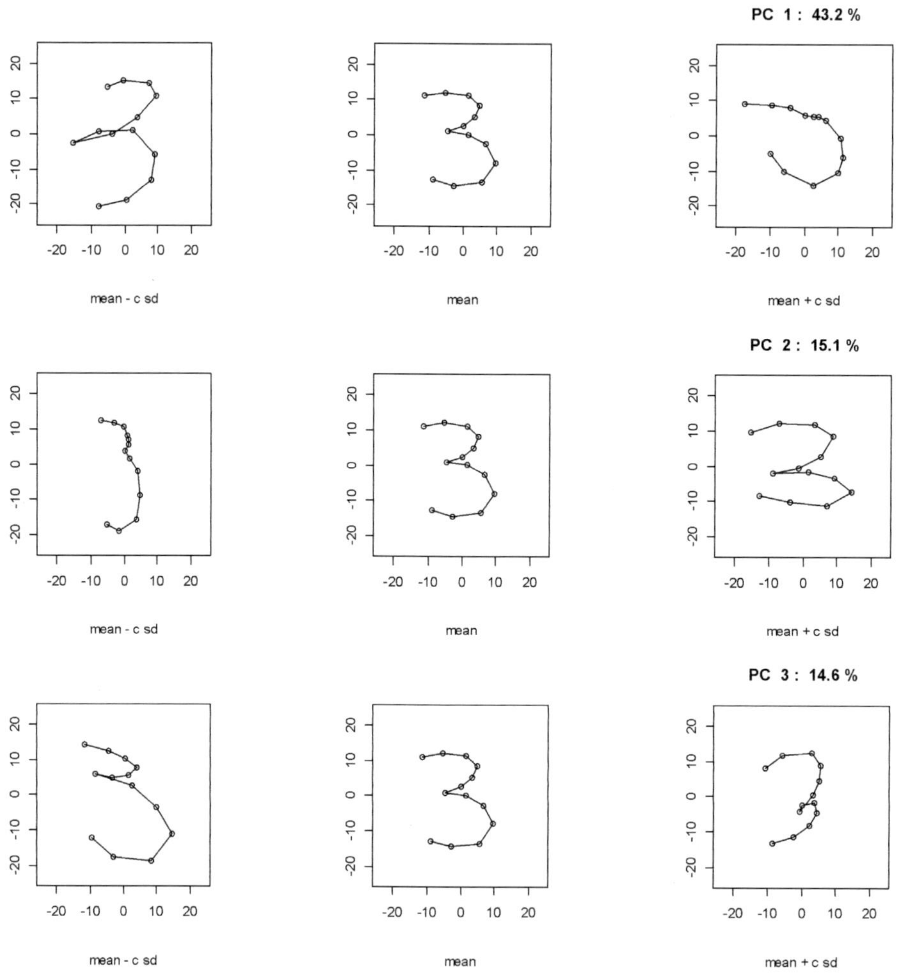

[그림 4.2.6] 3개의 주성분 각각에 대해서 표준 주성분점수의 값 c를 -3, 0, 3로 한 숫자 3에 대한 형상그림.

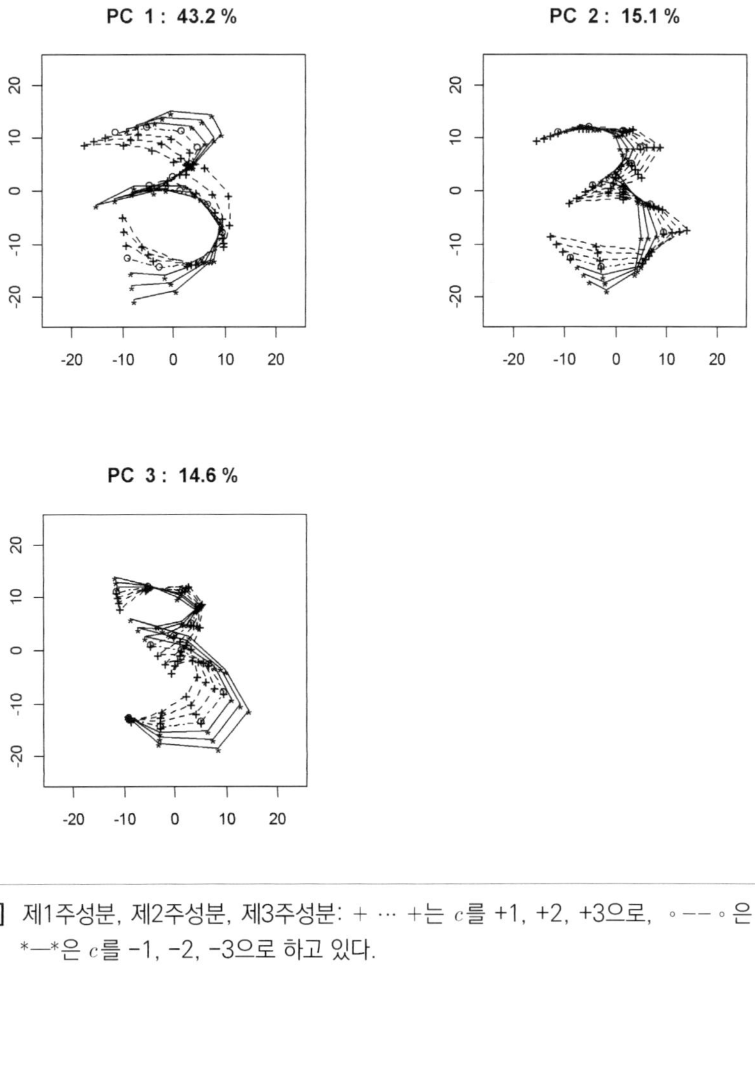

[그림 4.2.7] 제1주성분, 제2주성분, 제3주성분: + ⋯ +는 c를 +1, +2, +3으로, ∘ −− ∘은 c를 0으로, *—*은 c를 −1, −2, −3으로 하고 있다.

[그림 4.2.8]은 중심크기, 리만거리, 세 가지 주성분점수 간의 다중 산점도와 그들 간의 상관계수를 보여준다. 특히, 평균형상에 대한 리만거리 rho와 제1주성분 pc1간에는 상관계수가 0.34로 양의 상관이 존재한다. 이는 숫자 3의 형상들이 평균형상에 가까워 리만거리가 작을수록 주성분점수도 작아지기 때문이다.

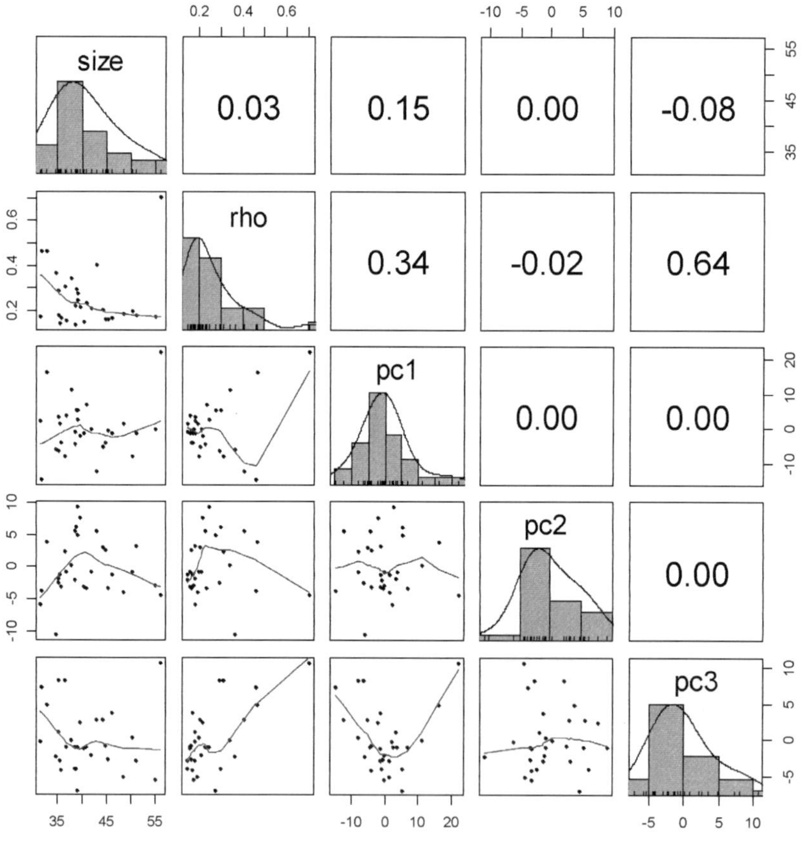

[그림 4.2.8] 숫자 3에 관한 다중 산점도: 중심크기, 리만거리, 세 가지 주성분점수

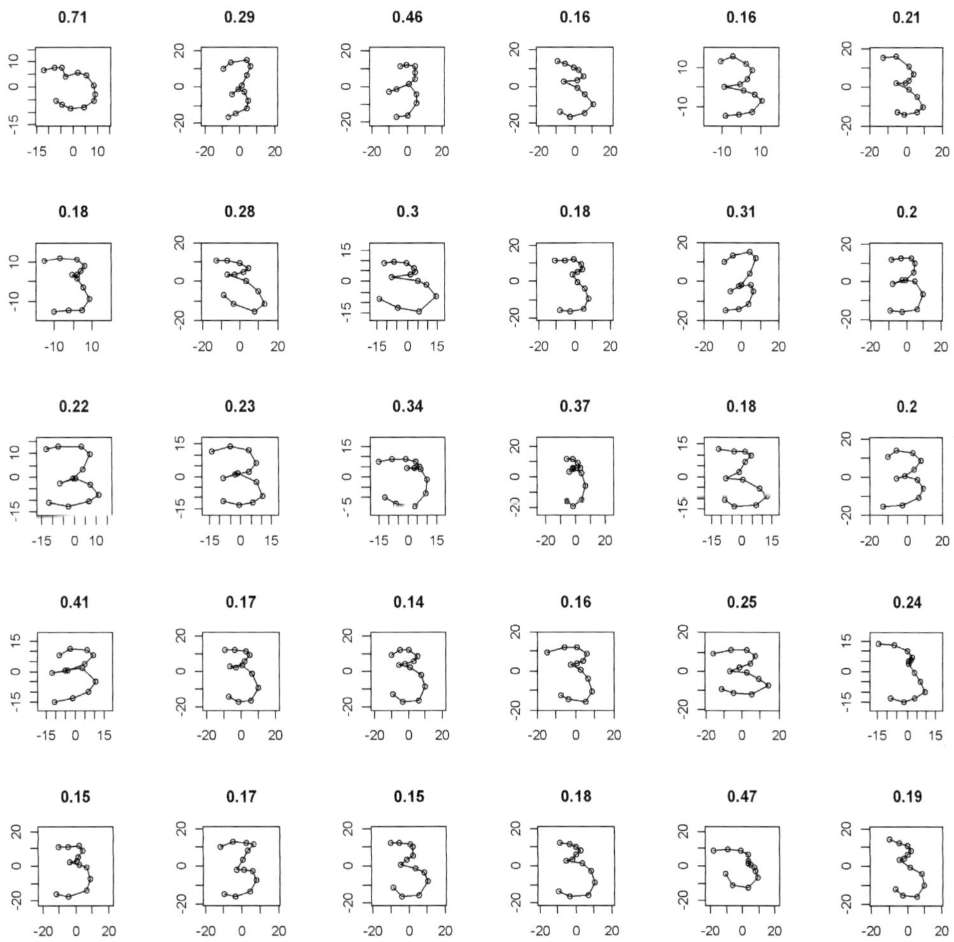

[그림 4.2.9] GPA 적합형상과 평균형상에 대한 리만거리

[그림 4.2.9]는 리만거리가 표기된 전체 GPA 적합형상이다. 특히, 리만거리가 0.71인 가장 큰 첫 번째 사람의 글씨는 이상치로 간주 할 수 있다. [결과 4.2.2]-(1) 평균형상과 비교해 보면 13개 형상점 중 숫자 3의 중앙에 위치해야 할 7번 형상점이 아래쪽 4번 형상점에 잘못 위치하고 있다. 이 이상치는 [그림 4.2.8]에서 rho와 size, rho와 pc1의 산점도에서 나머지 것들과 동떨어진 오른 쪽 상단의 한 점으로 시각적으로 확인 가능하다.

따라서 전체 30명 개체 중에서 이상치로 여겨지는 첫 번째 개체를 제외한 29명 자료에 대한 형상 PCA에서는 주성분들이 각각 40.11%, 18.33%, 13.15%로 전체적으로 71.59%로 30명의 자료의 비해 1.3% 낮은 설명력을 보였으나 전반적으로 유사하다고 여겨진다. *RMS*는 0.251로 별 차이는 없으나 다소 적은 형상변동의 양을 보여주었다. 특히, 제1주성분에서는 43.22%에서 상대적 기여율이 오히려 3.11%가 떨어졌는데 이는 이상치로 간주 하는 첫 번째 개체의 제1주성분 점수가 매우 큰 값을 가져 이것이 차지하는 비중이 높았기 때문이다.

[결과 4.2.2]와 [그림 4.2.6]~[그림 4.2.9]를 위한 [R-코드 4.2.2](digit3-PCAshapes.R)을 참고 바란다.

[R-코드 4.2.2] 손으로 쓴 숫자 3의 형상변동을 위한 형상 PCA (digit3-PCAshapes.R)

```
## Shape PCA for digit 3
library(shapes)
data=digit3.dat
join=c(1:13)

data=procGPA(data, tangentcoords="residual")
# Plot of GPA mean shape
win.graph()
par(mfrow=c(5,6))
plotshapes(data$mshape, joinline=join)
text(data$mshape, labels = as.character(1:13), pos=3)

# Goodness-of fit
data$percent
round(data$percent/sum(data$percent)*100, 2)
# RMS
data$rmsd

## Shape PCA
shapepca(data, pcno=c(1:3), joinline=join, type="r")
shapepca(data, pcno=c(1:3), joinline=join, type="s")
shapepca(data, pcno=c(1:3), joinline=join, type="v")

## Multiple scatter plot
library(psych)
pairs.panels(cbind(data$size, data$rho, data$scores[,1], data$scores[,2], data$scores[,3]),
  dendity=F, ellipses=F,label=c("size", "rho", "pc1", "pc2", "pc3"))

## Plot of Full Procrustes coordinates with rho
par(mfrow=c(5,6))
 for(i in 1:30){
 plotshapes(data$rotated[,,i], joinline=join)
 title(round(data$rho[i], 2))
 }
```

4.3 복소공간의 형상변동을 위한 PCA

4.2절에서 여러 개체들의 형상의 GPA에서 PCA를 이용한 형상변동을 살펴보았다. 이는 GPA 적합형상과 평균형상간의 프로크러스티즈 잔차에 형상변동을 살펴 본 것이다. 여기서는 이와 근사적으로 동일한 결과를 제공하는 복소공간의 탄젠트공간좌표에 대한 형상 PCA를 적용한 형상변동을 설명하려 한다. Kent(1994)는 1.6절에서 살펴 본 바와 같이 형상점의 복소좌표 $z^o = (z_1^o, \dots, z_k^o)^T$를 헬머트 부행렬 H에 의해서 변환시킨 [정리 1.6.1]의 켄달좌표 $z_H = Hz^o = (z_1, \dots, z_{k-1})^T$를 이용하여 얻어진 탄젠트공간좌표(tangent space coordinates)에 대한 PCA를 개발하여 적용한 형상분석을 소개하고 있다. 형상들이 존재하는 형상공간에 대한 탄젠트공간은 형상공간의 선형화된 차원축소된 공간이다. 특히, 3차원 사전형상구(pre-shape sphere)에 대한 탄젠트공간을 고려하고 이것의 탄젠트좌표를 활용하는 것이 편리하다고 알려져 있다.

일반적으로 형상이 2차원 평면에서 다루어지므로 평면에 대한 프로크러스티즈 탄젠트좌표를 살펴보려 한다. 형상점의 복소좌표 $z^o = (z_1^o, \dots, z_k^o)^T$를 고려하면 헬머트 부행렬 H에 의해서 복소사전형상 $z = (z_1, \dots, z_{k-1})^T = Hz^0 / \|Hz^0\|$를 가진다고 하자. 복소사전형상이 존재하는 공간은 복소차원이 $k-1$인 복소구(complex sphere)로 $z^* z = 1$를 만족한다. 그러면 형상점의 복소좌표 z^0의 형상 $[z^0]$은 (4.3.1)과 같이 정의되며 이는 복소사전형상구(complex pre-shape sphere)에 존재하는 사전형상 z의 회전된 형태이다.

$$[z^0] = \{ze^{i\theta} : 0 \le \theta < 2\pi\} \tag{4.3.1}$$

여기서 $e^{i\theta} = \cos\theta + i\sin\theta$는 오일러공식에 의한 복소지수함수로 만약에 복소사전형상 $z_j = x_j + iy_j$에 대하여 (4.3.1)을 만족하도록 계산하면 다음과 같은 관계를 만족하게 된다.

$$\begin{aligned} z_j e^{i\theta} &= (x_j + iy_j)(\cos\theta + i\sin\theta) \\ &= (x_j\cos\theta - y_j\sin\theta) + i(x_j\sin\theta + y_j\cos\theta) \\ &= x_j^0 + iy_j^0 \\ &= z_j^0 \end{aligned}$$

단, 형상점 복소좌표 $z_j^0 = x_j^0 + iy_j^0$의 지수부 $x_j^0 = (x_j\cos\theta - y_j\sin\theta)$와 허수부 $y_j^0 = (x_j\sin\theta + y_j\cos\theta)$는 $z_j = x_j + iy_j$의 지수부와 허수부에 의한 원 좌표점 (x_j, y_j)에 대한 다음과 같은 시계방향 회전행렬을 고려한 것이 된다.

$$T = \begin{bmatrix} \cos\theta & \sin\theta \\ -\sin\theta & \cos\theta \end{bmatrix}$$

즉,

$$(x_j, y_j)T = (x_j\cos\theta - y_j\sin\theta,\ x_j\sin\theta + y_j\cos\theta) = (x_j^0, y_j^0)$$

만약에 크기가 $(k-1)\times m$인 γ를 복소사전형상구에 존재하는 복소극점(complex pole)이라 하면 이는 [정리 2.4.2]의 완전 프로크러스티즈 평균형상 (2.4.5)와 같은 임의의 평균형상을 고려할 수 있다. 이 극점에 가능한 가깝게 (4.3.1)의 각 θ에 의해서 형상을 회전하고 복소극점 γ를 지나는 탄젠트면(tangent plane) T_γ에 사영(projection)시키도록 하자. 그러면 크기 척도를 고려하지 않고 복소극점 γ와 복소사전형상구에 존재하는 사전형상 z의 회전된 형태 $ze^{i\theta}$의 부분 프로크러스티즈거리의 제곱 $d_P^2(\gamma, ze^{i\theta}) = \|\gamma - ze^{i\theta}\|^2$를 최소화하는 각 θ를 추정하는 문제를 고려할 수 있다.

$$\begin{aligned} \|\gamma - ze^{i\theta}\|^2 &= (\gamma - ze^{i\theta})^*(\gamma - ze^{i\theta}) \\ &= \gamma^*\gamma + z^*z - \gamma^*ze^{i\theta} - z^*\gamma e^{-i\theta} \\ &= 1 + 1 - \gamma^*ze^{i\theta} - z^*\gamma e^{-i\theta} \end{aligned} \tag{4.3.2}$$

여기서 $\gamma^*\gamma = z^*z = 1$이다.

(4.3.2)로부터 각 θ를 추정하는 문제는 다음과 같이 요약된다.

$$\underset{\theta}{inf}\|\gamma - ze^{i\theta}\|^2 \iff \underset{\theta}{sup}(\gamma^* ze^{i\theta} + z^*\gamma e^{-i\theta}) \tag{4.3.4}$$

따라서 (4.3.4)에서 θ의 범위는 $\theta \in [0, 2\pi)$이고 복소수의 절대값(modulus)과 편각(argument)에 의한 표현 $\gamma^* z = |\gamma^* z| \exp(i\,Arg(\gamma^* z))$에 의해서 (4.3.4)는 다음과 같이 요약된다.

$$\underset{\theta}{sup}(\gamma^* ze^{i\theta}) \iff |\gamma^* z| \underset{\theta}{sup}\left(e^{i(Arg(\gamma^* z) + \theta)}\right) \tag{4.3.5}$$

따라서 (4.3.5)에서 $Arg(\gamma^* z) + \theta = 0$일 때 최대값을 가지므로 이를 만족하는 θ의 추정량은 $\hat{\theta} = -Arg(\gamma^* z)$이다. 이를 바탕으로 탄젠트공간에서 Dryden과 Mardia (2016, 4.4절)의 탄젠트정규분해(tangent normal decomposition)와 직교사영 탄젠트좌표에 대한 정의에 의해서 프로크러스티즈 탄젠트좌표를 [정의 4.3.1]에서 요약하고 있다. 실제로는 크기 척도를 고려하지 않은 탄젠트좌표로 부분 프로크러스티즈 탄젠트좌표라 한다.

[정의 4.3.1] 프로크러스티즈 탄젠트좌표(Procrustes tangent coordinate)

프로크러스티즈 탄젠트좌표는 다음과 같이 정의된다.

$$\nu_P = e^{i\hat{\theta}}\left[I_{k-1} - \gamma\gamma^*\right]z, \quad \nu_P \in T_\gamma \tag{4.3.6}$$

여기서 $\hat{\theta} = -Arg(\gamma^* z)$.

[정의 4.3.1]에서 복소사전형상구에 존재하는 복소극점 γ와 이를 지나는 탄젠트면 T_γ에 사영된 프로크러스티즈 탄젠트좌표 ν_P와의 관계는 직교하므로 $\nu_P^* \gamma = 0$을 만족한다. (4.3.6)에서 $I_{k-1} - \gamma\gamma^*$는 복소극점 γ에 직교하는 공간에 사영시키는 복소사영 행렬이다. 특히, (4.3.6)에서 ν_P에서 $ze^{i\hat{\theta}}$로 역사영은 Dryden과 Mardia(2016,

4.4절)의 탄젠트정규분해와 직교사영 탄젠트좌표에 대한 정의에 의해서 다음과 같이 정리된다.

$$ze^{i\hat{\theta}} = \left[(1 - \nu_P^* \nu_P)^{1/2}\gamma + \nu_P\right] \tag{4.3.7}$$

특히 복소사전형상구가 존재하는 복소공간의 프로크러스티즈 탄젠트좌표를 위한 상(icon)은 1장의 (1.6.8)의 중심화 사전형상 상과 같이 $X_I = H^T z$에 의해서 주어진다.

일반적으로 형상이 3차원 이상($m \geq 3$)의 공간에서 다루어지므로 부분 프로크러스티즈 탄젠트좌표를 살펴보려 한다. 이를 위해서 4.2절에서 살펴본 크기가 $k \times m$인 형태행렬 $X = (\boldsymbol{x}_1, \dots, \boldsymbol{x}_k)^T$의 k번째 행은 $\boldsymbol{x}_k = (x_{k1}, \dots, x_{km})^T$이므로 X의 벡터화는 크기가 $km \times 1$인 $vec(X) = (\boldsymbol{x}_1^T, \dots, \boldsymbol{x}_k^T)^T$이다. 만약에 크기 $k \times m$인 Y의 벡터화가 $vec(Y) = X$을 만족하면 역벡터화는 $vec^{-1}(X) = Y$가 된다.

복소사전형상구에 존재하는 형태행렬 X의 회전된 사전형상 $Z\Gamma$와 크기 척도를 고려하지 않고 크기가 $(k-1)m \times 1$인 복소극점 γ와의 부분 프로크러스티즈 거리의 제곱 $d_P^2(\gamma, Z\Gamma) = \|\gamma - Z\Gamma\|^2$를 최소화하는 Γ를 추정하는 문제를 고려하자. 이는 [정리 2.1.1]의 (2.1.13)에 의해서 구해진다. 따라서 복소극점 γ에서 탄젠트면에 사영된 크기가 $(k-1)m \times 1$인 프로크러스티즈 탄젠트좌표 ν_P는 (4.3.6)과 같은 구조를 가지며 다음과 같다.

$$\nu_P = \left[I_{km-m} - vec(\gamma)vec(\gamma)^T\right] vec(Z\hat{\Gamma}) \tag{4.3.8}$$

특히, $m = 2$인 경우 복소 프로크러스티즈 탄젠트좌표 (4.3.6)은 (4.3.8)과 일치한다. (4.3.8)로부터 역벡터화를 이용하면 다음의 역변환을 고려할 수 있다.

$$Z = vec_m^{-1}\left[(1 - \nu_P^T \nu_P)^{1/2} vec(\gamma) + \nu_P\right] \hat{\Gamma}^T \tag{4.3.9}$$

이외에도 Dryden과 Mardia(2016, 4장)에는 크기 척도를 고려한 완전 프로크러스티즈 탄젠트좌표 $\nu_F = (\cos\rho)\nu_P$와 역지수사상(inverse exponential map) 탄젠트

좌표 $\nu_E = (\rho/\sin\rho)\nu_P$ 등을 소개하고 있으며 이들은 부분 프로크러스티즈 탄젠트좌표와 유사하다. 더불어 (2.4.5)의 완전 프로크러스티즈 평균형상에 대한 잔차 $r = \hat{\beta} z \hat{\Gamma} - \hat{\mu}_F$는 프로크러스티즈 탄젠트좌표와 근사적으로 같다고 알려져 있다. 이미 4.2절에서 형상변동을 평가하기 위해 적합좌표 $\widehat{X}_i$의 형상과 추정된 평균형상 $\hat{\mu}$간에 차이인 프로크러스티즈 잔차 $R_i = \widehat{X}_i - \hat{\mu}$, $i = 1, \dots, n$에 PCA를 적용한 보기를 소개하였다.

R의 shapes 패키지에서 여러 가지 탄젠트좌표는 크기-형상공간의 형상분석에서 함수 procGPA()의 디폴트 옵션 scale=TRUE인 경우 다음과 같은 옵션으로 각각 얻을 수 있다.

tangentcoords = partial/exomap/residual

만약에 scale=FALSE라면 세 가지 tangentcoords의 옵션은 크기-형상공간의 프로크러스티즈 잔차와 동일한 탄젠트좌표를 제공한다. 이를 통해 크기-형상공간의 형상변동을 위한 PCA를 적용하게 된다.

이제 복소공간의 탄젠트좌표에 대한 형상 PCA를 적용한 형상변동을 설명하려한다. 우선 n개의 개체에 대하여 (4.3.6)의 탄젠트좌표를 만족하는 크기가 $(k-1)m \times 1$인 탄젠트좌표 $\boldsymbol{\nu}_i$, $i = 1, \dots, n$를 고려하자. 그리고 복소극점으로 GPA 적합을 통한 평균형상 $\hat{\mu}$을 고려하자. 그리고 탄젠트좌표의 평균벡터 $\bar{\boldsymbol{\nu}} = \sum_{i=1}^{n} \boldsymbol{\nu}_i / n$에 대해 다음과 같은 탄젠트좌표의 공분산행렬을 계산하자.

$$S_\nu = \frac{1}{n} \sum_{i=1}^{n} (\boldsymbol{\nu}_i - \bar{\boldsymbol{\nu}})(\boldsymbol{\nu}_i - \bar{\boldsymbol{\nu}})^T$$

공분산행렬 S_ν의 스펙트럼분해로부터 고유값 λ_j, $j = 1, \dots, p$와 이에 대응하는 고유벡터 γ_j, $j = 1, \dots, p$에 의해서 j번째 주성분점수는 다음과 같다.

$$c_{ij} = \lambda_j^{1/2} \gamma_j^T \boldsymbol{\nu}_i, i = 1, \dots, n, j = 1, \dots, p. \tag{4.3.10}$$

여기서 0이 아닌 고유값의 수는 형상공간에서는 $p = \min(n-1, q)$이고 크기-형상공간에서는 $p = \min(n-1, q+1)$이며 공통적으로 $q = km - m - 1 - m(m-1)/2$는 전체 좌표 차원 km에서 추정하고자 하는 위치, 크기, 회전에 대한 차원을 제외한 형상공간의 차원이다.

특별히 j번째 주성분의 구조를 추정된 평균형상 $\bar{\boldsymbol{\nu}}$에 대한 전치벡터는

$$\boldsymbol{\nu}(c, j) = \bar{\boldsymbol{\nu}} + c\lambda_j^{1/2}\gamma_j,\ j = 1, \ldots, p. \tag{4.3.11}$$

이다. 여기서 c는 표준성분점수의 값의 범위를 나타내는 상수로 대개 [-3, 3]을 만족하며 경우에 따라서 [-6, 6]의 다소 넓은 범위를 만족하기도 한다. (4.3.11)의 전치벡터를 (4.3.9)의 사전형상 Z와 중심화 사전형상 $H^T Z$를 통해 다음과 같은 선형변환을 통해 다시 사영시킨 형태공간의 크기가 $k \times m$인 상(icon)

$$X_I = vec_m^{-1}[block\,diag(H^T, \ldots, H^T)\{\boldsymbol{\nu}(c, j) + \gamma\}] \tag{4.3.12}$$

를 구하게 된다. 따라서 크기가 $(k-1)m \times 1$인 탄젠트좌표 $\boldsymbol{\nu}_i,\ i = 1, \ldots, n$의 상들 X_I로부터 원래 형상과 같은 크기 $k \times m$의 좌표에 의해서 이들의 그림을 제공받게 된다.

[보기 4.3.1] 작은 쥐 척추 뼈 형상의 탄젠트좌표를 활용한 형상변동 PCA

[보기 4.2.1]로 부터 크기가 6×2인 형태행렬로 이루어진 세 그룹의 쥐 척추 뼈 자료에서 23마리의 쥐로 구성된 작은 그룹에 대해서 GPA를 실시하되 형태행렬의 복소 부분 프로크러스티즈 탄젠트좌표를 추정하여 이에 대한 PCA를 실시하여 형상변동을 살펴보려 한다.

먼저 23마리 쥐 척추 뼈의 프로크러스티즈 탄젠트좌표에 대한 상들에 대해 [그림 4.3.1]에 주어져 있다. 이는 (4.3.7)을 만족하는 프로크러스티즈 탄젠트좌표의 중심화 사전형상이다. 여기서 복소극점은 [정리 2.4.2]의 완전 프로크러스티즈 평균형상 (2.4.5)를 사용하고 있다. 특히 형상들은 중심화 되었고 중심크기가 1이며 가능한 복소극점인 평균형상에 가깝도록 회전되었다. 형상점 중에서 상단 1, 오른쪽 돌기 부분의 4,

아래쪽 2에서 비원형 모양의 형상변동이 발생하였다. 다음으로 [그림 4.3.2]는 상 좌표와 중심크기 간의 다중 산점도인데 상 좌표점의 좌표 (x_j, y_j), $i=1,\dots,6$ 사이에 x_1과 y_1은 양의 상관 0.65, x_1과 y_2는 음의 상관 -0.76이고 x_2와 y_1은 양의 상관 0.76, x_2와 y_2는 음의 상관 -0.77, y_3와는 음의 상관 -0.62로 상관들이 제법 높다. 중심크기 csize는 x_1과 x_2간에 각각 -0.71과 -0,72로 음의 상관을 보여주며 y_2와 y_3 사이에는 각각 0.66과 0.68로 양의 상관을 맺고 있다. 이를 위한 [R-코드 4.3.1](mice-Tangentcoord-PCAshapes.R)을 참고 바란다. 특히 형태행렬로부터 복소 부분 프로크러스티즈 탄젠트 좌표를 얻기 위해서 함수 procGPA()의 옵션 tangentcoords="partial"을 이용하고 복소극점으로 GPA 적합을 통한 평균형상 $mshap을 활용하고 있다. 다중 산점도는 library(psych)의 함수 pairs.panels()를 적용하였다.

부분 프크러스티즈 탄젠트좌표를 활용한 PCA의 결과와 해석은 [보기 4.2.1]의 잔차에 대한 형상변동 PCA와 거의 일치 하므로 함수 procGPA()의 옵션 tangentcoords="residual"을 사용한 [R-코드 4.2.1](mice-PCAshapes.R)을 활용하면 된다.

전체적으로 [보기 4.2.1]의 내용을 참고로 [결과 4.2.1]과 [그림 4.2.2]~[그림 4.2.5]를 간단히 요약하자면 다음과 같다. [결과 4.2.1]과 같이 형상변동 PCA를 위한 고유값과 전체 고유값합에 대한 각각의 설명비율과 평균형상에 대한 형상변동 측도 $RMSD$를 제공 받는다. 함수 shapepca()의 옵션 type="r"에 의해서 형상변동을 위한 PCA를 이용하여 그려낸 형상그림 [그림 4.2.1]과 함수 shapepca()의 옵션 type="s"에 의해서 제1주성분PC 1은 뼈의 폭에 비하여 오른쪽 뾰족한 돌기의 길이에 대한 상대적인 정도를 나타내고 제2주성분 PC 2가 오른쪽 뾰족한 돌기의 끝부분의 비대칭성과 뼈의 나머지 부분에서 비대칭성의 효과를 포함하고 있음을 보여주는 [그림 4.2.2]를 제공 받는다. [그림 4.2.3]은 함수 shapepca()의 옵션 type="v"에 의해서 제공되며 제1주성분 PC 1에 대하여 형상점이 이동된 형상변동을 나타내며 제2주성분 PC 2에 대해서 좌우 비대칭적 형상변동이 있음을 보여주었다. [그림 4.2.4]는 중심크기, 리만거리, 세 가지 주성분점수 간의 다중 산점도와 그들 간의 상관계수를 보여준다. 특히, 작은 쥐 척추 뼈 형상이 평균형상에 가까워 리만거리가 작을수록 주성분점수도 작아지기 때문이다. [그림 4.2.5]는 GPA 적합형상으로 평균형상과의 거리인 리만거리의 값들이 함께하고 있으며 이상치를 발견할 수 있었다.

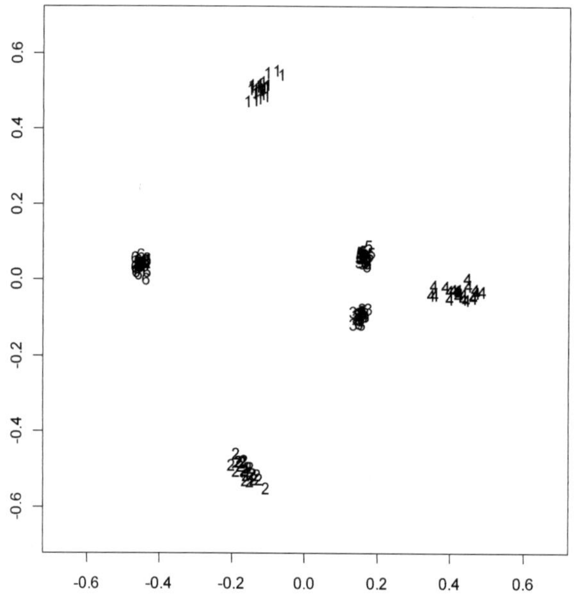

[그림 4.3.1] 쥐 척추 뼈 형상의 부분 프로크러스티즈 탄젠트좌표의 상

[R-코드 4.3.1] 작은 쥐 척추 뼈의 탄젠트좌표를 활용한 형상변동 PCA (mice-Tangentcoord-PCAshapes.R)

```
## Shape Analysis for Tangent Coordinates of Mice
library(shapes)
join=c(1,6,2,3,4,5,1)

# GPA for Small group
sm=qset2.dat# Samll n3=23
k=dim(sm)[1];m=dim(sm)[2];n=dim(sm)[3]
sm=procGPA(sm, tangentcoords="partial")
x=array(0, c(k,m,n))
H=defh(k-1)
csize=centroid.size(qset2.dat)
gamma=sm$mshape/centroid.size(sm$mshape)

# Plot of Icons for partial Procrustes Tangent coordinates
x[,1,]=t(H)%*%sm$tan[1:5,]+gamma[,1]
x[,2,]=t(H)%*%sm$tan[6:10,]+gamma[,2]
plotshapes(x, symbol=as.character(1:6))

# Multiple scatter plot
x=rbind(x[,1,], x[,2,])
x=rbind(matrix(csize,1,n),x)
library(psych)
pairs.panels(t(x), density=F, ellipses=F,
   labels=c("csize", "x1", "x2", "x3", "x4", "x5", "x6",
                "y1", "y2", "y3", "y4", "y5", "y6"))
```

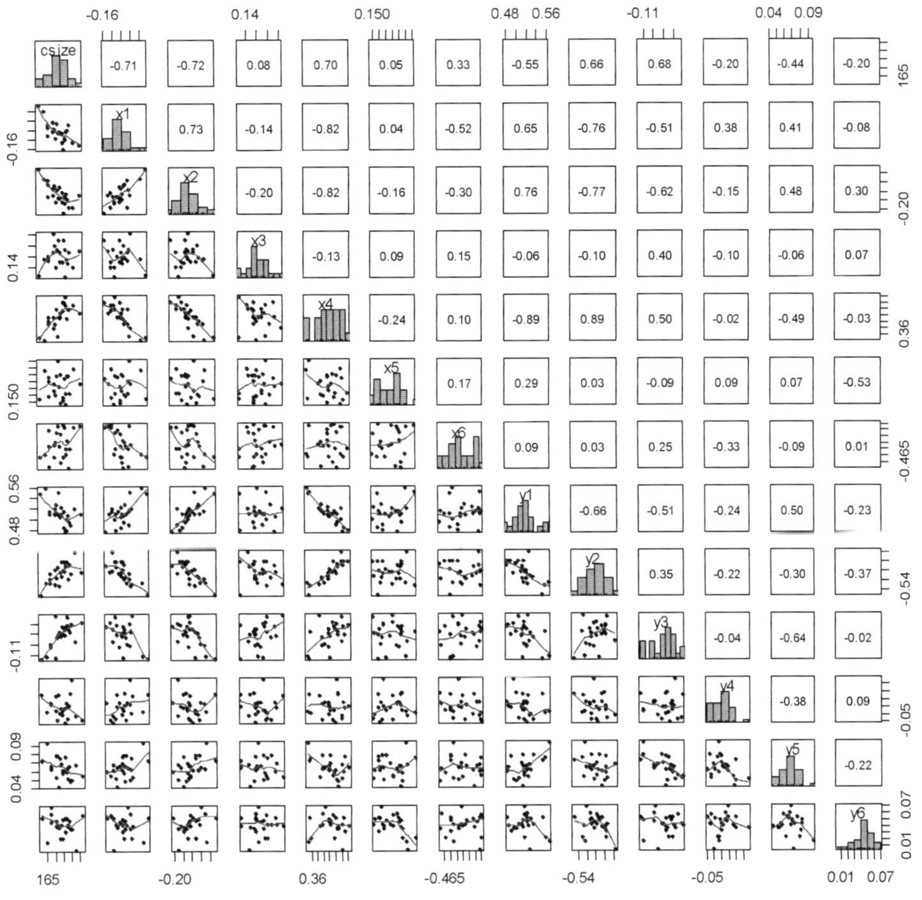

[그림 4.3.2] 작은 쥐 척추 뼈에 관한 다중 산점도: 중심크기, 부분 프로크러스티즈 탄젠트좌표 (x_k, y_k), $k=1, \ldots, 6$

[보기 4.3.2] 손으로 쓴 숫자 3의 탄젠트좌표를 활용한 형상변동 PCA

[보기 4.2.2]로 부터 30명이 손으로 쓴 숫자 3에 대한 13개 형상점 자료에 대하여 GPA를 실시하고 형태행렬의 복소 부분 프로크러스티즈 탄젠트좌표를 통해 PCA를 실시하여 형상변동을 살펴보려 한다.

먼저 30명이 손으로 쓴 숫자 3의 프로크러스티즈 탄젠트좌표에 대한 상들과 13개 라벨 형상점을 가진 복소극점인 완전 프로크러스티즈 평균형상에 대해 [그림 4.3.3]에 주어져 있다. 특히 상들 그림에서 형상점 3, 4, 5, 8, 9, 10 12를 중심으로 원형 형상변동이 특히 1, 7, 6, 13 형상점에는 타원 형상변동이 생겼음을 알 수 있다. 상 좌표와 중심크기 간의 다중 산점도는 상 좌표가 (x_k, y_k), $k = 1, \ldots, 13$ 이라 총 26개로 이루어져 중심크기와 상 좌표 실수부 x_k, $k = 1, \ldots, 13$ 의 다중 산점도 [그림 4.3.4] 그리고 중심크기와 상 좌표 허수부 y_k, $k = 1, \ldots, 13$ 의 다중 산점도 [그림 4.4.5]를 살펴보기로 하자. [그림 4.3.4]에서는 중심크기 csize는 x_5 와 0.34로 낮은 양의 상관을 보이며 x_1 과 x_2 가 0.65의 높은 양의 상관을 보인다. [그림 4.3.5]에서도 중심크기 csize는 y_9 와 0.34로 낮은 양의 상관을 보이며 y_1 과 y_2 가 0.65의 높은 양의 상관을 보인다. 이를 위한 [R-코드 4.3.2]를 참고 바란다.

부분 프로크러스티즈 탄젠트좌표를 활용한 형상변동을 위한 PCA의 결과와 해석은 [보기 4.2.2]의 잔차에 대한 형상변동 PCA와 거의 일치 하므로 함수 procGPA()의 옵션 tangentcoords="residual"을 사용한 [R-코드 4.2.2](digit3-PCAshapes.R)을 활용하면 된다. 전체적으로 [보기 4.2.2]의 내용을 참고하기 바라며 여기서는 3개의 주성분을 고려하였으며 특히, 제1주성분은 숫자 3의 중앙 부분(중간 갈래)이 오른쪽 안쪽에서 왼쪽 바깥쪽으로 튀어 나가는 변동을 보이며 제2주성분은 세로 길이가 길고 가로 폭이 짧은 숫자에 대해 짧고 다소 폭이 넓어지는 숫자의 변동을 나타내었다. 제3주성분은 대각 방향에 대해 아래쪽으로 고리의 크기가 커지는 변동을 보여주고 있다.

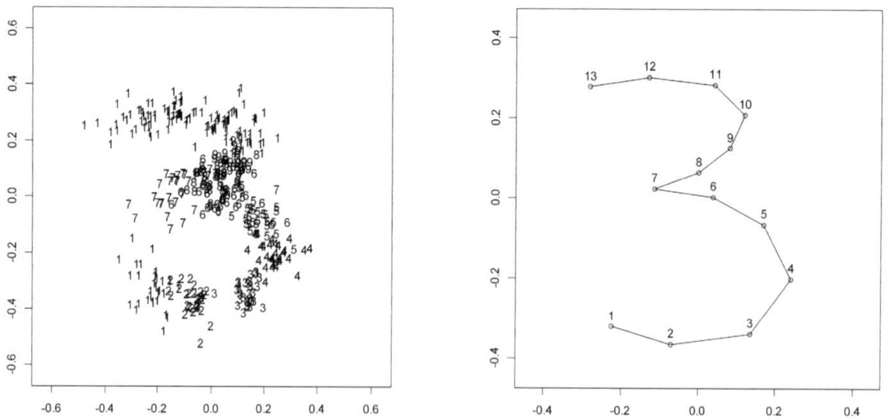

[그림 4.3.3] 손으로 쓴 숫자 3형상의 부분 프로크러스티즈 탄젠트좌표의 상과 복소극점(평균형상)

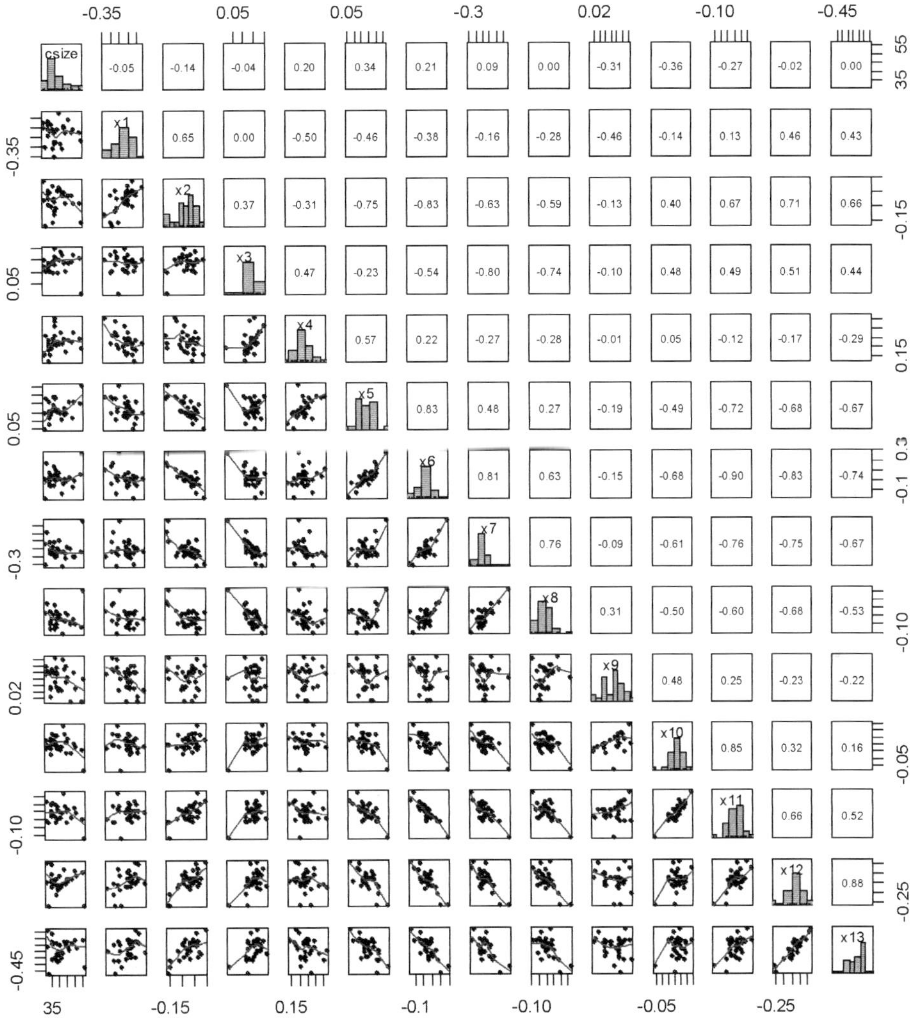

[그림 4.3.4] 손으로 쓴 숫자 3형상의 다중 산점도: 중심크기, 부분 프로크러스티즈 탄젠트좌표 중 실수부 $x_k,\ k=1,\ldots,13$

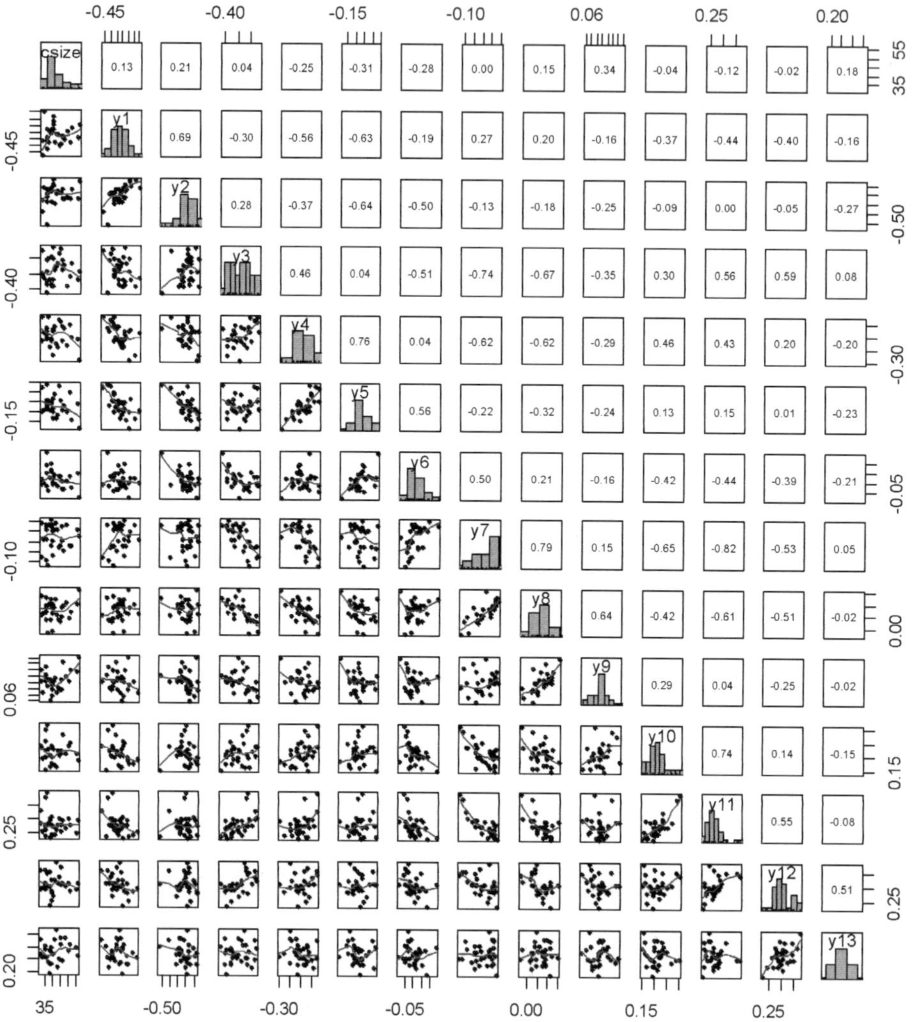

[그림 4.3.5] 손으로 쓴 숫자 3형상의 다중 산점도: 중심크기, 부분 프로크러스티즈 탄젠트좌표 허수부 $y_k,\ k=1, \dots, 13$

[R-코드 4.3.2] 손으로 쓴 숫자 3의 탄젠트좌표 형상변동 PCA (digit3-Tangentcoord-PCAshapes.R)

```
## Shape PCA for Partila Procrustes tangent coordnates of digit 3
library(shapes)
data=digit3.dat
join=c(1:13)

data=procGPA(data, tangentcoords="partial")
k=dim(digit3.dat)[1];m=dim(digit3.dat)[2];n=dim(digit3.dat)[3]
x=array(0, c(k,m,n))
H=defh(k-1)
csize=centroid.size(digit3.dat)
gamma=data$mshape/centroid.size(data$mshape)

# Plot of Icons for partial Procrustes Tangent coordinates
x[,1,]=t(H)%*%data$tan[1:12,]+gamma[,1]
x[,2,]=t(H)%*%data$tan[13:24,]+gamma[,2]
plotshapes(x, symbol= as.character(1:13))

# Plot of Mean shape(gamma=pole)
plotshapes(gamma, joinline=join)
text(gamma, labels = as.character(1:13), pos=3)

# Multlple scatter plot
xk=rbind(matrix(csize,1,n),x[,1,])#real part
yk=rbind(matrix(csize,1,n),x[,2,])#the imaginary part

library(psych)
pairs.panels(t(xk), density=F, ellipses=F,
  labels=c("csize", "x1", "x2", "x3", "x4", "x5", "x6","x7",
           "x8", "x9", "x10", "x11", "x12","x13"))
pairs.panels(t(yk), density=F, ellipses=F,
  labels=c("csize", "y1", "y2", "y3", "y4", "y5", "y6", "y7",
           "y8", "y9", "y10", "y11", "y12","y13"))
```

4.4 형상분석을 위한 ICA

4.2절은 잔차의 형상변동과 4.3절은 복소공간의 형상변동을 위한 PCA를 살펴보았다. 여기서는 자료에 따라 잠재된 변수들이 서로 독립(independent)이고 비가우스(non-Gaussian) 분포를 가진다는 사전 정보가 있을 때, 주성분법을 이용한 인자분석을 적용하면 원래 변수들의 상호 관계를 잘못 해석하는 경우도 있다. 예를 들자면 비가우스 신호들의 혼합에서 블라인드 신호분리(blind source separation, BBS)문제 가 발생된다. 대표적으로 칵테일파티문제(cock-tail-party problem)로 참석한 사람들이 서로 독립적으로 이야기를 할 때 여러 대의 마이크에 녹음된 신호에서 각자의 목소리를 분리해 내어야 하는 경우이다. 이를 해결하기 위해서 Jutten과 Herault(1991)는

인자분석의 개념을 확장한 독립성분분석(independent component analysis, ICA)을 제안하였다. Izenman(2008, 15장)와 Lee와 Choi(2014)를 참고로 하여 ICA의 기초 이론과 알고리즘을 요약하자.

ICA는 고차원 자료에서 잠재된 독립변수를 추출하고 변수들 간의 상호 관계를 파악하는 다변량 통계기법이다. 일반적으로 ICA는 비가우스(non-Gaussian) 신호들의 혼합에서 독립성분 신호들을 찾는 문제를 해결하기 위해 적용되어 왔다. 일반적으로 크기 $p \times 1$ 인 확률벡터 $\boldsymbol{x} = (x_1, \dots, x_p)^T$의 ICA 모형은

$$\boldsymbol{x} = A\boldsymbol{s} \tag{4.4.1}$$

와 같다. 여기서 $A = (a_{ij})$, $i = 1, \dots, p$; $j = 1, \dots, m$는 크기가 $p \times m$ 혼합행렬(mixing matrix)이고, 크기가 $m \times 1$ 인 $\boldsymbol{s} = (s_1, \dots, s_m)^T$는 관측되지 않는 독립성분(independent component)벡터이다. 그리고 독립성분을 찾기 위해서 (4.4.1)을

$$\boldsymbol{s} = W\boldsymbol{x} \tag{4.4.2}$$

로 변형할 수 있는데, 여기서 $W = (\boldsymbol{w}_1, \dots, \boldsymbol{w}_m)^T$는 크기가 $m \times p$ 인 분리행렬(separating matrix)이다. ICA의 목적은 혼합행렬 A와 독립성분 $\boldsymbol{s}$를 추정하는 것인데 이는 분리행렬 W를 추정하면 된다. 이를 위해 독립성분은 통계적으로 독립이고 비가우스 분포를 따른다고 가정한다.

(4.4.1)과 (4.4.2)를 이용해서 임의로 추정된 하나의 독립성분점수(independent component score) $\hat{\boldsymbol{s}}$ 을 고려하면

$$\hat{\boldsymbol{s}} = \widehat{W}\boldsymbol{x} = \widehat{W}A\boldsymbol{s}$$

와 같다. 즉, 추정된 독립성분 점수 $\hat{\boldsymbol{s}}$ 은 원래 독립성분 $\boldsymbol{s}$ 의 선형결합으로 표현 된다. 따라서 독립성분점수 $\hat{\boldsymbol{s}}$ 이 비가우스 분포를 따르지 않도록 비가우성을 최대로 하는 분리행렬 W를 구하면 독립성분을 추정할 수 있다.

여러 가지 비가우스성을 측정하는 척도 중에서 ICA에서는 계산상의 편의를 위해서 엔트로피(entropy)를 변형한 네젠트로피(negentropy)를 이용하게 된다. 독립성분 $\boldsymbol{s}$ 의 네젠트로피를 구하는 것은 계산과정이 복잡하므로 근사한 네젠트로피

$$J(\boldsymbol{s}) \approx (E[G(\boldsymbol{s})] - E[G(\boldsymbol{z})])^2 \tag{4.4.3}$$

를 이용한다. 여기서 $\boldsymbol{z}$는 표준정규분포를 따르는 확률변수이고, $G(\bullet)$는 비이차(non-quadratic)함수이다. 주로 ICA에서 이용하는 비이차함수는 (4.4.4)와 같다.

$$G(\boldsymbol{s}) = \frac{1}{\alpha}\log\cosh(\alpha \boldsymbol{s}),\ 1 \le \alpha \le 2 \text{ 또는 } G(\boldsymbol{s}) = -e^{-\boldsymbol{s}/2} \tag{4.4.4}$$

독립성분의 비가우스성을 최대화하는 방법인 Hyvarinen과 Oja(1997), Hyvarinen(1999)가 제안한 고정점 반복법인 FastICA 알고리즘을 살펴보도록 한다. 일반적으로 FastICA 알고리즘을 적용하기 전에 확률벡터 $\boldsymbol{x}$ 의 평균이 0 이 되도록 하는 중심화과정과 공분산행렬이 단위행렬이 되도록 하는 백색화(whitening)과정을 시행한다. 확률벡터 $\boldsymbol{x} = (x_1, \dots, x_p)^T$가 평균벡터 $\boldsymbol{\mu} = (\mu_1, \dots, \mu_p)^T$와 공분산행렬 Σ를 가질 때 Σ의 스펙트럼분해(spectral decomposition)는 (4.4.5)와 같이 정리된다.

$$\Sigma = V \Lambda V^T \tag{4.4.5}$$

여기서 $\Lambda = diag(\lambda_1, \dots, \lambda_p)$는 공분산행렬 Σ의 고유값 $\lambda_1 \ge \cdots \ge \lambda_p \ge 0$에 의한 대각행렬이고, $V = (\boldsymbol{v}_1, \dots, \boldsymbol{v}_p)^T$는 고유벡터 $\boldsymbol{v}_j$를 열벡터로 가지는 크기가 $p \times p$ 인 직교행렬이다. 그리고 중심화한 $\boldsymbol{x}_{c=}\boldsymbol{x} - \boldsymbol{\mu}$ 와 (4.4.5)의 스펙트럼분해를 이용하여 백색화과정을 거쳐 평균 $\boldsymbol{\mu} = 0$과 공분산행렬 $\Sigma = I$인 확률벡터를 구하면 다음과 같다.

$$\boldsymbol{x} = \boldsymbol{x}_w = \Lambda V^T \boldsymbol{x}_c$$

앞에서 설명한 것과 같이 FastICA 알고리즘의 목적은 (4.4.2)의 $\boldsymbol{s} = W\boldsymbol{x}$ 의 비가우

스성을 최대화하는 분리행렬 W를 찾는 것이다. 알고리즘의 설명을 위해 $m=1$인 단일독립성분 $\boldsymbol{s}=\boldsymbol{w}^T\boldsymbol{x}$를 고려하면, $E[\boldsymbol{w}^T\boldsymbol{x}] = \| \boldsymbol{w} \|^2 = 1$의 조건을 만족하고 (4.4.3)을 최대화하는 $\boldsymbol{w}$를 찾는 것이다. 라그랑지승수법(Lagrange multiplier method)을 이용하기 위해

$$F(\boldsymbol{w}) = E\left[G(\boldsymbol{w}^T\boldsymbol{x})\right] - \frac{\lambda}{2}\left(\| \boldsymbol{w} \|^2 - 1\right) \tag{4.4.6}$$

와 같이 나타낼 수 있고, 여기서 λ는 라그랑지승수이다. (4.4.6)을 최대화하기 위해 뉴튼-랩슨법(Newton-Raphson method)을 이용하여

$$\boldsymbol{w}_{k+1} \leftarrow \boldsymbol{w}_k - \left(\frac{\partial^2 F(\boldsymbol{w}_k)}{\partial \boldsymbol{w}_k^2}\right)^{-1}\left(\frac{\partial F(\boldsymbol{w}_k)}{\partial \boldsymbol{w}_k}\right)$$

로 나타낼 수 있다. 이를 정리하면

$$\boldsymbol{w}_{k+1} \leftarrow E\left[\boldsymbol{x}\, g(\boldsymbol{w}_k^T\boldsymbol{x})\right] - \boldsymbol{w}_k E\left[g'(\boldsymbol{w}_k^T\boldsymbol{x})\right]$$

로 나타낼 수 있다. 여기서 $g = \partial G/\partial \boldsymbol{w}$는 (4.4.4)의 비이차함수 $G(\bullet)$의 1차 도함수이고, $g' = \partial^2 G/\partial^2 \boldsymbol{w}$는 2차 도함수이다. 이때 수렴하는 값을 찾을 때까지 위의 과정을 반복하면 $\boldsymbol{w}$를 찾을 수 있다.

크기가 $p\times 1$인 확률벡터 $\boldsymbol{x}$가 n개의 관찰값의 표본을 가질 때, 크기가 $n\times p$인 자료행렬 $X=(\boldsymbol{x}_1, \dots, \boldsymbol{x}_n)^T$의 (표본) ICA 모형은 다음과 같다.

$$X = SA^T \tag{4.4.7}$$

여기서 $S=(\boldsymbol{s}_1, \dots, \boldsymbol{s}_n)^T$는 크기가 $n\times m$인 독립성분 행렬이고 $A=(\boldsymbol{a}_1, \dots, \boldsymbol{a}_p)^T$는 크기가 $p\times m$인 혼합행렬이다.

일반적으로 고차원 자료에 ICA를 적용하려면 중심화와 백색화를 위해 먼저 PCA를 적용하여 차원이 축소된 주성분점수 자료를 구하고 이를 활용하는 것이 바람

직하다. R에서 FastICA 알고리즘을 적용한 ICA의 (4.4.7) 독립성분의 추정은 fastICA 패키지에서 library(fastICA)의 함수 fastICA()의 추가적 변수 $s로부터 구해진다. 특히, 독립성분을 한꺼번에 추정하는 방법의 알고리즘은 디폴트 옵션 type="paralle"에 의해서 주어지며 차례대로 구하는 방법은 옵션 type="deflation"을 사용하면 된다. 이들 알고리즘에 대한 설명이 Izenman(2008, Table 15.3)에 단계별로 잘 요약되어 있다.

[보기 4.4.1] 쥐의 그룹별 척추 뼈 형상 ICA와 PCA

[보기 2.2.2]에서는 수학적 형상점 6개에 의한 쥐의 흉부척추 뼈 형상에 대해 큰 그룹(23마리)과 작은 그룹(23마리) 그리고 대조 그룹(30마리)의 세 그룹의 진체 쥐들의 리만거리를 이용하여 계량형과 비계량형 MDS를 적용하여 각 그룹의 군집 유사성을 살펴보았다. 두 방법이 유사한 결과를 제공하며 특히 Dim1(1차원 축)은 다소 겹치는 개체들도 있지만 왼편이 주로 s(작은 그룹)이고 오른편이 c(대조 그룹)와 l(큰 그룹)로 이루어져 있어 왼편에서 오른 편으로 가면서 순서적으로 작은 그룹에서 대조 그룹과 큰 그룹으로 나누는 축으로 쥐 척추 뼈 형상의 크기를 나타냄을 보여 준다.

[그림 4.4.1]-(a)는 수학적 형상점 6개와 유사 형상점 54개에 의한 총 60개 형상점으로 된 쥐의 세 그룹별 척추 뼈 형상의 형태행렬자료에 PCA를 적용하여 얻어진 PC1(제1주성분)과 PC2(제2주성분)의 주성분점수에 대한 2차원 그림이고 (b)는 ICA를 적용하여 얻어진 IC1(제1독립성분) 과 IC2(제2독립성분)의 독립성분점수에 대한 2차원 그림이다. (a)의 경우 PC1이 58.05%, PC2가 8.99%로 전체 67.04%의 다소 높은 설명력을 가진다. 특히, 제1축(PC1)은 왼편에서 오른 편으로 순서적으로 s(작은 그룹)에서 c(대조 그룹)과 l(큰 그룹)으로 나누고 있으며 이는 [보기 2.2.2]-[결과 2.2.2]의 다차원척도그림의 결과와 유사하다. (b)에서는 IC2(제2축)의 세 그룹별 유사성 (a)의 PC1(제1축)과 유사한 결과를 보여주고 있다.

이를 위한 [R-코드 4.4.1]을 참고 바라며 PCA에서 주성분의 설명력을 구하는 코드도 함께 제공하고 있다.

[R-코드 4.4.1] 쥐의 그룹별 척추 뼈 형상을 위한 PCA와 ICA (mice-ICAshapes.R)

```
## ICA and PCA for mice
library(shapes)
library(fastICA)
data(mice)
attach(mice)
data=outlines # 60(6+54)x2x76

data=procGPA(data, scale=FALSE)
PCs=data$scores # PCs scores
round(data$percent/sum(data$percent)*100, 2)
was=fastICA(PCs, 2)
ICs=was$S # ICs scores

win.graph()
par(mfrow=c(1,2))
# Plot of PCs scores and ICs scores
col=as.integer(group)
plot(PCs[,1], PCs[,2], type="n", xlab="PC1", ylab="PC2")
text(PCs[,1], PCs[,2], group, col=col)
abline(v=0,h=0)
plot(ICs[,1], ICs[,2], type="n", xlab="IC1", ylab="IC2")
text(ICs[,1], ICs[,2], group, col=col)
abline(v=0,h=0)
```

(a) PC1과 PC2의 주성분점수 그림 (b) IC1과 IC2의 독립성분점수 그림

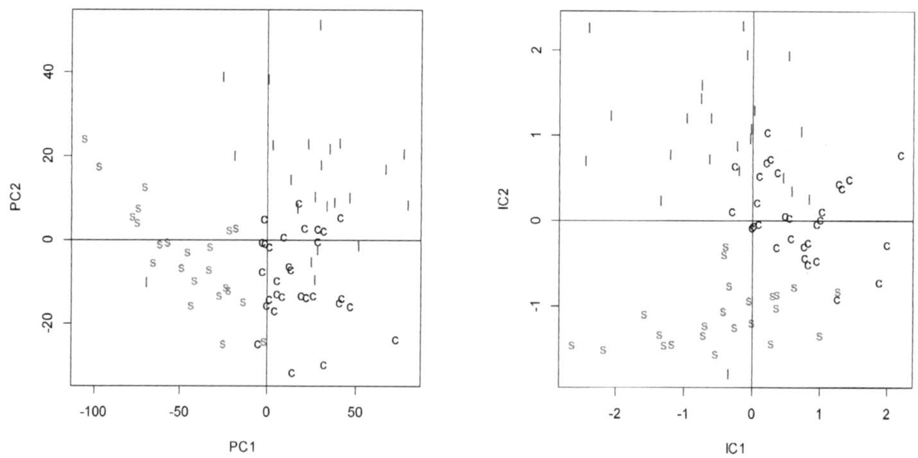

[그림 4.4.1] PCA의 제1과 제2주성분 점수와 ICA의 제1과 제2독립성분 점수 그림: s(작은 그룹), c(대조 그룹), l(큰 그룹)

[보기 4.4.2] 오랑우탄 암수 두개골 형상의 PCA와 ICA

[보기 2.3.2]에서 우랑우탄 수컷(30마리)과 암컷(24마리)에 따른 두개골 형상 차이를 살펴보기 위해 리만크기-형상거리에 대한 계량형 MDS를 통해 개체 간의 유사성을 살펴보았다. 이를 위해 자료는 pongom.dat(오랑우탄 숫컷)과 pongof.data(오랑우탄 암컷)을 사용하였다. [결과 2.3.2]에 따르면 계량형 다차원척도법그림의 Dim1(1차원 축)은 전반적으로 왼편이 주로 f(암컷)이고 오른편이 m(수컷)을 나타내어 오랑우탄의 형상을 두개골 형상의 크기에 따라 암컷과 수컷으로 나누는 축임을 나타내고 있다.

[그림 4.4.2]-(a)는 오랑우탄 수컷과 암컷의 두개골 형상의 형태행렬 자료의 PCA에서 PC1(제1주성분)과 PC2(제2주성분)의 주성분점수와 대한 2차원 그림이다. (b)는 ICA를 적용하여 얻어진 IC1(제1독립성분)과 IC2(제2독립성분)의 독립성분점수에 대한 2차원 그림이다. (a)의 경우 PC1이 75.34%, PC2가 7.01%로 전체 82.35% 매우 높은 설명력을 가진다. 특히, PC1의 설명력이 75.34%로 매우 높다고 여겨진다. 그림 (a)와 (b) 모두 제1축(PC1 또는 IC1)의 왼편은 f(암컷)이 오른 편으로 m(수컷) 위치하고 있어 제1축에 대한 해석은 [보기 2.3.2]-[결과 2.3.2]의 다차원척도그림의 결과와 같이 두개골 형상의 크기를 나타냄을 알 수 있다. 특히, 제1축의 높은 설명력을 감안 하여 그림 (c)와 (d)는 우랑우탄의 두개골 중심크기 csize를 구하여 PC1(제1주성분) 또는 IC1(제1독립성분)의 점수와의 산점도이다. 전체적으로 암컷의 두개골 중심크기는 215.043(13번째 암컷) 이하이며 수컷의 두개골 중심크기는 216.094(5번째 수컷)보다 크게 이루어져 있다. 이를 위한 [R-코드 4.4.2](orang-ICA-PCAshapes.R)를 참고 바라며 주성분의 설명력과 두개골 중심크기를 비교하기 위하여 그들의 순위를 구하는 코드도 함께 하고 있다.

[R-코드 4.4.2] 오랑우탄 암수 두개골 형상을 위한 PCA와 ICA
(orang-ICA-PCAshapes.R)

```
## ICA and PCA for Orang Utan
library(shapes)
library(fastICA)

pongof.dat # 24 Females
pongom.dat # 30 Males

data=array(data=c(pongof.dat,pongom.dat), dim=c(8,2,54))
group=c(rep("f",24), rep("m",30))
size=centroid.size(data)
size=data.frame(size, group);size
data=procGPA(data, scale=FALSE)
PCs=data$scores # PCs scores
round(data$percent/sum(data$percent)*100, 2)
was=fastICA(PCs, 2)
ICs=was$S # ICs scores

win.graph()
par(mfrow=c(1,2))
# Plot of PCs scores and ICs scores
col=as.integer(group)
plot(PCs[,1], PCs[,2], type="n", xlab="PC1", ylab="PC2")
text(PCs[,1], PCs[,2], group, col=col)
abline(v=0,h=0)
plot(ICs[,1], ICs[,2], type="n", xlab="IC1", ylab="IC2")
text(ICs[,1], ICs[,2], group, col=col)
abline(v=0,h=0)

win.graph()
par(mfrow=c(1,2))
# Plot of PC1(IC1) score vs.centroid size
plot(size[,1], PCs[,1], type="n", xlab="csize", ylab="PC1")
text(size[,1],PCs[,1], group)
plot(size[,1], ICs[,1], type="n", xlab="csize", ylab="IC1")
text(size[,1],ICs[,1], group)

# Ranking of centroid size
cbind(size[,1:2],rank(size[,1]))
```

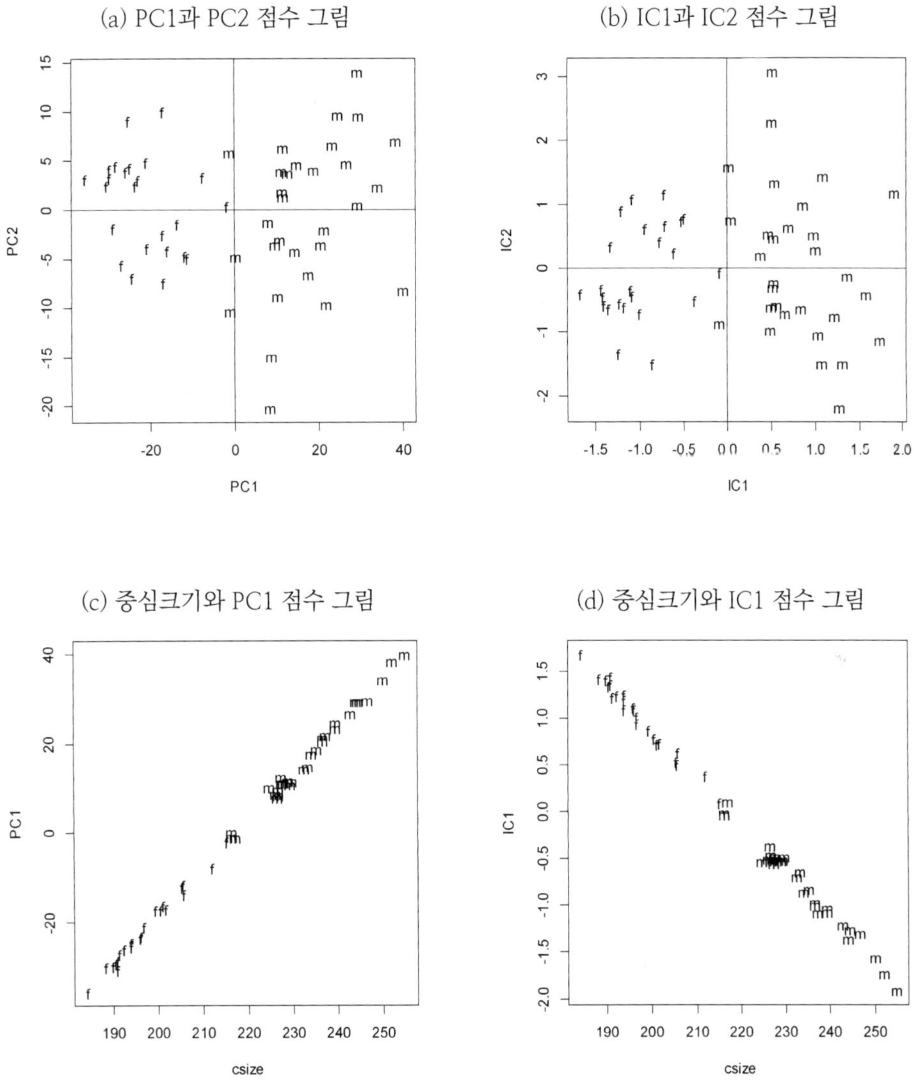

[그림 4.4.2] PCA의 제1과 제2주성분 점수와 ICA의 제1과 제2독립성분 점수 그림과 중심크기와 주성분 점수 또는 독립성분점수의 그림: f(암컷), m(수컷)

지금까지 4.4절에서 PCA와 ICA를 적용한 주성분점수와 독립성분점수를 통해 주성분과 독립성분의 관점에서 형상분석에서 개체들의 유사한 형상에 따른 그룹을 파악하였다. 이와 함께 비교 차원에서 언급한 2.2절과 2.3절의 다차원척도법 MDS도 개체들의 형상 그룹을 시각적으로 파악하는 데 유용한 도구이다. 5장에서는 이러한 개체들의 그룹 정보를 바탕으로 다변량 자료분석에서 활용하는 전통적 판별분석과 분류분석을 이용하려 한다. 더 나아가 기계학습(machine learning) 중에서 지도학습(supervised learning) 알고리즘인 서포트벡터머신(support vector machine, SVM) 활용한 판별분석을 통해 형상분석에서 개체들의 형상을 판별하고 분류하는 방법을 제시하고 적용한 예를 살펴보고자 한다.

5장
형상분석에서 판별과 분류

5장 형상분석에서 판별과 분류

이 장에서는 다변량 통계학에서 다변량 정규성을 만족하는 경우 일차판별함수와 이차판별함수를 활용한 가장 전통적인 판별분석과 최근 자료의 분포에 대한 정보를 몰라도 적용 가능한 기계학습(machine learning) 중에서 지도학습(supervised learning) 알고리즘인 서포트벡터머신(support vector machine, SVM)을 활용한 판별분석을 형상분석에서 활용한 것을 소개하려 한다. 추가적으로 프로크러스티즈 통계량에 의한 OPSS 판별분석도 소개하고자 한다. 이를 위하여 다양한 형상좌표인 GPA 적합좌표, 북스테인좌표, 탄젠트좌표를 활용하고 이들과 상관이 높은 중심크기와 리만거리도 포함하려 한다. 특히 다중공선성이 존재하는 형상좌표의 경우 주성분분석 PCA나 독립성분분석 ICA를 적용하여 얻어진 주성분점수 또는 독립성분점수로 판별분석을 시도하고 오분류를 통해 분류의 정도를 평가하려 한다.

5.1 전통적 판별분석

형상분석에서 개체들의 형상에 대해 암컷과 수컷 두 그룹의 고릴라자료 또는 세 그룹(작은 그룹, 큰 그룹, 대조 그룹) 쥐의 척추 뼈 자료와 같이 군집화되어 있는 경우를 고려하자. 일반적으로 최용석(2018, 6장)에 따르면 다변량 자료분석에서 그룹을 가장 잘 분리할 수 있는 판별기준 또는 판별함수를 구하고 이러한 기준의 적합정도를 오분류율(rate of misclassification)를 평가하는 과정인 판별분석(discriminant analysis, DA)과 새롭게 관찰되거나 측정된 임의의 개체를 소속 군집에 할당(allocation)하거나 분류(classification)하는 절차인 분류분석(classification analysis, CA)를 전통적으로 고려한다.

DA는 이미 알려진 개체들의 군집을 잘 분류해 주는 판별기준으로 개체들의 다양한 정보를 측정한 변수들의 선형결합 내지는 비선형결합에 의한 함수를 찾는 것이다. 특히, 군집자료의 다변량정규분포와 공분산행렬의 동질성 가정에 따라 선형과 이차선형함수에 의한 선형판별분석 LDA(linear DA)내지는 이차판별분석 QDA(quadratic

DA)이 이루어진다. 반면에 군집의 다변량정규성과 무관하게 공분산행렬의 동질성만 만족되면 피셔의 선형판별함수를 활용한 판별분석을 고려할 수 있다. 이 절에서 형상분석에 DA를 적용하기 위해서 먼저 DA의 LDA와 QDA를 요약하기로 하자.

일반적으로 p개 확률변수에 의한 확률벡터 $\boldsymbol{x}=(x_1, x_2, \cdots, x_p)^T$가 다변량 정규분포 $N_p(\boldsymbol{\mu}_k, \Sigma_k)$, $j=1,2,\ldots,g$를 따르는 $g(\geq 2)$개의 군집 C_1, C_2, ..., C_g에서 각 군집은 개체 수를 각각 n_1, n_2, ..., n_g를 가진다고 하자. 그러면 군집 C_j의 확률밀도함수는 (5.1.1)과 같다.

$$f_j(\boldsymbol{x})=\frac{1}{(\sqrt{2\pi})^p|\Sigma_j|^{1/2}}\exp\left[-\frac{1}{2}(\boldsymbol{x}-\boldsymbol{\mu}_j)^T\Sigma_j^{-1}(\boldsymbol{x}-\boldsymbol{\mu}_j)\right],\ j=1,2,\ldots,g \qquad (5.1.1)$$

최용석(2018, 6.4절)에 따르면 오분류 비용이 동일한 경우 TECM(total expected cost of misclassification) 분류규칙에 대입하여 $p_jf_j(\boldsymbol{x})$ 또는 이와 동치인 $\ln p_jf_j(\boldsymbol{x})$를 최대로 하는 분류규칙은 관찰된 $\boldsymbol{x}_{o=(x_{o1}}, x_{o2}, \cdots, x_{op})^T$에 대해 다음과 같다.

$$\begin{aligned}\ln p_kf_k(\boldsymbol{x}_o)&=\ln p_k-\frac{p}{2}\ln(2\pi)-\frac{1}{2}|\Sigma_k|-\frac{1}{2}(\boldsymbol{x}_o-\boldsymbol{\mu}_k)^T\Sigma_k^{-1}(\boldsymbol{x}_o-\boldsymbol{\mu}_k)\Big]\\&=\max_j\ln p_jf_j(\boldsymbol{x}_o)\end{aligned} \qquad (5.1.2)$$

$\Rightarrow$ $\boldsymbol{x}_o$는 군집 C_k에 할당된다.

(5.1.2)로부터 모든 군집의 공분산행렬이 같은 경우와 다른 경우인 공분산행렬의 동질성검정에 따라 [정리 5.1.1]의 TECM 규칙에 따라 판별분석을 진행하게 된다.

[정리 5.1.1] TECM 분류규칙

관찰된 $\boldsymbol{x}_o = (x_{o1}, x_{o2}, \cdots, x_{op})^T$에 대해

(1) QDA(quadratic DA) : $\Sigma_1 \neq \cdots \neq \Sigma_g$

- 이차판별점수:

$$\widehat{Q}_j(\boldsymbol{x}) = -\frac{1}{2}\ln|S_j| - \frac{1}{2}(\boldsymbol{x} - \overline{\boldsymbol{x}}_j)^T S_j^{-1}(\boldsymbol{x} - \overline{\boldsymbol{x}}_j) + \ln p_j,\ j = 1, 2, \dots, g$$

$$\widehat{Q}_k(\boldsymbol{x}_o) = \max\{\widehat{Q}_1(\boldsymbol{x}_o), \widehat{Q}_2(\boldsymbol{x}_o), \dots, \widehat{Q}_g(\boldsymbol{x}_o)\}$$

$\Rightarrow \boldsymbol{x}_o$는 군집 C_k에 할당된다.

여기서 $\overline{\boldsymbol{x}}_j$와 S_j는 j번째 그룹의 평균벡터와 공분산행렬이다.

(2) LDA(linear DA) : $\Sigma_1 = \cdots = \Sigma_g$

- 선형판별점수:

$$\widehat{L}_j(\boldsymbol{x}) = \overline{\boldsymbol{x}}_j^T S_p^{-1}\boldsymbol{x} - \frac{1}{2}\overline{\boldsymbol{x}}_j^T S_p^{-1}\overline{\boldsymbol{x}}_j + \ln p_j,\ j = 1, 2, \dots, g$$

$$\widehat{L}_k(\boldsymbol{x}_o) = \max\{\widehat{L}_1(\boldsymbol{x}_o), \widehat{L}_2(\boldsymbol{x}_o), \dots, \widehat{L}_g(\boldsymbol{x}_o)\}$$

$\Rightarrow \boldsymbol{x}_o$는 군집 C_k에 할당된다.

여기서 $S_p = \sum_{j=1}^{g}(n_j - 1)S_j \,/\, \sum_{j=1}^{g}(n_j - 1)$는 합동공분산행렬이다.

[정리 5.1.1]을 실제로 적용하기 위해서는 먼저 다변량 자료가 다변량 정규분포를 하는 지를 검정해야 하는 데 최용석(2019, 2장)에 따르면 대표적으로 Mardia의 다변량 왜도(skewness)와 첨도(kurtosis)에 의해 이루어지며 library(MVN)의 함수 mvn()을 활용하면 된다. 다음으로 공분산행렬의 동질성검정은 library(biotools)의 함수 boxM()에 의한 박스 M-검정에 의해서 이루어진다(최용석, 2018, 표 6.3.1).

[정리 5.1.1]에서 판별점수들이 판별함수 역할을 하게 되는 데 판별함수의 평가와 관련하여 다음의 곁보기 오분류율에 의해서 이루어진다.

$$APER_g = \left(\frac{\sum_{j=1}^{g} (n_j - n_{jjC})}{\sum_{j=1}^{g} n_j} \right) \times 100\% \qquad (5.1.3)$$

여기서 n_j는 군집 C_j의 개체 수이고 n_{jjC}는 군집 C_j에서 나온 개체가 C_j로 정분류된 개수를 나타낸다.

일반적으로 (5.1.3)의 겉보기 오분류율 $APER_g$은 겉보기 오류율(apparent error rate)로 계산이 쉽고 직관적으로 명확하지만 최적오류율 실제보다 작게 추정하는 경향이 있다. 이는 표본크기가 큰 경우에도 변하지 않는데 본질적인 원인은 판별함수를 만드는데 사용된 자료를 판별함수의 평가에 그대로 이용하는 재대입법(resubstitution method, RSM) 때문이다. 재대입법의 대안으로 전체 표본을 훈련표본(training sample)과 타당성검사표본(validation sample)으로 나누어 전자로 판별함수를 만들고 후자로 이것의 분류규칙의 정도를 평가하는 교차타당성(cross-validation) 방법도 고려할 수 있다. 이 방법은 군집의 자료가 정규분포를 하지 않는 경우에도 유용하며 이 때 오분류율은 타당성검사표본에서 오분류된 비율로 정의한다. 이와 같은 방법을 교차타당성방법(cross-validation method, CVM)이라 한다. 이 방법은 오분류율에 대한 불편추정치를 제공하지만 표본크기가 비교적 커야 하며, 또한 분류함수를 구할 때 훈련표본(training sample)을 사용하여 모든 표본을 다 이용하는 것이 아니기 때문에 이러한 단점을 보완하여 교차타당성방법에 Lachenbruch의 홀드아웃절차(holdout procedure) 또는 잭나이프(Jacknife)를 활용한 방법이 자주 이용된다(최용석, 2018, 표 6.6.3). 교차타당성방법 CVM으로부터 다음으로 기대 오분류율를 계산한다.

$$EAER_g = \left(\frac{\sum_{j=1}^{g} n_{jM}^{(H)}}{\sum_{j=1}^{g} n_j} \right) \times 100\% \qquad (5.1.4)$$

여기서 n_j는 군집 C_j의 개체 수이고 $n_{jM}^{(H)}$는 군집 C_j에 오분류 되는 홀드아웃개체 수이다. 특히, (5.1.4)의 기대 오분류율은 기대실제오류율(expected actual error rate)이다.

R에서 DA를 위한 LDA와 QDA는 함수 lda()와 qda()에 의해서 각각 제공되며 오분류율은 디폴트인 재대입법 RSM은 (5.1.3)에 의해서 계산되며 옵션 CV=TRUE에 의해서 얻어지는 교차타당성방법 CVM은 (5.1.4)에 의해서 계산되어 진다.

형상분석에서 특히 여러 군집의 개체들의 형상을 비교를 위한 GPA 적합에서 지금까지 설명한 DA 적용을 위한 측정 변수로 개체들 형상의 중심크기와 리만거리를 들 수 있겠다. 특히 2장에서 세 그룹의 전체 쥐들의 척추 뼈 형상에 대한 리만거리를 이용하여 계량형과 비계량형 다차원척도법을 적용하여 각 그룹의 군집 유사성을 살펴보았다. 더 나아가 고차원의 자료의 경우 4장의 주성분분석 PCA 또는 독립성분분석 ICA으로부터 주성분이나 독립성분을 측정 변수로 사용할 수 있겠다. 여기서 쥐의 척추 뼈 자료와 손으로 쓴 숫자 3의 자료에 대해 중심크기와 리만거리, 주성분점수들 간의 상관관계를 다중 산점도를 통해 살펴본 바 있다. 4.3절에는 복소공간에서 중심크기와 PCA의 주성분점수와의 상관을 살펴보았고 4.4절에서는 PCA와 ICA의 주성분점수나 독립성분점수를 활용하여 쥐의 척추 뼈 자료의 세 그룹 형상의 군집과 오랑우탄의 암컷과 수컷의 두개골 형상에 대한 두 군집의 경향성을 살펴보았다. 더 나아가 5.4절과 5.5절에서는 형상들의 중심크기 상관이 높은 북스테인좌표와 탄젠트좌표를 판별분석에서 활용하고 있다.

[보기 5.1.1] 세 그룹 쥐 척추 뼈 형상분석에서 판별분석

[보기 4.4.1]에는 수학적 형상점 6개와 유사형상점 54개에 의한 총 60개 형상점으로 된 쥐의 세 그룹별 척추 뼈 형상의 형태행렬자료에 PCA를 적용하여 얻어진 PC1(제1주성분)과 PC2(제2주성분)의 주성분점수에 대한 2차원 그림과 ICA를 적용하여 얻어진 IC1(제1독립성분)과 IC2(제2독립성분)의 독립성분점수에 대한 2차원 그림을 통해 군집화의 경향성을 살펴보았다 특히, PC1(제1주성분)과 IC1(제1독립성분)의 점수가 크기-형상에서 중요한 역할을 하였음을 알고 있다. 이곳에서는 우선 세 그룹의 척추 뼈 형상의 크기, 리만거리, 제1주성분점수, 제2주성분점수, 제3주성분점수를 측정 변수로 판별분석을 실시하고자 한다. 전체 주성분 가운데 설명력이 높은 순서로 3개를 선택하여 74.1%의 설명력을 확보하였다.

[결과 5.1.1]을 보면 (1)에서 세 그룹(대조 그룹 30마리, 큰 그룹 23 마리, 작은 그룹 23마리)별 다변량 정규성의 결과 모두가 다 만족함을 보였다. (2)에서는 공분산행렬의 동질성검정에서 귀무가설 $H_0 : \Sigma_1 = \Sigma_2 = \Sigma_3$를 유의수준 5%에서 기각하기에 충분한 유의확률 $p-$값 = 0.000을 보여 주고 있다. 따라서 이로 인하여 이차판별분석 QDA를 실시하여 (3)에는 재대입법 RSM과 교차타당성방법 CVM에 의한 분류표를 통한 오분류율은 각각 11.84%와 18.42%로 CVM의 오분류율이 다소 높음을 보여주고 있다. 전체적으로 오분류율이 다소 높은 것은 [보기 2.2.2]의 다차원척도법이나 [보기 4.4.1]의 PCA와 ICA에서 작은 그룹은 나머지 대조 그룹과 큰 그룹으로부터 군집형성이 뚜렷했으나 대조 그룹과 큰 그룹의 군집은 서로 겹치는 개체가 제법 있었기 때문이다.

[R-코드 5.1.1](mice-QDAshapes.R)은 재대입법 RSM과 교차타당성방법 CVM에 따라 각각 함수 qda()를 이용하여 이차판별분석을 차례대로 제공하고 있다.

[R-코드 5.1.1] 세 그룹 쥐 척추 뼈 형상의 판별분석 (mice-QDAshapes.R)

```
## DA for mice
library(shapes)
data(mice)
data=mice$outlines # 60(6+54)x2x76
group=mice$group;group
# GPA and Making variables
data=procGPA(data, scale=FALSE)
PCs=data$scores # PCs scores
round(data$percent/sum(data$percent)*100, 2)
csize=data$size #cenroid size
rho=data$rho # Riemann distance
PC1s=data$scores[,1] # PC1 score
PC2s=data$scores[,2] # PC2 score
PC3s=data$scores[,3] # PC3 score

newdata=cbind(csize, rho, PC1s, PC2s, PC3s)
newdata=apply(newdata,2, as.numeric)

# Checking M-Normality
install.packages("MVN")
library(MVN)
cm=newdata[1:30,];lm=newdata[31:53,];sm=newdata[54:76,]
mvn(cm);mvn(lm);mvn(sm)

# Testing Homogeniety of Covarinace Matrices
install.packages("biotools")
library(biotools)
boxM(newdata, group)

# QDA with 3 groups : RSM with equal prior
newdata=data.frame(newdata, group)
QDA=qda(newdata$group~., data=newdata, prior=c(1,1,1)/3)
qcluster=predict(QDA, newdata)$class

# Confusion Table and APER
confusion=table(newdata$group, qcluster)
APER=(1-mean(newdata$group==qcluster))*100
list(confusion, APER)

# QDA with 3 groups : CVM with equal prior
QDA=qda(newdata$group~., data=newdata, prior=c(1,1,1)/3, CV=TRUE)

# Confusion Table and EAER
confusion=table(newdata$group, QDA$class)
EAER=(1-sum(diag(prop.table(confusion))))*100
list(confusion, EAER)
```

[결과 5.1.1] [R-코드 5.1.1]의 수행 결과 일부

(1) 세 그룹(대조 그룹, 큰 그룹, 작은 그룹)의 다변량 정규성 검정

```
> mvn(cm);mvn(lm);mvn(sm)

              Test          Statistic            p value Result
1 Mardia Skewness   47.7260330669349 0.0741367804943784    YES
2 Mardia Kurtosis  0.325115776210614  0.745093449313808    YES
3              MVN               <NA>               <NA>    YES

              Test          Statistic            p value Result
1 Mardia Skewness   47.1843648612351  0.081846856139335    YES
2 Mardia Kurtosis   1.09904860490263  0.271746865800648    YES
3              MVN               <NA>               <NA>    YES

              Test          Statistic            p value Result
1 Mardia Skewness   42.5286595439821  0.178568066622296    YES
2 Mardia Kurtosis  0.618284238010075  0.536387990071648    YES
3              MVN               <NA>               <NA>    YES
```

(2) 공분산행렬의 동질성 검정

```
> boxM(newdata, group)

        Box's M-test for Homogeneity of Covariance Matrices
data:  newdata[, -6]
Chi-Sq (approx.) = 127.32, df = 30, p-value = 5.906e-14
```

3) 분류표 및 오분류율

재대입법 RSM

```
> list(confusion, APER)
[[1]]
   qcluster
     1  2  3
  1 26  4  0
  2  3 19  1
  3  1  0 22

[[2]]
[1] 11.84
```

교차타당성방법 CVM

```
> list(confusion, EAER)
[[1]]

     1  2  3
  1 25  5  0
  2  3 19  1
  3  2  3 18

[[2]]
[1] 18.42105
```

[보기 5.1.2] 오랑우탄 암수 두개골 형상분석을 위한 판별분석

[보기 2.3.2]와 [보기 4.4.2]에서 우랑우탄 수컷(30마리)과 암컷(24마리)에 따른 두개골 형상 차이를 살펴보기 위해 리만 형상거리에 대한 다차원척도법을 통해 개체 간의 유사성과 PCA와 ICA를 통해 주성분점수(제1주성분과 제2주성분)과 독립성분 점수(제1독립성분과 제2독립성분)의 2차원 그림을 통해 암컷과 수컷의 두개골 형상의 그룹을 살펴보았다. 여기서는 군집을 잘 판단할 판별분석을 위해 측정변수로 중심크기, 리만거리에 함수 fastICA()에서 제공하는 ICA의 독립성분점수(제1독립성분과 제2독립성분)를 사용하려 한다. 이를 위해 자료는 pongom.dat(오랑우탄 숫컷)과 pongof.data(오랑우탄 암컷)을 사용하였다.

[결과 5.1.2]을 보면 (1)에서 두 그룹(암컷 24마리, 숫컷 30마리)별 다변량 정규성의 결과 모두가 다 만족함을 보였다. (2)에서는 공분산행렬의 동질성검정에서는 유의확률 $p-$값 $= 1.29\times10^{-5}$은 거의 0.000에 가까워 귀무가설 $H_0 : \Sigma_1 = \Sigma_2$를 유의수준 5%에서 기각하기에 충분하므로 공분산이 다름을 보여준다. 따라서 이차판별분석 QDA를 실시하여 (3)에는 재대입법 RSM과 교차타당성방법 CVM에 의한 분류표를 통한 오분류율은 각각 0.00%와 3.70%로 CVM의 오분류율이 더 높음을 보여주고 있다. 전체적으로 오분류율이 매우 낮은 것은 [보기 2.3.2]의 다차원척도법이나 [보기 4.4.2]의 PCA와 ICA에서 오랑우탄 암컷과 수컷의 군집화가 뚜렷했기 때문이다.

[R-코드 5.1.2](orang-QDAshapes.R)을 참고 바라며 이차판별분석을 위한 함수 qda()에서 디폴트 재대입법 RSM과 교차타당성방법 CVM에 따라 결과가 제공된다.

[R-코드 5.1.2] 오랑우탄 암수 두개골 형상의 판별분석 (orang-QDAshapes.R)

```
## ICA and PCA for Orang Utan
library(shapes)
library(fastICA)

pongof.dat # 24 Females
pongom.dat # 30 Males

# ICA and Making variables
data=array(data=c(pongof.dat,pongom.dat), dim=c(8,2,54))
group=c(rep("f",24), rep("m",30))
data=procGPA(data, scale=FALSE)
PCs=data$scores # PCs scores
csize=data$size #cenroid size
rho=data$rho# Riemann distance
was=fastICA(PCs, 2)
IC1s=was$S[,1] # IC1s score
IC2s=was$S[,2] # IC2s score

newdata=cbind(csize, rho, IC1s, IC2s)
newdata=apply(newdata,2, as.numeric)

# Checking M-Normality
f=newdata[1:24,];m=newdata[25:54,]
mvn(f)
mvn(m)

# Testing Homogeniety of Covarinace Matrices
# install.packages("biotools")
library(biotools)
boxM(newdata, group)

# QDA with 3 groups : RSM with equal prior
newdata=data.frame(newdata, group)
QDA=qda(newdata$group~., data=newdata, prior=c(1,1)/2)
qcluster=predict(QDA, newdata)$class

# Confusion Table and APER
confusion=table(newdata$group, qcluster)
APER=(1-mean(newdata$group==qcluster))*100
list(confusion, APER)
```

[결과 5.1.2] [R-코드 5.1.2]의 수행 결과 일부

(1) 두 그룹(암컷, 수컷)의 다변량 정규성 검정

```
> mvn(f)
               Test             Statistic            p value  Result
1 Mardia Skewness    27.6687012342486  0.117476798402249   YES
2 Mardia Kurtosis  0.0137719413799422  0.989011927946382   YES
3               MVN               <NA>               <NA>   YES

> mvn(m)
               Test             Statistic            p value  Result
1 Mardia Skewness    26.8335165451497  0.140013196646273   YES
2 Mardia Kurtosis  -0.205618667273329  0.837088794722566   YES
3               MVN               <NA>               <NA>   YES
```

(2) 공분산행렬의 동질성 검정

```
> boxM(newdata, group)

        Box's M-test for Homogeneity of Covariance Matrices
data:  newdata
Chi-Sq (approx.) = 40.671, df = 10, p-value = 1.29e-05
```

3) 오분류율

재대입법 RSM

```
> list(confusion, APER)
[[1]]
    qcluster
      f  m
  f  24  0
  m   0 30

[[2]]
[1] 0
```

교차타당성방법 CVM

```
> list(confusion, EAER)
[[1]]

      f  m
  f  22  2
  m   0 30

[[2]]
[1] 3.703704
```

5.1절에서는 형상분석에서 형상들의 중심크기, 리만거리, PCA와 ICA의 주성분 점수와 독립성분점수에 대한 다변량 정규성과 공분산행렬의 동질성을 검정을 통해 선형판별함수를 사용하거나 이차판별함수를 사용하는 LAD와 QDA의 전통적 판별분석을 살펴보았다. 다음으로 5.2절에서는 분포의 성질에 무관한 서포트벡터머신 SVM 판별분석을 적용해 보고자 한다. 일반적으로 전통적 판별분석에서 형상의 군집이 불분명하게 구분이 잘 되지 않는 경우에 대해 SVM 판별분석이 훨씬 더 분류를 완벽하게 잘 수행하는 것으로 알려져 있다.

5.2 SVM 판별분석

5.1절에서 형상분석에서 개체들의 형상에 대해 암컷과 수컷 두 그룹의 고릴라자료 또는 세 그룹(작은 그룹, 큰 그룹, 대조 그룹) 쥐의 척추 뼈 자료와 같이 군집화되어 있는 경우를 전통적 판별분석으로 LDA 또는 QDA를 살펴보았다. 이는 다변량 정규분포를 만족해야 하고 공분산행렬의 동질성에 대한 검정을 거쳐야 하는 조건이 있다. 이 절에서는 자료의 분포에 대한 정보를 몰라도 적용 가능한 기계학습(machine learning) 중에서 지도학습(supervised learning) 알고리즘인 서포트벡터머신(support vector machine, SVM)을 소개한다. 원래 SVM은 문서에서 사용되는 언어의 판별 또는 주제별 문서 분류와 같은 텍스트 분류에 자주 사용된다. 특히, 기계학습 분야 중에 많은 지도 학습 알고리즘이 있지만 Cortes와 Vapnik(1995)에 의해 제안된 SVM의 장점은 분류에 있어서 학습 시간이 데이터 개수와 무관하며, 기존의 분류 방법인 전통적 판별분석과 로지스틱 회귀분석보다 일반적으로 예측력이 높다고 알려져 있다.

n쌍의 훈련자료(training data)의 쌍 $(\boldsymbol{x}_1, y_1), \dots, (\boldsymbol{x}_n, y_n)$이 (5.2.1)의 집합을 만족한다고 하자.

$$\mathcal{L} = \{(\boldsymbol{x}_i, y_i) : i = 1, \dots, n\}, \text{ s.t } \boldsymbol{x}_i \in \mathbb{R}^p, \; y_i \in \{-1, 1\} \tag{5.2.1}$$

그러면 [그림 5.2.1]-(a)와 같이 공간에 점(•)과 원(◦)으로 표시되는 (5.2.1)의 집합의 자료들 사이에 공간을 나눠 양쪽에 균등한 경계를 생성하는데, 이 경계를 초평면(hyperplane) H라 하고 (5.2.2)와 같이 정의할 수 있다. 여기서 함수 $f(\cdot)$는 찾고자 하는 선형 분류함수이고 $\boldsymbol{x}=(x_1,\ldots,x_p)^T$는 p차원 변수벡터이고 $\boldsymbol{\beta}=(\beta_1,\ldots,\beta_p)^T$는 가중치 모수 벡터이고, β_0는 편차인 절편항이다.

$$H=\left\{\boldsymbol{x}:f(x)=\beta_0+\boldsymbol{x}^T\boldsymbol{\beta}\right\} \tag{5.2.2}$$

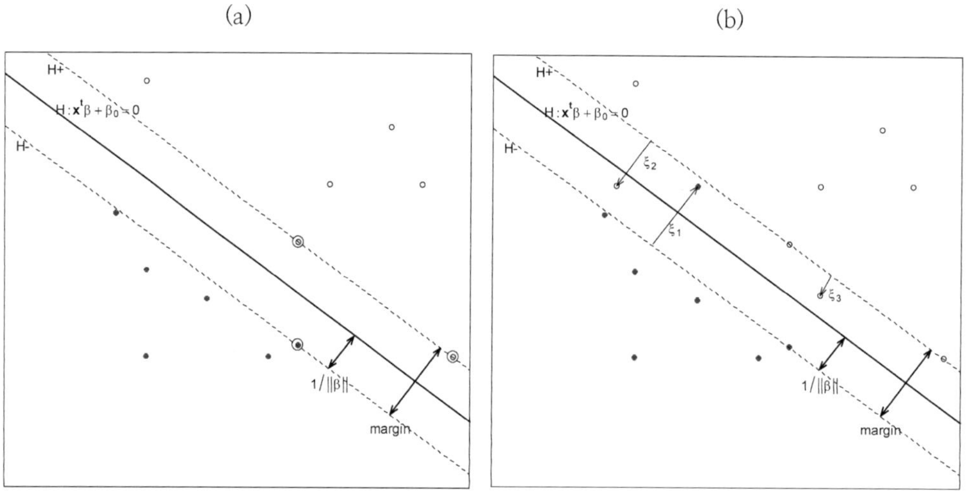

[그림 5.2.1] 초평면 H를 기준으로 자료들이
(a) 선형적으로 완전히 분리된 경우 (b) 선형적으로 완전히 분리 되지 않은 경우

SVM은 초평면 H의 경계 조건을 (5.2.3)처럼 정의 한다면

$$H_+:\left\{\boldsymbol{x}:\beta_0+\boldsymbol{x}^T\boldsymbol{\beta}=+1\right\},\ H_-:\left\{\boldsymbol{x}:\beta_0+\boldsymbol{x}^T\boldsymbol{\beta}=-1\right\} \tag{5.2.3}$$

두 경계에 있는 자료를 서포트벡터라 하는 데 이것과의 거리를 뜻하는 마진(margin)을 최대로 하는 초평면을 찾아 범주를 나눈다. 마진을 최대로 하는 [그림 5.2.1]의 실선인 최적의 초평면 H를 최대 마진 초평면(maximum margin hyperplane)

이라고 한다. 여기서 두 개의 초평면 H_+와 H_- 사이의 거리 최대 마진은 $2/\|\beta\|$임을 알 수 있다. 이 거리를 최대화시키기 위해서는 $\|\beta\|^2$부분을 최소화시켜야 한다. 두 범주 사이에서 최대 마진 초평면을 찾는 문제는 (5.2.4)와 같이 최소로 하는 β와 β_0를 찾는 최적화 문제가 된다.

$$\min_{\beta,\beta_0} \frac{1}{2}\|\boldsymbol{\beta}\|^2 \;\; s.t \;\; y_i(\beta_0 + \boldsymbol{x}_i^T\boldsymbol{\beta}) \geq 1,\; i = 1, \dots, n \qquad (5.2.4)$$

이는 원문제(primal problem) 최적화로 라그랑지함수 $L_p(\beta_0, \boldsymbol{\beta}, \boldsymbol{\alpha})$에 의해서 모수 $\boldsymbol{\beta}$와 β_0에 대한 최솟값 $\sum_{i=1}^{n}\alpha_i y_i = 0$와 $\hat{\boldsymbol{\beta}} = \sum_{i=1}^{n}\alpha_i y_i \boldsymbol{x}_i$를 찾게 된다. 이를 라그랑지함수에 대입하면 다음의 행렬형태의 쌍대문제(dual problem)가 된다.

$$L_d(\alpha) = 1_n^T\boldsymbol{\alpha} - \frac{1}{2}\boldsymbol{\alpha}^T H\boldsymbol{\alpha} \;\; s.t \;\; \boldsymbol{\alpha} \geq 0,\, \boldsymbol{\alpha}^T\boldsymbol{y} = 0 \qquad (5.2.5)$$

여기서 $\boldsymbol{y} = (y_1, \dots, y_n)^T$, $H = (h_{ij})$는 $h_{ij} = y_i y_j(\boldsymbol{x}_i^T\boldsymbol{x}_j)$를 원소를 가지는 $n \times n$ 행렬이고 $\boldsymbol{\alpha} = (\alpha_1, \dots, \alpha_n)^T$이다. (5.2.5)를 최대화하는 $\hat{\boldsymbol{\alpha}} = (\widehat{\alpha_1}, \dots, \widehat{\alpha_n})^T$을 가지고 적합 가중벡터를 $\hat{\boldsymbol{\beta}} = \sum_{i=1}^{n}\widehat{\alpha_i}y_i\boldsymbol{x}_i$ 구하게 된다. 따라서 분류함수는 $\widehat{f}(\boldsymbol{x}) = \widehat{\beta_0} + \boldsymbol{x}^T\hat{\boldsymbol{\beta}}$로 추정된다.

그러나 현실적으로 훈련자료들은 [그림 5.2.1]-(b)와 같이 완전히 선형적으로 분리하기는 어렵고 (5.2.5)의 해가 존재하지 않는다. 이를 해결하기 위한 최적화 문제는 (5.2.4)에 여분변수(slack variable) ξ_i를 부여하면 (5.2.6)처럼 최소로 하는 $\boldsymbol{\beta}$와 β_0를 찾는 최적화 문제를 고려하면 된다.

$$\min_{\beta,\beta_0} \frac{1}{2}\|\boldsymbol{\beta}\|^2 + c\sum_{i=1}^{n}\xi_i \;\; s.t \;\; \xi_i \geq 0,\; y_i(\beta_0 + \boldsymbol{x}_i^T\boldsymbol{\beta}) \geq 1 - \xi_i,\, i = 1, \dots, n \qquad (5.2.6)$$

여기서 $\xi_i \geq 0$는 다른 범주 영역에 속하는 경우 초평면에서 떨어진 거리에 비례한 페널티(penalty)가 되고 $c > 0$는 비용 모수(cost parameter)로써 페널티를 조정하는 역할을 한다. (5.2.6)의 최적화 문제에 라그랑지승수 α_i를 도입하고 원문제를 풀면 다음과 같은 쌍대문제 (5.2.7)의 행렬표현을 얻게 된다.

$$L_d(\alpha) = 1_n^T\boldsymbol{\alpha} - \frac{1}{2}\boldsymbol{\alpha}^T H\boldsymbol{\alpha} \;\; s.t \;\; \boldsymbol{\alpha} \geq 0,\, \boldsymbol{\alpha}^T\boldsymbol{y} = 0,\; \mathbf{0} \leq \boldsymbol{\alpha} \leq c1_n \qquad (5.2.7)$$

(5.2.5)의 분리 가능한 경우와 비교할 때 (5.2.7)의 제약식 부분에 α_i의 상한값으로 c가 추가되는 차이점이 있다. c가 작아지면 마진폭이 커지게 되고 c가 커지면 마진폭이 줄어들어 c가 커지면 완전한 분류를 해내는 것이 더욱 어려워지게 된다.

지금까지는 SVM 분류는 그룹간의 경계가 선형적 인 것에 기반을 둔 선형 SVM에 대하여 설명하였다. 그러나 변수 간의 관계는 비선형적이기 때문에, 선형으로 분리를 할 때 범주를 효과적으로 분리하기 어려운 문제가 생긴다.

일반적으로 훈련자료가 비선형일 때 고차원의 특성 공간인 힐버트공간(Hilber space)으로 변환하여 선형문제로 근사시킬 수 있다. 이를 위해서 p차원의 변수벡터 $\boldsymbol{x} = (x_1, \ldots, x_p)^T$를 힐버트공간으로 옮기는 함수를 $\Phi(\boldsymbol{x})$라 하면 변환된 자료는 (5.2.8)를 만족한다.

$$\mathcal{L}_H = \{(\Phi(\boldsymbol{x}_i), y_i) : i = 1, \ldots, n\},\; s.t \;\; \boldsymbol{x}_i \in \mathbb{R}^p,\, y_i \in \{-1, 1\} \qquad (5.2.8)$$

선형 분리를 위한 SVM 알고리즘에서 $\boldsymbol{x}_i$ 대신에 $\Phi(\boldsymbol{x}_i)$를 고려하면 다음의 최적화문제

$$\min_{\beta, \beta_0} \frac{1}{2}\|\boldsymbol{\beta}\|^2 + c\sum_{i=1}^{n}\xi_i \;\; s.t \;\; \xi_i \geq 0,\, y_i(\beta_0 + \Phi(\boldsymbol{x}_i)^T\boldsymbol{\beta}) \geq 1 - \xi_i, \quad i = 1, \ldots, n \qquad (5.2.9)$$

를 고려하게 된다. 따라서 추정하고자 하는 분류함수는 $f(\boldsymbol{x}) = \beta_0 + \Phi(\boldsymbol{x})^T\boldsymbol{\beta}$이며 내적 $< \Phi(\boldsymbol{x}_i), \Phi(\boldsymbol{x}_j) > = \Phi(\boldsymbol{x}_i)^T\Phi(\boldsymbol{x}_j)$은 계산의 복잡성으로 [표 5.2.1]과 같이 Izenman (2008, Table 11.1)의 몇 가지 커널함수 $K(\boldsymbol{x}, \boldsymbol{y})$에 의해서 원자료를 이용하여 다음을 만족하여 내적을 계산하기 쉽도록 얻어진다.

$$K(\boldsymbol{x}, \boldsymbol{y}) = \ < \Phi(\boldsymbol{x}), \Phi(\boldsymbol{y}) >$$

여기서 대표적 커널로 가우스RBF커널 (gaussian radial basis kernel), 다항커널 (polynomial kernel), 시그모이드커널(sigmoid kernel)이 있다. 분류성능이 뛰어나고 많은 유형의 데이터에 적용이 된다고 알려진 가우스 RBF 커널을 사용한다.

[표 5.2.1] 커널함수 : $K(x, y)$, $x, y \in \boldsymbol{R}^p$, 크기모수 $\gamma > 0$, 상수 d와 $c_0 \geq 0$.

커널 종류	$K(\boldsymbol{x}, \boldsymbol{y})$	모수
선형커널	$\boldsymbol{x}^T\boldsymbol{y}$	없음
다항커널	$(\gamma\boldsymbol{x}^T\boldsymbol{y} + c_0)^d$	γ, d, c_0
가우스RBF커널	$\exp(-\gamma\lvert\boldsymbol{x} - \boldsymbol{y}\rvert^2)$	γ
시그모이드커널	$\tanh(\gamma\boldsymbol{x}^T\boldsymbol{y} + c_0)$	γ, c_0

따라서 분류함수는 다음과 같이 커널함수를 적용한 (5.2.10)을 얻게 된다.

$$\widehat{f}(\boldsymbol{x}) = \widehat{\beta_0} + \sum_{i=1}^{n} \widehat{\alpha_i} y_i K(\boldsymbol{x}_i, \boldsymbol{x}) \tag{5.2.10}$$

끝으로 시험자료(test data) $\boldsymbol{x}$에 대한 분류는 (5.2.10)에서 $\widehat{f}(\boldsymbol{x})$의 부호에 따라 2개의 범주로 분류한다. 그러나 기본적으로 SVM은 이진 분류기이기 때문에 범주가 g개인 경우를 고려해야 한다. 범주 값 $y_i \in \{1, \ldots, g\}$에서 여러 개의 SVM을 조합하여 초평면 결정함수 $\widehat{f}(\boldsymbol{x})$를 추정해야 하며 일대다(one against the rest) 방법과 일대일(one against one) 방법이 있다. 이에 대한 자세한 내용은 정호영(2018)을 참고 바란다.

형상분석에서 5.1절의 전통적 DA를 적용하는 대신에 이 절에서의 요약 정리한 SVM를 적용해 보고자 한다. 특히 여러 군집의 개체들의 형상을 비교를 위한 GPA 적합에서 지금까지 설명한 측정 변수로 개체들 형상의 중심크기, 리만거리, PCA와 ICA의 주성분점수나 독립성분점수를 활용하도록 하자. 특히 [보기 5.1.1] 쥐의 척추 뼈 자료의 세 그룹 형상의 군집과 [보기 5.1.2] 오랑우탄의 암컷과 수컷의 두개골 형상에 대한 두 군집의 경향성에 대하여 SVM을 적용하고 판별해 보기로 하자.

SVM은 James 외(2013, Chapter 9)에 따르면 R의 library(e1071)에서 함수 svm()에 의해서 제공되며 여기에 필요한 적합 비용모수의 값과 선형커널을 제외한 나머지 커널함수의 감마(gamma)모수의 값은 함수 tune.svm()에 의해서 제공된다. 이 함수는 10겹 교차타당성평가를 사용하며 특히 [보기 5.2.1]과 [보기 5.2.2]에서는 감마는 0.5, 1.0, 2.0에서 비용은 4, 8, 16으로 이들 9가지 조합가운데 가운데 최적의 조합 값을 선택하도록 범위를 제한하였다. 더불어 커널함수에 대한 옵션으로 kernel = "linear"/ "polynomial"/"radial"/"sigmoid"가 있으며 특히 감마모수는 [표 5.2.1]에서 보는 바와 같이 선형커널의 경우 존재하지 않는다. 그리고 상수 c_0 는 다중커널과 시그모이드커널의 경우 디폴트 값이 0이다.

[보기 5.2.1] 세 그룹 쥐 척추 뼈 형상분석에서 SVM 판별분석

[보기 5.1.1]에는 쥐의 세 그룹별 척추 뼈 형상의 형태행렬자료에 PCA를 적용하여 얻어진 제1주성분점수, 제2주성분점수, 제3주성분점수, 형상의 중심크기와 리만거리 를 측정변수로 이차판별분석 QDA를 실시하였다. 그 결과 재대입법 RSM과 교차타당성방법 CVM에 의한 오분류율은 각각 11.84%와 18.42%로 다소 높았다.

이번에는 동일한 5가지 측정변수(제1주성분점수, 제2주성분점수, 제3주성분점수, 형상의 중심크기와 리만거리)로 SVM을 적용한 [결과 5.2.1]-(1)을 보면 가우스RBF 커널함수를 이용하고 함수 tune.svm()에서 옵션 gamma = 2^(-1:1)와 cost=2^(2:4)에 의해서 최적의 비용모수의 값 cost = 16과 감마모수 값 gamma = 1을 제공한다. (2)에서 분류표와 오분류율을 보면 쥐의 세 그룹이 SVM 판별 함수에 의해서 잘 예측되고 분류가 완벽하게 이루어졌고 오분류율도 0%임을 알 수 있다. [R-코드 5.2.1](mice- SVMshapes.R)을 참고 바라며 tune.svm()과 함수 svm()에서 가우스 RBF커널함수를 위해 옵션 kernel="radial"를 사용하고 있다.

[R-코드 5.2.1] 세 그룹 쥐 척추 뼈 형상분석을 위한 SVM (mice-SVMshapes.R)

```
## SVM for Mices
install.packages("e1071")
library(e1071)
library(shapes)

data(mice)
data=mice$outlines # 60(6+54)x2x76
group=mice$group;group

# GPA and Making variables
data=procGPA(data, scale=FALSE)
PCs=data$scores # PCs scores
round(data$percent/sum(data$percent)*100, 2)
csize=data$size #cenroid size
rho=data$rho # Riemann distance
PC1s=data$scores[,1] # PC1 score
PC2s=data$scores[,2] # PC2 score
PC3s=data$scores[,3] # PC3 score

newdata=cbind(csize, rho, PC1s, PC2s, PC3s)
newdata=apply(newdata,2, as.numeric)
newdata=data.frame(newdata, group)

## choice of gamma and cost parameters
tune.out=tune.svm(group~., data=newdata, kernel="radial",
gamma = 2^(-1:1), cost=2^(2:4))
summary(tune.out)

# SVM fit in RBF kernel
svmfit=svm(group~., data=newdata, kernel="radial",
   gamma=1, cost=16, scale=F)
summary(svmfit)

# Performance
svmfit$index
ypred=predict(svmfit, newdata)
table(truth=newdata$group, predict=ypred)
(1-mean(group==ypred))*100
```

[결과 5.2.1] [R-코드 5.2.1]의 수행 결과 일부

(1) 감마모수와 비용모수의 선택

```
> summary(tune.out)

Parameter tuning of 'svm':

- sampling method: 10-fold cross validation

- best parameters:
  gamma cost
      1   16

- best performance: 0.2303571

- Detailed performance results:
  gamma cost     error dispersion
1   0.5    4 0.2714286 0.1826518
2   1.0    4 0.2714286 0.1728857
3   2.0    4 0.3089286 0.2053442
4   0.5    8 0.2732143 0.1531625
5   1.0    8 0.2589286 0.1584385
6   2.0    8 0.3089286 0.2361603
7   0.5   16 0.2482143 0.1434635
8   1.0   16 0.2303571 0.1900013
9   2.0   16 0.2964286 0.2428396
```

(2) 분류표 및 오분류율

```
> table(truth=newdata$group, predict=ypred)
     predict
truth  c  l  s
    c 30  0  0
    l  0 23  0
    s  0  0 23

> (1-mean(group==ypred))*100
[1] 0
```

[보기 5.2.2] 오랑우탄 암수 두개골 형상분석에서 SVM 판별분석

[보기 5.1.2]에서 오랑우탄 수컷(30마리)과 암컷(24마리)에 따른 두개골 형상 차이를 살펴보기 위해 판별분석을 적용하였다. 측정변수로 중심크기, 리만거리에 함수 fastICA()에서 제공하는 ICA의 독립성분점수(제1독립성분과 제2독립성분)를 사용하였다. 이차판별분석 QDA를 실시하였고 재대입법 RSM과 교차타당성방법 CVM에 의한 오분류율 0.00%와 3.70%을 보였고 특히 CVM 오분류율이 제법 높았다.

이번에는 동일한 4가지 측정변수(제1독립성분, 제2독립성분, 중심크기, 리만거리)로 SVM을 적용한 [결과 5.2.2]_(1)은 가우스RBF커널 커널함수를 이용하고 함수 tune.svm()에서 제공한 최적의 비용모수의 값 4와 감마모수 값 2를 제공한다. (2)에서 오분류율 0%는 오랑우탄 수컷(30마리)과 암컷(24마리)를 SVM의 판별함수에 의해서 잘 예측되고 분류가 완벽하게 이루어졌음을 보여준다. [R-코드 5.2.2](orang-SVMshapes.R)을 참고 바란다.

[R-코드 5.2.2] 오랑우탄 암수 두개골 형상의 SVM 판별분석 (orang-SVMshapes.R)

```
## SVM for Orang Utan
library(e1071)
library(shapes)
library(fastICA)

pongof.dat # 24 Females
pongom.dat # 30 Males

# ICA and Making variables
data=array(data=c(pongof.dat,pongom.dat), dim=c(8,2,54))
group=c(rep("f",24), rep("m",30))
data=procGPA(data, scale=FALSE)
PCs=data$scores # PCs scores
csize=data$size #cenroid size
rho=data$rho# Riemann distance
was=fastICA(PCs, 2)
IC1s=was$S[,1] # IC1s score
IC2s=was$S[,2] # IC2s score

newdata=cbind(csize, rho, IC1s, IC2s)
newdata=apply(newdata,2, as.numeric)
newdata=data.frame(newdata, group)

## choice of gamma and cost parameters
tune.out=tune.svm(group~., data=newdata, kernel="radial",
gamma = 2^(-1:1), cost=2^(2:4))
summary(tune.out)

# SVM fit in RBF kernel
svmfit=svm(group~., data=newdata, kernel="radial",
   gamma=2, cost=4, scale=F)
summary(svmfit)

# Performance
svmfit$index
ypred=predict(svmfit, newdata)
table(truth=newdata$group, predict=ypred)
(1-mean(group==ypred))*100
```

[결과 5.2.2] [R-코드 5.2.2]의 수행 결과 일부

(1) 감마모수와 비용모수의 선택

```
> summary(tune.out)

Parameter tuning of 'svm':

- sampling method: 10-fold cross validation

- best parameters:
 gamma cost
     2    4

- best performance: 0.01666667

- Detailed performance results:
  gamma cost      error dispersion
1   0.5    4 0.06000000 0.13498971
2   1.0    4 0.02000000 0.06324555
3   2.0    4 0.01666667 0.05270463
4   0.5    8 0.04000000 0.12649111
5   1.0    8 0.02000000 0.06324555
6   2.0    8 0.01666667 0.05270463
7   0.5   16 0.04000000 0.12649111
8   1.0   16 0.02000000 0.06324555
9   2.0   16 0.01666667 0.05270463
```

(2) 분류표 및 오분류율

```
> table(truth=newdata$group, predict=ypred)
     predict
truth  f  m
    f 24  0
    m  0 30

> (1-mean(group==ypred))*100
[1] 0
```

5.1절에서는 형상분석에서 형상들의 중심크기, 리만거리, PCA와 ICA의 주성분 점수와 독립성분점수에 대한 다변량 정규성과 공분산행렬의 동질성의 검정을 통해 선형판별함수를 사용하거나 이차판별함수를 사용하는 LDA와 QDA의 전통적 판별분석을 살펴보았다. 5.2절에서는 분포의 성질에 무관한 서포트벡터머신 SVM 판별분석을 적용해 보았다. 그 결과 [보기 5.1.1]과 [보기 5.1.2] 그리고 [보기 5.2.1]과 [보기 5.2.2]에 따르면 형상의 군집이 불분명하게 선형적으로 구분이 잘 되지 않는 경우 SVM 판별분석이 훨씬 더 분류를 완벽하게 잘 수행함을 보여 주었다.

5.3 OPSS에 의한 판별분석

Kim 외(2010)는 통계적 형상분석에서 프로크러스티즈 통계량(Procrustes statistic)을 활용하여 판별분석을 시도 하였다. 이 통계량은 [정리 3.2.1]의 OPA 적합을 시도하여 얻어진 보통프로크러스티즈제곱합(ordinary Procrustes sum of square, OPSS)을 적용하는 것과 일치한다.

이 절에서는 이를 정의하고 요약 적용하려 한다. 먼저 g개 형상 군집 $C_1, \ldots, C_g$의 $k \times m$인 형태행렬 $X_{j1}, \ldots, X_{jn_j}$, $j = 1, \ldots, g$을 고려하자. 여기서 j번째 군집 C_j의 형태행렬 X_{ji}, $i = 1, \ldots, n_j$로부터 3장의 [정리 3.3.1] GPA 적합방법에 의한 (3.3.4)의 각 군집별 평균형상을 구하면 (5.3.1)과 같다.

$$\widehat{\mu_j} = \frac{1}{n} \sum_{i=1}^{n} \widehat{X_{ji}}, \; j = 1, \ldots, g \tag{5.3.1}$$

여기서 $\widehat{X_{ji}} = \hat{\beta}_{ji} X_{ji} \hat{\Gamma}_{ji} + 1_k \widehat{\alpha_j}^T, i = 1, \ldots, n_j$는 GPA에 의한 적합좌표이다.

다음으로 (5.3.1)의 평균형상 $\widehat{\mu_j}$과 형태행렬 X_{ji}, $i = 1, \ldots, n_j$간의 [정리 3.2.1]의 OPA $X_{ji} \to \widehat{\mu_j}$을 시도하여 얻어진 (5.3.2)의 보통프로크러스티즈제곱합 $OPSS$

$$O_P(X_{ji}, \widehat{\mu_j}) = \| \widehat{\mu_j} - \hat{\beta}_{ji} X_{ji} \hat{\Gamma}_i \|^2, \;\; X_{ji}, \widehat{\mu_j} \in C_j \tag{5.3.2}$$

를 고려할 수 있다. Kim 외(2010)는 (5.3.2)를 프로크러스티즈 통계량이라 하고 표기로 $PS(X_{ji}, \widehat{\mu_j})$를 사용하였고 이 외에도 비록 두 형상간의 일치성을 위한 (5.3.3) $\gamma-$계수와 (5.3.4) $RV-$계수를 GPA 적합 후에 (5.3.2)의 $OPSS$와 같이 사용할 수 있음을 언급하고 있다. GPA에 의한 적합좌표 $\widehat{X_{ji}} = \widehat{\beta}_{ji} X_{ji} \widehat{\Gamma}_{ji} + 1_k \widehat{\alpha_j}^T$, $i = 1, \dots, n_j$와 GPA 적합 평균형상, $\widehat{\mu_j}$, $j = 1, \dots, g$에 대해서

$$\gamma = 1 - \frac{\left[tr\left(\widehat{\mu_j}^T \widehat{X}_{ji} \widehat{X}_{ji}^T \widehat{\mu_j}\right)^{1/2} \right]^2}{tr\left(\widehat{\mu_j}^T \widehat{\mu_j}\right) tr\left(\widehat{X}_{ji}^T \widehat{X}_{ji}\right)} \tag{5.3.3}$$

$$RV(\widehat{X_{ji}}, \widehat{\mu_j}) = \frac{tr\left(\widehat{X}_{ji} \widehat{\mu_j}^T \widehat{\mu_j} \widehat{X}_{ji}^T \right)}{\left[tr\left(\widehat{X}_{ji} \widehat{X}_{ji}^T\right) tr\left(\widehat{\mu}_j \widehat{\mu_j}^T\right)\right]^{1/2}} \tag{5.3.4}$$

3장에서 다변량통계학의 시각화와 관련된 기법에서 다양한 알고리즘에 의한 그림의 형상을 비교를 위해 $OPSS$의 활용에 대하여 요약한 바가 있다. 여기서는 $OPSS$를 이용하여 여러 군집의 형상을 판별하고 분류하는 데 [정리 5.3.1]을 활용하려 한다.

[정리 5.3.1] **$OPSS$ 분류규칙**

군집 C_j의 관찰된 형태행렬 X_{ji}, $i = 1, \dots, n_j$에 대해 GPA 적합 평균형상 $\widehat{\mu_j}$, $j = 1, \dots, g$ 각각에 대하여

$$O_P(X_{ji}, \widehat{\mu_j}) \le O_P(X_{ji}, \widehat{\mu_l}),\ l \ne j$$

$\Rightarrow X_{ji}$는 군집 C_j에 할당된다.

[정리 5.3.1]에 의한 판별과 분류 다음으로 각 군집의 형태행렬과 평균형상과 형상변동(shape variability)를 측정할 측도로 (5.3.2)의 프로크러스티즈 통계량의 평균(mean of Procrustes statistics, MPS)를 고려하기로 하자.

$$MPS(X_j., \hat{\mu}_j) = \frac{1}{n_j}\sum_{i=1}^{n_j} O_P(X_{ji}, \hat{\mu}_j),\ j = 1, \ldots, g \tag{5.3.5}$$

$$RMS(X_j., \hat{\mu}_j) = \sqrt{\frac{1}{n_j}\sum_{i=1}^{n_j} \| vec\left(\hat{X}_{ji}\right) - vec\left(\hat{\mu}_j\right) \|^2},\ j = 1, \ldots, g \tag{5.3.6}$$

[정리 4.2.2]의 (4.2.6)에서와 같이 형상변동의 전체측도인 평균제곱근 RMS를 이용하여 그룹 C_j의 GPA 적합좌표 $\hat{X}_{j1}, \ldots, \hat{X}_{jn_j}$과 추정된 평균형상 $\hat{\mu}_j$의 벡터화 간의 제곱유클리드거리를 고려하면 (5.3.6)과 같은 각 그룹별 RMS를 정의 할 수 있다. 실제 이는 MPS의 제곱근임을 쉽게 알 수 있다.

[보기 5.3.1] 세 그룹 쥐 척추 뼈 형상분석에서 OPSS에 의한 판별분석

[보기 5.1.1]과 [보기 5.2.1]에는 쥐의 세 그룹별 척추 뼈 형상의 형태행렬자료에 PCA를 적용한 제1주성분점수, 제2주성분점수, 제3주성분점수, 형상의 중심크기와 리만거리를 가지고 이차판별분석 QDA와 SVM 판별분석을 실시하였다. 그 결과 재대입법 RSM과 교차타당성방법 CVM의 오분류율이 11.84%와 18.42%로 다소 높았고 SVM에서는 오분류율도 0%임을 알 수 있다. 이번에는 여러 군집의 형태행렬이 있을 때 각 군집별 형태행렬의 GPA 적합좌표와 추정된 평균형상간의 OPA 적합을 통해 [정리 5.3.1] $OPSS$ 분류규칙을 적용한 판별분석을 시도해 보았다.

[결과 5.3.1]의 (1)을 보면 오분류율이 14.47%로 제법 높아 분류 규칙으로 성능이 떨어지나 (2) MPS를 보면 대각 방향으로 각 군집의 형상평균에 대한 각 개체 형상들의 형상변동은 상대적으로 제일 적어 $OPSS$ 분류규칙에 의한 군집의 분류의 정도는 상대적으로 그나마 유지되고 있음을 알 수 있다. [R-코드 5.3.1](mice-PS-DAshapes.R)을 참고 바란다.

[R-코드 5.3.1] 세 그룹 쥐 척추 뼈 형상의 OPSS 판별분석 (mice-OPSS-DAshapes.R)

```
## OPSS DA for Mice
library(shapes)
data(mice)
data=mice$outlines # 60(6+54)x2x76
group=mice$group
n= length(group)

group_c = data[,,which(group=='c')]
group_l = data[,,which(group=='l')]
group_s = data[,,which(group=='s')]

gc_proc = procGPA(group_c)
gl_proc = procGPA(group_l)
gs_proc = procGPA(group_s)

uc = gc_proc$mshape
ul = gl_proc$mshape
us = gs_proc$mshape

gc_data= gc_proc$rotated
gl_data= gl_proc$rotated
gs_data= gs_proc$rotated

rotate_data=abind(abind(gc_data,gl_data),gs_data)
data = rotate_data

# Classification by OPSS
group_table = rep(0,n)
for( i in 1:n) {
  oss_c = procOPA(data[,,i],uc)$OSS
  oss_l= procOPA(data[,,i],ul)$OSS
  oss_s= procOPA(data[,,i],us)$OSS

  idx=which.min(list(oss_c,oss_l,oss_s))

  if (idx ==1) {
    group_table[i] <- "c"
  }else if (idx==2) {
    group_table[i] <- "l"
  }else group_table[i] <- "s"
}
group_table
actual = as.factor(group)
predict = as.factor(group_table)
xtabs(~actual + predict)
(1-mean(actual==predict))*100
```

```
#MPS

temp_c = 0 ; temp_l=0 ; temp_s=0
for( i in which(group=='c')) {
  oss_c= procOPA(data[,,i],uc)$OSS
  oss_l= procOPA(data[,,i],ul)$OSS
  oss_s= procOPA(data[,,i],us)$OSS

  temp_c = temp_c + oss_c
  temp_l = temp_l + oss_l
  temp_s = temp_s + oss_s
}
temp_c / length(which(group=='c'))
temp_l / length(which(group=='c'))
temp_s / length(which(group=='c'))

temp_c = 0 ; temp_l=0 ; temp_s=0
for( i in which(group=='l')) {
  oss_c= procOPA(data[,,i],uc)$OSS
  oss_l= procOPA(data[,,i],ul)$OSS
  oss_s= procOPA(data[,,i],us)$OSS

  temp_c = temp_c + oss_c
  temp_l = temp_l + oss_l
  temp_s = temp_s + oss_s
}
temp_c / length(which(group=='l'))
temp_l / length(which(group=='l'))
temp_s / length(which(group=='l'))

temp_c = 0 ; temp_l=0 ; temp_s=0
for( i in which(group=='s')) {
  oss_c= procOPA(data[,,i],uc)$OSS
  oss_l= procOPA(data[,,i],ul)$OSS
  oss_s= procOPA(data[,,i],us)$OSS

  temp_c = temp_c + oss_c
  temp_l = temp_l + oss_l
  temp_s = temp_s + oss_s
}
temp_c / length(which(group=='s'))
temp_l / length(which(group=='s'))
temp_s / length(which(group=='s'))
```

[결과 5.3.1] [R-코드 5.3.1]의 수행 결과 일부

(1) 분류표 및 오분류율

```
> xtabs(~actual + predict)
      predict
actual  c  l  s
     c 28  1  1
     l  2 19  2
     s  5  0 18

> (1-mean(group==ypred))*100
[1] 14.47368
```

(2) MPS

그룹	$\widehat{u_c}$	$\widehat{u_l}$	$\widehat{u_s}$
대조 그룹	1367.165	2066.083	2075.185
큰 그룹	2189.411	1231.829	2628.958
작은 그룹	2575.069	3154.646	1106.86

[보기 5.3.2] 오랑우탄 암수 두개골 형상의 OPSS 판별분석

[보기 5.1.2]와 [보기 5.2.2]에서 오랑우탄 수컷(30마리)과 암컷(24마리)에 따른 두개골 형상 차이를 살펴보기 위해 이차판별분석과 SVM 판별분석을 시도하였다. 측정변수로 중심크기, 리만거리, ICA의 독립성분점수(제1독립성분과 제2독립성분)를 사용하였다. 이차판별분석에서 재대입법과 교차타당성방법의 오분류율이 각각 0.00%와 3.70%을 보였고 SVM 판별분석의 오분류율은 0%이었다.

이번에는 암컷과 수컷의 오랑우탄 두개골 형상의 형태행렬에 대한 *OPSS* 분류규칙에 의한 판별분석의 [결과 5.3.2]의 (1)에는 오분류율이 12.96%로 임을 보여주고 있어 상대적으로 전통적 판별분석과 SVM 판별분석에 비해 오분류율이 다소 높다. 그러나 (2) *MPS*에서는 각 군집의 형상평균에 대한 형상변동은 다른 군집의 평균형상에 비해 상대적으로 적음을 보여주고 있다. [R-코드 5.3.2](orang-OPPS-DAshapes.R)을 참고 바란다.

[R-코드 5.3.2] 오랑우탄 암수 두개골 형상의 OPSS 판별분석 (orang-OPSS-DAshapes.R)

```
## OPSS DA for Orang Utan
library(shapes)
pongof.dat # 24 Females
pongom.dat # 30 Males

data=array(data=c(pongof.dat,pongom.dat),
dim=c(8,2,54))
group=as.factor(c(rep("f",24), rep("m",30)))
n= length(group)
group_f = data[,,which(group=='f')]
group_m = data[,,which(group=='m')]

gf_proc = procGPA(group_f)
gm_proc = procGPA(group_m)

uf = gf_proc$mshape
um = gm_proc$mshape

gf_data= gf_proc$rotated
gm_data= gm_proc$rotated

rotate_data=abind(gf_data,gm_data)
data = rotate_data

# OPSS classification
group_table = rep(0,n)
for( i in 1:n) {
  oss_f = procOPA(data[,,i],uf)$OSS
  oss_m= procOPA(data[,,i],um)$OSS

  idx=which.min(list(oss_f,oss_m))

  if (idx ==1) {
    group_table[i] <- "f"
  }else group_table[i] <- "m"
}
group_table
actual = as.factor(group)
predict = as.factor(group_table)
xtabs(~actual + predict)
(1-mean(actual==predict))*100
```

```
# MPS
# female
temp_f = 0 ; temp_m=0
for( i in which(group=='f')) {
  oss_f= procOPA(data[,,i],uf)$OSS
  oss_m= procOPA(data[,,i],um)$OSS

  temp_f = temp_f + oss_f
  temp_m = temp_m + oss_m

}
temp_f / length(which(group=='f'))
temp_m / length(which(group=='m'))

# male
temp_f = 0 ; temp_m=0
for( i in which(group=='m')) {
  oss_f= procOPA(data[,,i],uf)$OSS
  oss_m= procOPA(data[,,i],um)$OSS

  temp_f = temp_f + oss_f
  temp_m = temp_m + oss_m

}
temp_f / length(which(group=='f'))
temp_m / length(which(group=='m'))
```

[결과 5.3.2] [R-코드 5.3.2]의 수행 결과 일부

(1) 분류표 및 오분류율

```
> xtabs(~actual + predict)
        predict
actual   f  m
      f 21  3
      m  4 26

> (1-mean(group==ypred))*100
[1] 12.96296
```

(2) MPS

그룹	$\widehat{u_f}$	$\widehat{u_m}$
암컷	120.2976	202.7229
수컷	474.388	192.4944

5.4 북스테인과 켄달 형상좌표의 판별분석

1.5절에서 형상에 대한 좌표체계로 가장 많이 사용되는 북스테인좌표를 소개 하였다. 특히, [정의 1.5.1]에 따르면 북스테인좌표는 2차원 평면상에서 k개 형상점좌표를 $(x_j,\ y_j),\ j = 1, \ldots, k$라 하면 형상점 1과 2를 고정된 위치 (-1/2, 0)과 (1/2, 0)로 변환하도록 척도, 이동 그리고 회전을 고려한 후에 남아 있는 나머지 $k-2$개의 북스테인좌표 $(u_j^B,\ v_j^B)^T,\ j = 3, \ldots, k$를 구하는 것이다. 실제로 이 좌표로부터 크기가 $2(k-2)\times 1$인 벡터인

$$\boldsymbol{u}^B = (u_3^B, \ldots, u_k^B, v_3^B, \ldots, v_k^B)^T$$

로 나타내어 이를 북스테인좌표라 하고 다변량 정규성검정과 여러 집단 간의 평균형상에 대한 검정에 유용하게 사용될 수 있다고 했다. 1.6절에서 복소좌표에 의한 켄달좌표와 북스테인좌표

$$\boldsymbol{w}^K = (u_3^K + i v_3^K, \ldots, u_k^K + i v_k^K)^T,\ \ \boldsymbol{w}^B = (u_3^B + i v_3^B, \ldots, u_k^B + i v_k^B)^T$$

간에는 (1.6.4)에 따르면 일대일 대응 $\boldsymbol{w}^K = \sqrt{2}H_1\boldsymbol{w}^B$이 만족되며 여기서 H_1은 헬머트 부행렬의 아래 오른쪽 $(k-2)\times(k-2)$ 분할행렬이다. 따라서 실제 켄달좌표는 북스테인좌표와 척도에 차이가 있을 뿐이라 판별분석은 북스테인좌표에 대하여 적용하고자 한다.

이미 [보기 1.5.1]과 [보기 1.5.2]에서 23마리의 작은 그룹의 쥐의 척추 뼈 형상의 북스테인좌표와 중심크기와 상관관계를 살펴 본 바가 있으며 이들 좌표가 형상의 크기와 연관이 있음을 보여주었다. 여기서는 여러 그룹의 형상 자료에서 이들 북스테인좌표와 중심크기를 측정변수로 하여 판별분석이 가능함을 엿 볼 수 있다. 특히, 북스테인좌표에서는 고정된 기저 형상점 두 개를 중심으로 변환된 좌표로 인하여 리만거리는 전체적인 형상과 연관성을 맺지 않아 판별분석에서 제외 되었다. 따라서 5.1절의 전통적 판별분석과 함께 판별과 분류의 성능이 높은 5.2절의 서포트벡터머신 SVM 판별분석을 적용해 보이고자 한다.

[보기 5.4.1] 쥐의 흉부척추 뼈 형상의 북스테인좌표의 판별분석

[보기 1.5.1]과 [보기 1.5.2]에는 형상점 6개에 의한 쥐의 몸무게에 따라 작은 그룹(23마리)의 척추 뼈 형상의 북스테인좌표에 의한 형상과 중심크기와 상관관계를 살펴보았다. [보기 5.1.1]과 [보기 5.2.1]에는 기존 수학적 형상점 6개에 유사 형상점 54개를 추가한 총 60개 형상점에 의한 큰 그룹(23마리)과 작은 그룹(23마리) 그리고 대조 그룹(30마리)의 세 군집에 대한 PCA와 ICA의 주성분점수 또는 독립성분점수와 중심크기, 리만거리에 의한 전통적 판별분석과 SVM을 적용하였다. 여기서는 각 자료의 중심크기와 북스테인좌표에 의한 판별분석을 하고자 한다.

먼저 전통적 판별분석을 위해 [결과 5.4.1]-(1)을 보면 각 그룹별 중심크기와 북스테인좌표가 다변량 정규성을 모두 다 만족함을 보였다. (2)에서는 세 그룹의 공분산행의 동질성검정에서 귀무가설 $H_0 : \Sigma_1 = \Sigma_2 = \Sigma_3$를 유의수준 5%에서 기각하기에 충분한 유의확률 $p-$값 = 0.000을 보여 주고 있다. 따라서 다변량 정규성만 만족되므로 이차판별분석 QDA를 실시하여 (3)에는 재대입법 RSM 분류표를 통해 계산된 오분류율은 5.26%로 주성분점수 또는 독립성분점수로 판별분석을 한 [보기 5.1.1]의 오분류율 11.84% 보다는 2배 이상 낮다. 오히려 지금까지 오분류율이 0%를 보였던 SVM은 북스테인좌표에 대한 판별분석에서는 14.47%로 매우 높아졌다. 이를 위한 [R-코드 5.4.1](mice-csize-Bookstein-DA- SVMshapes.R)을 참고 바란다.

[R-코드 5.4.1] 세 그룹 쥐 척추 뼈 형상분석을 위한 북스테인좌표와 중심크기에 대한 QDA와 SVM (mice-csize-Bookstein-DA-SVMshapes.R)

```
## DA and SVM for Bookstein coordinates and centroid size of Mice
library(shapes)

cm=qcet2.dat # Control n1=30
lm=qlet2.dat # Large n2=23
sm=qset2.dat # Samll n3=23
group = as.factor(c(rep('c',30), rep('l',23),rep('s',23)))

c_size = centroid.size(cm);l_size = centroid.size(lm);s_size = centroid.size(sm)
size = c(c_size,l_size,s_size)

bcm=bookstein2d(cm);blm=bookstein2d(lm);bsm=bookstein2d(sm)
b_c = bcm$bshpv[3:6,,];b_l = blm$bshpv[3:6,,];b_s = bsm$bshpv[3:6,,]
u = abind(abind(b_c,b_l),b_s)

x=u[,1,]  ;x=t(x);colnames(x) = c('x1','x2','x3','x4')
y=u[,2,] ; y=t(y);colnames(y) = c('y1','y2','y3','y4')

newdata=cbind(x,y,size,group)
newdata=as.data.frame(newdata)

# Bookstein Coordinates and centroid size by group
data=split(newdata, newdata$group)
c=data$"1";l=data$"2";s=data$"3"

# Checking M-Normality
library(MVN)
mvn(c[,-10]);mvn(l[,-10]);mvn(s[,-10])

# Testing Homogeniety of Covarinace Matrices
install.packages("biotools")
library(biotools)
boxM(newdata[,-10], newdata$group)

# QDA with 3 groups : RSM with equal prior
#newdata=data.frame(newdata, group)
QDA=qda(newdata$group~., data=newdata, prior=c(1,1,1)/3)
qcluster=predict(QDA, newdata)$class

# Performance of QDA
confusion=table(newdata$group, qcluster)
APER=(1-mean(newdata$group==qcluster))*100
list(confusion, APER)

## choice of gamma and cost parameters
library(e1071)
newdata$group= as.factor(newdata$group)
tune.out=tune.svm(group~., data=newdata, kernel="radial",
              gamma = 2^(-1:1), cost=2^(2:4))
summary(tune.out)

# SVM fit in RBF kernel
svmfit=svm(group~., data=newdata, kernel="radial",
        gamma=0.5, cost=4, scale=F)
summary(svmfit)

# Performance of SVM
ypred=predict(svmfit, newdata)
confusion=table(truth=newdata$group, predict=ypred)
APER=(1-mean(newdata$group==ypred))*100
list(confusion, APER)
```

[결과 5.4.1] [R-코드 5.4.1]의 수행 결과 일부

(1) 세 그룹(대조 그룹, 큰 그룹, 작은 그룹)의 다변량 정규성 검정

```
> mvn(c[,-10]);mvn(l[,-10]);mvn(s[,-10])

               Test           Statistic           p value Result
1 Mardia Skewness    162.841840280962 0.532905335812251    YES
2 Mardia  Kurtosis  -0.510503125472715 0.609699025494354    YES
3               MVN                <NA>              <NA>    YES

               Test           Statistic           p value Result
1 Mardia Skewness    177.833631850779 0.234097833917948    YES
2 Mardia  Kurtosis -0.0214340213756356    0.982899434661    YES
3               MVN                <NA>              <NA>    YES

               Test           Statistic           p value Result
1 Mardia Skewness    146.496041339227 0.846686595208144    YES
2 Mardia  Kurtosis   -1.45433678997107 0.145852955313599    YES
3               MVN                <NA>              <NA>    YES
```

(2) 공분산행렬의 동질성 검정

```
> boxM(newdata[, -10], group)

        Box's M-test for Homogeneity of Covariance Matrices
data:  newdata[, -10]
Chi-Sq (approx.) = 144.24, df = 90, p-value = 0.0002495
```

3) 분류표 및 오분류율

재대입법 RSM

```
> list(confusion, APER)
[[1]]
   qcluster
     1  2  3
  1 27  3  0
  2  1 22  0
  3  0  0 23

[[2]]
[1] 5.263158
```

서포트벡터머신 SVM

```
> list(confusion, APER)
[[1]]
     predict
truth  1  2  3
    1 24  6  0
    2  4 19  0
    3  1  0 22

[[2]]
[1] 14.47368
```

[보기 5.4.2] 오랑우탄 암수 두개골 형상의 북스테인좌표의 판별분석

[보기 5.1.2]와 [보기 5.2.2]에는 오랑우탄 수컷(30마리)과 암컷(24마리)에 따른 두개골 형상 차이를 살펴보기 위해 PCA와 ICA를 통한 주성분점수 또는 독립성분점수에 중심크기와 리만거리를 포함하여 전통적 판별분석과 SVM 판별분석을 실시하였다. 이번에는 두 그룹의 척추 뼈 형상의 중심크기와 북스테인좌표를 측정 변수로 판별분석을 실시하고자 한다.

[결과 5.4.2]-(1) 각 그룹별 다변량 정규성의 결과 모두가 다 만족함을 보였다. (2) 공분산행렬의 동질성검정에서 유의확률 $p-$값 = 0.215는 귀무가설 $H_0 : \Sigma_1 = \Sigma_2$를 유의수준 5%에서 기각하지 못한다. 이로 인하여 일차판별분석 LDA를 실시한 결과 오분류율은 0%를 보이며 SVM 판별분석과 동일한 분류 결과를 보였다. 이를 위한 [R-코드 5.4.2](orang-csize-Bookstein-DA-SVMshapes.R)을 참고 바란다.

[R-코드 5.4.2] 오랑우탄 암수 두개골 형상의 중심크기와 북스테인에 대한 LDA와 SVM (orang-csize-Bookstein-DA-SVMshapes.R)

```
## DA and SVM for Bookstein coordinates of Orang Utan
library(shapes)

f=pongof.dat # 24 Females
m=pongom.dat # 30 Males
group=as.factor(c(rep("f",24), rep("m",30)))

f_size=centroid.size(f);m_size=centroid.size(m)
size=c(f_size, m_size)

bf=bookstein2d(f);bm=bookstein2d(m);b_f = bf$bshpv[3:8,,];b_m = bm$bshpv[3:8,,]
u = abind(b_f,b_m)

x=u[,1,];x=t(x);colnames(x) = c('x1','x2','x3','x4','x5','x6' )
y=u[,2,];y=t(y);colnames(y) = c('y1','y2','y3','y4', 'y5','y6' )

newdata=cbind(x,y,size,group);newdata=as.data.frame(newdata)

# Bookstein Coordinates and centroid size by group
data=split(newdata, newdata$group)
f=data$"1";m=data$"2"

# Checking M-Normality
library(MVN)
mvn(f[,-14]);mvn(m[,-14])

# Testing Homogeniety of Covariance Matrices
library(biotools)
boxM(newdata[,-14], newdata$group)

# categories of groups
newdata$group[newdata$group==1] <- 'female'
newdata$group[newdata$group==2] <- 'male'
newdata$group= as.factor(newdata$group)

# QDA with 3 groups : RSM with equal prior
#newdata=data.frame(newdata, group)
LDA=lda(newdata$group~., data=newdata)
qcluster=predict(LDA, newdata)$class

# Performance of LDA
confusion=table(newdata$group, qcluster)
APER=(1-mean(newdata$group==qcluster))*100
list(confusion, APER)

## choice of gamma and cost parameters
library(e1071)
tune.out=tune.svm(group~., data=newdata, kernel="radial",
                  gamma = 2^(-1:1), cost=2^(2:4))
summary(tune.out)

# SVM fit in RBF kernel
svmfit=svm(group~., data=newdata, kernel="radial",
           gamma=0.5, cost=4, scale=F)
summary(svmfit)

# Performance
ypred=predict(svmfit, newdata)
confusion=table(truth=newdata$group, predict=ypred)
APER=(1-mean(newdata$group==ypred))*100
list(confusion, APER)
```

[결과 5.4.2] [R-코드 5.4.2]의 수행 결과 일부

(1) 두 그룹(암컷, 수컷)의 다변량 정규성 검정

```
> mvn(f[,-14]);mvn(m[,-14])

             Test           Statistic              p value  Result
1 Mardia Skewness  404.717649290592  0.956387629314453    YES
2 Mardia  Kurtosis  -1.95272005000723  0.0508527765592703  YES
3             MVN              <NA>               <NA>   YES

             Test           Statistic              p value    Result
1 Mardia Skewness    177.833631850779  0.234097833917948   YES
2 Mardia  Kurtosis  -0.0214340213756356  0.982899434661      YES
3             MVN              <NA>               <NA>     YES

             Test           Statistic              p value   Result
1 Mardia Skewness  146.496041339227  0.846686595208144    YES
2 Mardia  Kurtosis  -1.45433678997107  0.145852955313599    YES
3             MVN              <NA>               <NA>   YES
```

(2) 공분산행렬의 동질성 검정

```
> boxM(newdata[,-14], newdata$group)

        Box's M-test for Homogeneity of Covariance Matrices
data:  newdata[, -14]
Chi-Sq (approx.) = 101.36, df = 91, p-value = 0.2149
```

3) 분류표 및 오분류율

재대입법 RSM

```
> list(confusion, APER)
[[1]]
       qcluster
          female male
  female      24    0
  male         0   30

[[2]]
[1] 0
```

서포트벡터머신 SVM

```
> list(confusion, APER)
[[1]]
          predict
truth     female male
  female      24    0
  male         0   30

[[2]]
[1] 0
```

5.5 탄젠트 형상좌표의 판별분석

4.3절에서 복소공간의 형상변동을 위한 PCA를 적용하기 위해서 탄젠트좌표에 대해 설명한 바 있다. 5.4절의 북스테인좌표에 대한 판별분석을 실시 한 것과 같이 탄젠트좌표를 이용하여 전통적 판별분석과 SVM 판별분석을 적용하려고 한다. 일반적으로 형상점의 차원이 3차원 이상($m \geq 3$)의 형상에 대하여 복소사전형상구에 존재하는 형태행렬 X의 회전된 사전형상 $Z\Gamma$와 크기 척도를 고려하지 않고 $(k-1)\times m$인 복소극점 γ와의 부분 프로크러스티즈거리의 제곱 $d_P^2(\gamma, Z\Gamma) = \|\gamma - Z\Gamma\|^2$을 최소화하는 $\hat{\Gamma}$이 있다고 하자. 따라서 복소극점 γ에서 탄젠트 면에 사영된 프로크러스티즈 탄젠트좌표 ν_P는 (4.3.8)로 부터 다음과 같다.

$$\nu_P = \left[I_{km-m} - vec(\gamma)vec(\gamma)^T\right]vec(Z\hat{\Gamma})$$

이는 R의 shapes 패키지에서 크기-형상공간의 형상분석에서 함수 procGPA()의 디폴트 옵션 scale=TRUE인 경우 옵션 tangentcoords = partial에 의해서 $tan에 의해서 제공된다. 4.3절에 따르면 옵션 tangentcoords = exomap/residual에 의해 제공되는 탄젠트좌표도 부분 프로크러스티즈 탄젠트좌표 ν_P와 유사하다.

더불어 이들 탄젠트좌표 대신에 형태공간의 상(icon)좌표 (4.3.12)로 판별분석을 할 수 있음은 당연하다. 다만 탄젠트좌표와 상좌표의 경우 좌표점간에 다중공선성(multicollinearity)이 존재하여 전통적 판별분석을 위한 다변량 정규분포와 공분산행렬의 동질성 검정을 위해서는 먼저 주성분분석 PCA를 통해 서로 독립인 새로운 변수로 설명력이 높은 주성분을 선택하는 과정이 요구된다. 특히 SVM 판별분석은 다중공선성이 진행하는 과정에서는 별 영향을 미치지 않으나 최종 결과인 오분류율이 높게 되어 전통적 판별분석에서와 같이 먼저 PCA를 적용하는 것이 필요하다고 여겨진다.

[보기 5.5.1] 세 그룹 쥐 척추 뼈 형상의 탄젠트좌표의 DA와 SVM

[보기 5.4.1]에서 크기가 6×2 인 형태행렬로 이루어진 세 그룹의 쥐 척추 뼈 자료에 대한 북스테인 좌표를 활용하여 중심크기와 함께 판별분석을 실시한바 있다. 여기서는 탄젠트좌표를 추정하고 중심크기를 고려하여 판별분석을 실시하였다. 이미 [보기 4.3.1]에서 비록 작은 쥐 척추 뼈에 대한 것이지만 중심크기, 부분 프로크러스티즈 탄젠트좌표간의 다중 산점도를 통해 양 또는 음의 상관이 높은 것들이 많았음을 보았다. 이는 다른 좌표들과 달리 다중공선성이 존재하여 먼저 PCA를 적용하여 서로 독립인 새로운 변수인 주성분에 의한 주성분점수를 활용하고자 한다.

[결과 5.5.1]의 (1)을 보면 주성분 4개의 설명력이 77.85%로 제1주성분, 제2주성분, 제3주성분, 제4주성분의 점수를 활용하고 중심크기를 추가하여 가 그룹별로 디변량 정규분포 검정을 실시하였다. 그 결과 다변량 정규성은 만족되었으나 공분산행렬의 동질성은 거의 0에 가까운 유의확률 $p-$값 $= 2.02 \times 10^{-9}$으로 인하여 만족되지 않았다. 편의상 다변량 정규성과 공분산행렬의 동질성의 결과는 생략한다. 이런 결과로 인하여 이차판별함수에 의한 판별분석 QDA를 실시한 결과 오분류율이 14.47%이고 SVM에 의한 판별분석은 오분류율이 0%임을 보여주고 있다. 이를 위한 [R-코드 5.5.1](mice-csize-Tangentcoord-DA-SVMshapes.R)를 참고 바란다.

[결과 5.5.1] [R-코드 5.5.1]의 수행 결과 일부

(1) 세 그룹 탄젠트좌표의 PCA

```
> PCA=princomp(x, cor=T)
> summary(PCA)

Importance of components:
                          Comp.1    Comp.2    Comp.3    Comp.4     Comp.5
  Standard deviation     1.5970415 1.4678237 1.3927695 1.0677792 0.87910603
  Proportion of Variance 0.2550542 0.2154506 0.1939807 0.1140152 0.07728274
  Cumulative Proportion  0.2550542 0.4705048 0.6644855 0.7785007 0.85578346

                          Comp.6     Comp.7    Comp.8       Comp.9
  Standard deviation     0.83426756 0.7002749 0.50234782 0.0481672239
  Proportion of Variance 0.06960024 0.0490385 0.02523533 0.0002320081
  Cumulative Proportion  0.92538370 0.9744222 0.99965753 0.9998895364

                            Comp.10
  Standard deviation     0.0332360609
  Proportion of Variance 0.0001104636
  Cumulative Proportion  1.0000000000
```

2) 분류표 및 오분류율

재대입법 RSM

```
> list(confusion, APER)
[[1]]
     qcluster
      1  2  3
  1 27  3  0
  2  6 17  0
  3  2  0 21

[[2]]
[1] 14.47368
```

서포트벡터머신 SVM

```
> list(confusion, APER)
[[1]]
       predict
truth  1  2  3
     1 30  0  0
     2  0 23  0
     3  0  0 23

[[2]]
[1] 0
```

[R-코드 5.5.1] 작은 쥐 척추 뼈의 형상의 중심크기와 탄젠트좌표를 활용한 QDA와 SVM (mice-csize-Tangentcoord-DA-SVMshapes.R)

```
## DA and SVM for Tangent coordinates and centroid size of Mice
library(shapes)

# Data
cm=qcet2.dat # Control n1=30
lm=qlet2.dat # Large n2=23
sm=qset2.dat # Samll n3=23
k=dim(sm)[1];m=dim(sm)[2]
n1=dim(cm)[3];n2=dim(lm)[3];n3=dim(sm)[3]

group = as.factor(c(rep('c',30), rep('l',23),rep('s',23)))
c_size = centroid.size(cm);l_size = centroid.size(lm);s_size = centroid.size(sm)
size = c(c_size,l_size,s_size)

# partial Procrustes Tangent coordinates
tcm=procGPA(cm, tangentcoords="partial");x_c=tcm$tan;xc=t(x_c)
tlm=procGPA(lm, tangentcoords="partial");x_l=tlm$tan;xl=t(x_l)
tsm=procGPA(sm, tangentcoords="partial");x_s=tsm$tan;xs=t(x_s)
x=rbind(xc, xl, xs)

# PCA of Tangent coordinates
PCA=princomp(x, cor=T);summary(PCA)
PC1s=PCA$scores[,1];PC2s=PCA$scores[,2];PC3s=PCA$scores[,3];PC4s=PCA$scores[,4]
newdata=cbind(PC1s, PC2s, PC3s, PC4s, size, group);newdata=as.data.frame(newdata)

# Testing MVN
library(MVN)
data=split(newdata, newdata$group)
c=data$"1";l=data$"2";s=data$"3"
mvn(c[,-6]);mvn(l[,-6]);mvn(s[,-6])

# Testing Homogeniety of Covariance Matrices
library(biotools)
boxM(newdata[,-6], newdata$group)

# QDA with 3 groups : RSM with equal prior
QDA=qda(newdata$group~., data=newdata, prior=c(1,1,1)/3)
qcluster=predict(QDA, newdata)$class

# Performance of QDA
confusion=table(newdata$group, qcluster)
APER=(1-mean(newdata$group==qcluster))*100
list(confusion, APER)

## choice of gamma and cost parameters
library(e1071)
newdata$group= as.factor(newdata$group)
tune.out=tune.svm(group~., data=newdata, kernel="radial",
                  gamma = 2^(-1:1), cost=2^(2:4))
summary(tune.out)

# SVM fit in RBF kernel
svmfit=svm(group~., data=newdata, kernel="radial",
        gamma=1, cost=4, scale=F)
summary(svmfit)

# Performance of SVM
ypred=predict(svmfit, newdata)
confusion=table(truth=newdata$group, predict=ypred)
APER=(1-mean(newdata$group==ypred))*100
list(confusion, APER)
```

[보기 5.5.2] 오랑우탄 암수 두개골 형상의 탄젠트좌표의 DA와 SVM

[보기 5.4.2]에는 오랑우탄 수컷(30마리)과 암컷(24마리)에 따른 두개골 형상 차이를 살펴보기 위해 형상의 중심크기와 북스테인좌표를 측정 변수로 전통적 판별분석과 SVM 판별분석을 실시하였다. 여기서는 탄젠트좌표와 중심크기로 판별분석을 실시하려 한다.

[결과 5.5.2]의 (1)을 보면 여기에서도 다중공선성 문제를 해결하기 위하여 PCA를 통해 설명력 77.74%에 해당하는 5개의 주성분점수에 중심크기를 고려하기로 하자. 각 그룹별 다변량 정규성의 결과 모두가 다 만족되었고 공분산행렬의 동질성검정에서 유의확률 $p-$값 = 0.791로 귀무가설 $H_0 : \Sigma_1 = \Sigma_2$를 유의수준 5%에서 기각하지 못한다. 이로 인하여 일차판별분석 LDA를 실시한 결과 오분류율 1.85%를 보이며 SVM 판별분석은 오분류율 0%를 보였다. 이를 위한 [R-코드 5.5.2](orang-csize-Tangentcoord-DA-SVMshapes.R)을 참고 바란다.

[R-코드 5.5.2] 오랑우탄 암수 두개골 형상의 중심크기와 북스테인에 대한 LDA와 SVM (orang-csize-Tangentcoord-DA-SVMshapes.R)

```
## DA and SVM for Tangent coordinates of Orang Utan
library(shapes)

f=pongof.dat # 24 Females
m=pongom.dat # 30 Males
group=as.factor(c(rep("f",24), rep("m",30)))

f_size=centroid.size(f);m_size=centroid.size(m)
size=c(f_size, m_size)

# partial Procrustes Tangent coordinates
tf=procGPA(f, tangentcoords="partial");x_f=tf$tan;xf=t(x_f)
tm=procGPA(m, tangentcoords="partial");x_m=tf$tan;xm=t(x_m)
x=rbind(xf, xm)

# PCA of Tangent coordinates
PCA=princomp(x, cor=T);summary(PCA)
PC1s=PCA$scores[,1];PC2s=PCA$scores[,2];PC3s=PCA$scores[,3];PC4s=PCA$scores[,4];PC5s=PCA$score
s[,5]
newdata=cbind(PC1s, PC2s, PC3s, PC4s,PC5s, size, group);newdata=as.data.frame(newdata)

# Testing MVN
library(MVN)
data=split(newdata, newdata$group)
f=data$"1";m=data$"2"
mvn(f[,-7]);mvn(m[,-7])

# Testing Homogeniety of Covariance Matrices
library(biotools)
boxM(newdata[,-7], newdata$group)

# LDA with 3 groups : RSM with equal prior
LDA=lda(newdata$group~., data=newdata)
qcluster=predict(LDA, newdata)$class

# Performance of LDA
confusion=table(newdata$group, qcluster)
APER=(1-mean(newdata$group==qcluster))*100
list(confusion, APER)

## choice of gamma and cost parameters
library(e1071)
newdata$group= as.factor(newdata$group)
tune.out=tune.svm(group~., data=newdata, kernel="radial",
              gamma = 2^(-1:1), cost=2^(2:4))
summary(tune.out)

# SVM fit in RBF kernel
svmfit=svm(group~., data=newdata, kernel="radial",
         gamma=0.5, cost=4, scale=F)
summary(svmfit)

# Performance of SVM
ypred=predict(svmfit, newdata)
confusion=table(truth=newdata$group, predict=ypred)
APER=(1-mean(newdata$group==ypred))*100
list(confusion, APER)
```

[결과 5.5.2] [R-코드 5.5.2]의 수행 결과 일부

(1) 두 그룹 탄젠트좌표의 PCA

```
> PCA=princomp(x, cor=T)
> summary(PCA)
Importance of components:
                          Comp.1    Comp.2    Comp.3    Comp.4     Comp.5
  Standard deviation     1.8804372 1.5642273 1.3799613 1.3354245 1.10151531
  Proportion of Variance 0.2525746 0.1747719 0.1360209 0.1273828 0.08666686
  Cumulative Proportion  0.2525746 0.4273465 0.5633674 0.6907502 0.77741707

                          Comp.6     Comp.7     Comp.8     Comp.9    Comp.10
  Standard deviation     1.0766732 0.83812718 0.69763446 0.60885018 0.44360953
  Proportion of Variance 0.0828018 0.05017551 0.03476385 0.02647847 0.01405639
  Cumulative Proportion  0.8602189 0.91039438 0.94515822 0.97163669 0.98569308

                           Comp.11     Comp.12      Comp.13      Comp.14
  Standard deviation     0.335560703 0.296134992 6.996074e-05 1.359895e-08
  Proportion of Variance 0.008042928 0.006263995 3.496075e-10 1.320939e-17
  Cumulative Proportion  0.993736004 1.000000000 1.000000e+00 1.000000e+00
```

2) 분류표 및 오분류율

재대입법 RSM

```
> list(confusion, APER)
[[1]]
   qcluster
     1  2
  1 23  1
  2  0 30

[[2]]
[1] 1.851852
```

서포트벡터머신 SVM

```
> list(confusion, APER)
[[1]]
        predict
truth   1  2
      1 24  0
      2  0 30

[[2]]
[1] 0
```

지금까지 5.1절과 5.2절 각 그룹별 형상의 GPA 적합좌표에 대해 주성분점수(또는 독립성분점수), 중심크기, 리만거리로 전통적 판별분석과 SVM 판별분석을 실시하였고 5.3절에서는 GPA 적합좌표에 대해 프로크러스티즈 통계량에 의한 OPSS 판별분석을 선보였다. 5.4절과 5.5절에서는 북스테인좌표와 탄젠트좌표에 대하여 중심크기를 추가하여 전통적 판별분석과 SVM 판별분석을 실시하였다. 특히 탄젠트좌표는 다중공선성이 발생하여 먼저 주성분분석 PCA를 통해 서로 독립인 주성분점수를 활용해야 한다. [표 5.5.1]과 [표 5.5.2]는 각각 세 그룹 쥐 척추 뼈 형상과 두 그룹 오랑우탄 두개골 형상의 전통적 판별분석, SVM 판별분석과 OPSS 판별분석의 오분류율을 비교하고 있다. 이들의 비교는 판별분석을 위한 형상좌표도 다르고 판별분석 방법도 다르나 사전 분류가 잘 되어있는 오랑우탄의 형상자료인 경우에는 판별분석이 전통적이든 SVM이든 오분류가 낮으면서 판별과 분류가 잘 이루어졌다. 그러나 분류가 잘 되지 않은 세 그룹의 쥐 척추 뼈 형상자료의 경우에는 북스테인좌표의 경우 오분류율이 높게 나오며 역시 OPSS 판별분석도 오분류율이 높았다.

[표 5.5.1] 세 그룹 쥐 척추 뼈 형상의 전통적 판별분석, SVM 판별분석과 OPSS 판별분석의 오분류율 비교

형상 좌표	변수	전통적 DA	SVM	OPSS
GPA 적합좌표	주성분점수 중심크기 리만거리	11.84%	0%	14.47%
북스테인좌표	중심크기 북스테인좌표	5.25%	14.47%	
탄젠트좌표	중심크기 주성분점수	14.47%	0%	

[표 5.5.2] 두 그룹 오랑우탄 두개골 형상의 전통적 판별분석, SVM 판별분석과 OPSS 판별분석의 오분류율 비교

형상좌표	변수	전통적 DA	SVM	OPSS
GPA 적합좌표	주성분점수 중심크기 리만거리	0%	0%	12.96%
북스테인좌표	중심크기 북스테인좌표	0%	0%	
탄젠트좌표	중심크기 주성분점수	1.85%	0%	

6장

평균형상의 비교와 검정

6장 평균형상의 비교와 검정

지금까지 개체들의 여러 군집의 형상을 비교하거나 판별해 내기 위해서 2장에서는 리만거리를 활용한 다차원척도법 MDS를 통해 군집 간 형상의 유사성을 시각적으로 시도하였다. 4장에서는 PCA와 ICA의 주성분점수와 독립성분점수에 의한 군집간의 유사성을 살펴보았다. 5장에서는 GPA 적합좌표, 북스테인좌표와 복소공간의 탄젠트좌표에 형상크기, 리만거리, 주성분점수 또는 독립성분점수를 가지고 전통적 판별분석, SVM 판별분석, OPSS 판별분석을 통해 군집 간의 분류 기준을 찾아 군집의 개체들의 형상을 판별하고 분류하는 응용을 살펴보았다. 이 장에서는 군집의 형상들의 평균형상에 대한 검정을 살펴 보려한다. 이를 위해 다변량 통계학의 검정에서 두 그룹 간의 평균벡터 비교를 위해 잘 알려진 호텔링(Hotelling) T^2-통계량과 이와 수리적으로 동일한 관계를 맺고 있는 $F-$검정을 활용하려 한다. 특별히 탄젠트좌표와 북스테인좌표를 활용하여 6.1절에서는 한 군집의 평균형상 검정을 소개하고 6.3절에서는 두 군집의 평균형상의 검정을 소개하려 한다. 6.5절에는 여러 군집의 평균형상 검정을 위해 다변량 분산분석(MANOVA)을 적용하고자 한다. 다만 이들 평균형상 검정에서 사용되는 탄젠트좌표 또는 북스테인좌표는 다변량 정규성과 공분산 행렬의 동질성이 만족되어야 한다. 만약 이를 만족하지 못할 경우 분포에 무관(distribution free)하게 적용 가능한 6.2절, 6.4절과 6.6절의 다변량 비모수검정인 부호검정(sign test)과 순위검정(rank test)을 적용할 수 있으며 같은 맥락에서 자료의 복원과 비복원 추출을 통해 검정을 진행하는 붓스트랩검정(Bootstrap test)와 순열검정(permutation test)을 시도할 수 있다. 호텔링 T^2-통계량과 다변량 분산분석 MANOVA와 같은 다변량 통계학에서의 다변량 검정에 관한 자세한 이론과 R을 활용한 다양한 응용과 적용은 최용석(2019, 3장과 4장)을 참고 바라며 이는 6장의 이론적 바탕이다.

6.1 한 군집 평균형상 검정

평균형상 μ인 모집단으로부터 임의 추출한 크기가 $k \times m$인 $n(\geq 2)$개의 중심화 형태행렬 $X_1, \dots, X_n$의 사전형상 $Z_1, \dots, Z_n$에 대한 [정리 3.3.2]의 GPA 완전프로크러스티즈 적합좌표 $\widehat{Z}_1, \dots, \widehat{Z}_n$와 이들에 의한 평균형상 $\hat{\mu}$를 고려하자. 2차원에 주로 나타나는 형상형태행렬을 계산의 편의성을 위하여 4.3절에서 소개한 1차원으로 변환하는 복소공간에 나타낸 형상형태좌표인 준프로크러스티즈 탄젠트좌표를 활용하기로 하자. 따라서 여기서 (4.3.8)과 같이 복소극점 γ에서 탄젠트 면에 사영된 크기가 각각 $(k-1)m \times 1$인 프로크러스티즈 탄젠트좌표 $\boldsymbol{\nu}_1, \dots, \boldsymbol{\nu}_n$은 복소극점 γ를 평균형상 $\hat{\mu}$으로 고려할 때 (6.1.1)이 된다.

$$\boldsymbol{\nu}_i = \left[I_{km-m} - vec(\hat{\mu})vec(\hat{\mu})^T\right]vec(Z_i\widehat{\Gamma}_i),\ i = 1, \dots, n \tag{6.1.1}$$

실제 (6.1.1)에서 적합좌표는 $\widehat{Z}_i = Z_i\widehat{\Gamma}_i = \widehat{X}_i / \|\widehat{X}_i\|$이다. 다음으로 한 군집의 평균형상에 대한 검정을 위해 귀무가설과 대립가설을 세울 수 있다.

$$H_0 : \mu = \mu_0 \quad vs \quad H_1 : \mu \neq \mu_0 \tag{6.1.2}$$

(6.1.2)에서 μ_0는 표준형상(template)으로 이것의 탄젠트좌표는 다음과 같다.

$$\gamma_0 = \left[I_{km-m} - vec(\hat{\mu})vec(\hat{\mu})^T\right]vec(\widehat{\mu_0}/\|\widehat{\mu_o}\|) \tag{6.1.3}$$

여기서 $\widehat{\mu_0}$은 OPA $\mu_0 \rightarrow \hat{\mu}$이다.

(6.1.2)의 가설을 검정하기 위해선 (6.1.1)을 만족하는 탄젠트좌표는 공분산행렬 Σ를 잘 모른다는 가정 아래 다음과 같이 다변량 정규분포를 따른다고 하자.

$$\boldsymbol{\nu}_i \sim N_{2(k-1)}(\mu, \Sigma),\ i = 1, \dots, n$$

이런 경우 최용석(2019, 3.1절)에서 소개하고 있는 호텔링 T^2 −통계량에 의한 검정이 적용가능하며 이는 수리적으로 일치하는 F − 검정통계량에 의해서 F − 검정을 하게 된다. 이를 위해서 평균벡터와 공분산행렬

$$\bar{\boldsymbol{\nu}} = \sum_{i=1}^{n} \boldsymbol{\nu}_i / n, \quad S_\nu = n^{-1} \sum_{i=1}^{n} (\boldsymbol{\nu}_i - \bar{\boldsymbol{\nu}})(\boldsymbol{\nu}_i - \bar{\boldsymbol{\nu}})^T$$

을 구하고 공분산행렬 S_ν 의 일반화역행렬(g-inverse)인 무어-펜로즈(Moore-Penrose) 역행렬 S_ν^- 를 고려한다. 이는 공분산행렬의 계수(rank)가 $\min(q, n-1)$, $q = km - m - 1 - m(m-1)/2$ 이기 때문이다. q 는 형상공간 차원으로 4.3절에서 설명한 전체 좌표 차원 km 에서 추정하고자 하는 위치, 크기, 회전에 대한 차원을 제외한 것이다.

따라서 평균벡터 $\bar{\boldsymbol{\nu}}$ 와 표준형상 μ_0 의 탄젠트좌표 γ_0 와의 마할라노비스거리

$$D^2 = (\bar{\boldsymbol{\nu}} - \gamma_0)^T S_\nu^- (\bar{\boldsymbol{\nu}} - \gamma_0) \tag{6.1.4}$$

에 의해서 (6.1.2)의 가설을 검정하기 위한 검정통계량 (6.1.5)를 고려한다.

$$F_0 = \frac{(n-q)}{q} D^2 \sim F_{q, n-q} \tag{6.1.5}$$

따라서

$F_0 \geq F_{q, n-q}(\alpha) \;\Rightarrow\; H_0 : \mu = \mu_0$ 가 유의수준 α 에서 기각된다.

지금까지 탄젠트좌표를 통한 평균형상의 검정에 대하여 살펴보았고 이에 대한 절차를 [표 6.1.1]에 정리하였다. 여기서 유념할 점은 탄젠트좌표에 의한 공분산행렬 S_ν 의 역행렬이 존재하지 않아 일반적인 호텔링 T^2 − 검정을 실시할 수가 없다.

이에 일반화 역행렬을 이용하여 탄젠트좌표의 평균벡터 $\bar{\boldsymbol{\nu}}$와 표준형상의 탄젠트좌표 γ_0 사이의 마할라노비스거리 (6.1.4)에 의한 근사적으로 $F-$검정을 실시하게 된다. 그러나 한 집단의 평균형상에 대한 검정은 호텔링 T^2-검정의 원리를 따르므로 이를 인용하고 있다.

그리고 탄젠트좌표 특성상 중심에 몰려 있어 다변량 첨도가 다변량 정규성과 비교할 때 상대적으로 매우 양적(positive)이며 다변량 왜도 검정만 만족되어도 다변량 정규분포라고 여겨도 될 것 같다. 많은 보기에서 왜도는 다변량 정규성을 만족하나 이상치 조정을 통해 첨도도 다변량 정규성을 만족하는 경우는 극히 드물다.

[표 6.1.1] 한 군집 평균형상 검정의 절차

$n(\geq 2)$개의 $k \times m$ 중심화 형태행렬 $X_1, \ldots, X_n$의 사전형상 $Z_1, \ldots, Z_n$이 있다.

[1단계] GPA 완전프로크러스티즈 적합좌표 $\widehat{Z}_1, \ldots, \widehat{Z}_n$와 평균형상 $\hat{\mu}$를 고려한다.

[2단계] 탄젠트좌표를 구한다.
$(k-1)m \times 1$ 프로크러스티즈 탄젠트좌표 $\boldsymbol{\nu}_1, \ldots, \boldsymbol{\nu}_n \sim N_r(\delta, \Sigma)$, $r = (k-1)m$

[3단계] 공분산행렬 $S_\nu = n^{-1}\sum_{i=1}^{n}(\boldsymbol{\nu}_i - \bar{\boldsymbol{\nu}})(\boldsymbol{\nu}_i - \bar{\boldsymbol{\nu}})^T$를 구한다. 여기서 $\bar{\boldsymbol{\nu}} = \sum_{i=1}^{n}\boldsymbol{\nu}_i/n$.

[4단계] 탄젠트좌표의 다변량 정규성 검정을 실시한다.

[5단계] 호텔링 T^2-검정으로 평균형상 $H_0: \mu = \mu_0 \;\; vs \;\; H_1: \mu \neq \mu_0$을 검정한다.

[보기 6.1.1] 손으로 쓴 숫자 3 형상의 탄젠트좌표를 활용한 평균형상 검정

[보기 4.3.2]에는 30명이 손으로 쓴 숫자 3에 대한 13개 형상점 자료에 대하여 GPA를 실시하고 형태행렬의 복소 부분 프로크러스티즈 탄젠트좌표를 통해 PCA를 실시하여 형상변동을 살펴보았다. 여기서는 다음과 같은 크기가 $(k-1)m \times 1 = 24 \times 1$ 탄젠트좌표 $\nu_1, \ldots, \nu_{30}$ 를 활용하고

$$\nu_1 = (-0.030, -0.051, 0.041, \ldots, -0.014)^T$$

$$\nu_2 = (-0.024, -0.058, -0.103, \ldots, -0.017)^T$$

$$\vdots$$

$$\nu_{30} = (-0.036, -0.034, -0.019, \ldots, 0.061)^T$$

다변량정규성이 만족되면 (6.1.5)의 $F-$검정을 통해 (6.1.2)의 가설을 검정하려 한다. 이를 위해 표준형상은 제일 3의 정자에 가까운 23번째 사람의 손 글씨로 하였다. [R-코드 6.1.1](digit3-Tangentcoord-HotellingT2-testshapes.R)의 [결과 6.1.1]을 살펴보면 (1)은 30명의 손 글씨와 표준형상의 사전형상 μ_0 를 보여 주고 있다. 여기서 30명 형상의 평균형상이 표준형상과 같은 지를 검정하는 것이다. (2)에서 탄젠트좌표의 다변량 정규성은 엄밀히 말하면 만족되지 않으나 왜도가 만족되므로 다변량 정규성을 만족한다고 생각하자. 실제로 자료가 중심에 몰려있는 성향이 강해 특별히 이상치로 검출되는 것은 없다. (3)의 $F-$통계량에 의한 검정의 결과 검정통계량이 유의수준 5%에서

F0 = 54.382 > Fa = 3.131

을 만족하고 유의확률 $p-$값 = 0.000은 매우 작아 귀무가설 $H_0 : \mu = \mu_0$ 를 기각하게 됨을 보여주고 있다. 즉, 평균형상 μ 가 표준형상 μ_0 와 같다고 여길 수 없다.

[결과 6.1.1] [R-코드 6.1.1]의 수행 결과 일부

(1) 30명 원형상과 표준형상(23번째 사람의 손 글씨)의 사전형상

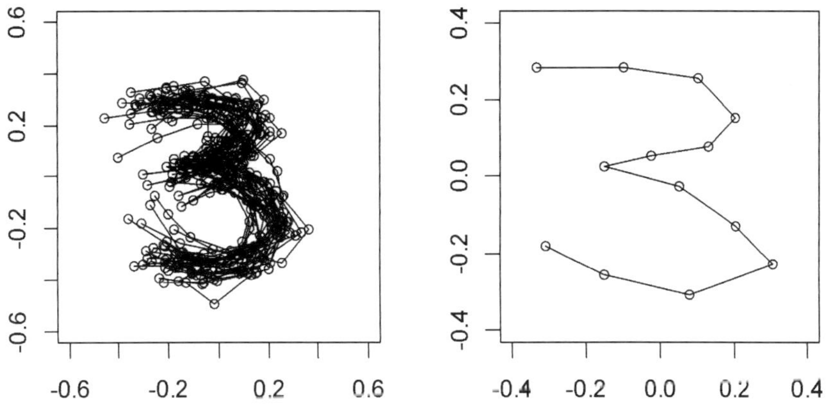

(2) 다변량 정규성 검정

```
> mvn(x)

            Test          Statistic              p value Result
1 Mardia Skewness  1666.95845105165                    1    YES
2 Mardia Kurtosis -8.17806611139801 2.22044604925031e-16     NO
3             MVN              <NA>                 <NA>     NO
```

(3) 호텔링 T^2 − 검정

```
> list.test
           F0       Fa      p-value
[1,] 54.38225 3.131277 1.847487e-06

> test(F0,Fa)
[1] "F0 > Fa: reject H0: mu=mu0 at alpha=0.05"
```

[R-코드 6.1.1] 손으로 쓴 숫자 3 형상의 탄젠트좌표의 평균형상 검정
(digit3-Tangentcoord-HotellingT2-testshapes.R)

```
## Hotelling's T^2 test for One Sample tangent coordnates of digit 3
library(shapes)
library(matrixcalc)

data=digit3.dat
k=dim(data)[1];m=dim(data)[2];n=dim(data)[3]

## Centred Pre-Shape : Large group
cent.preshape <- function(X){
            k <- dim(X)[1];m <- dim(X)[2];n <- dim(X)[3]
            C <- diag(k)-matrix(1/k,k,k)
            csize <- centroid.size(X)
            if( is.na(n)){ shape <- C%*%X/csize }
            if(!is.na(n)){
                        shape <- array(NA,c(k,m,n))
                        for(i in 1:n){ shape[,,i] <- C%*%X[,,i]/csize[i] }
            }
            return(shape)
}
X=data
data=cent.preshape(X)

# Original and Templete Preshapes
par(mfrow=c(1,2))
plotshapes(data, joinline=1:13)
plotshapes(data[,,23],joinline=1:13)

# Tangent Coordinates
r=(k-1)*m
H=defh(k-1)
mu0=H%*%data[,,23]
data=procGPA(data, tangentcoords="partial")
hatmu=H%*%data$mshape
I=diag(r)
fit=procOPA(hatmu, mu0);hatmu0=fit$Bhat
gamma0=(I-vec(hatmu)%*%t(vec(hatmu)))%*% vec(hatmu0)
x=t(data$tan)
round(x,3)

# Mradia's MVN Test: Skewness and Kurtosis
library(MVN)
mvn(x)

# Hotelling's T2 test for H0: mu=mu0
library(MASS)
n <- nrow(x);q=k%*%m-m-1-m%*%(m-1)/2
xb <- matrix(1/n,1, n)%*%x;xb=t(xb)
xb=xb-gamma0
Sv=(n-1)/n*cov(x);Sv
Dsq <- t(xb)%*%ginv(Sv)%*%xb
F0 <- (n-q)/q*Dsq; Fa <- qf(0.95,q,n-q); pv <- 1-pf(F0,q,n-q)
list.test <- cbind(F0,Fa,pv); colnames(list.test) <- c("F0","Fa","p-value")
test <- function(F0, Fa){
            if(F0 > Fa){"F0 > Fa: reject H0: mu=mu0 at alpha=0.05"}
            else{"F0 < Fa: accept H0: mu=mu0 at alpha=0.05"}
}
list.test
test(F0,Fa)
```

[보기 6.1.2] 쥐의 흉부척추 뼈 형상의 탄젠트좌표의 평균형상 검정

[보기 1.5.1]에는 쥐의 몸무게에 따라 큰 그룹(23마리)과 작은 그룹(23마리) 그리고 대조 그룹(30마리)으로 나눈 형상점 6개를 가진 척추 뼈 형상에 대해 R에서 제공하는 qset2.dat를 이용하여 작은 그룹 전체 자료의 중심화 사전형상, 북스테인형상, 북스테인 평균형상을 살펴보았다. 여기서는 작은 그룹 쥐 자료를 편의상 한 그룹의 평균형상 검정을 위한 자료로 활용하고자 한다.

먼저 형상점의 수 $k=6$ 에 의한 작은 그룹의 23마리 쥐 척추 뼈 형상에 대한 크기가 $(k-1)m\times 1=10\times 1$ 탄젠트좌표 $\boldsymbol{\nu}_1, \ldots, \boldsymbol{\nu}_{23}$ 를 활용하고자 한다.

$$\boldsymbol{\nu}_1 = (0.009, -0.001, -0.032, \ldots, 0.001)^T$$

$$\boldsymbol{\nu}_2 = (-0.003, 0.013, 0.051, \ldots, -0.041)^T$$

$$\vdots$$

$$\boldsymbol{\nu}_{23} = (-0.002, 0.017, -0.003, \ldots, 0.002)^T$$

[R-코드 6.1.2](mice-Tangentcoord-HotellingT2-testshapes.R)의 [결과 6.1.2]의 (1)은 23마리의 작은 쥐 척추 뼈 형상과 23번째 쥐의 형상을 표준형상으로 하고 이것의 사전형상 μ_0 를 보여주고 있다. (2)에서 탄젠트좌표의 다변량 정규성은 왜도만 만족되나 편의상 다변량 정규성을 만족한다고 생각하자. (3)의 $F-$통계량에 의한 검정의 결과 검정통계량이 유의수준 5%에서 다음을 만족하고

F0 = 1416.897 > Fa = 2.641

더불어 유의확률 $p-$값 = 0.000이 매우 작아 귀무가설 $H_0 : \mu=\mu_0$ 를 기각하게 되어 평균형상 μ 가 표준형상 μ_0 와 같다고 할 수 없다.

[결과 6.1.2] [R-코드 6.1.2]의 수행 결과 일부

(1) 23마리 쥐 척추 뼈 원형상과 표준형상(23번째 쥐)의 사전형상

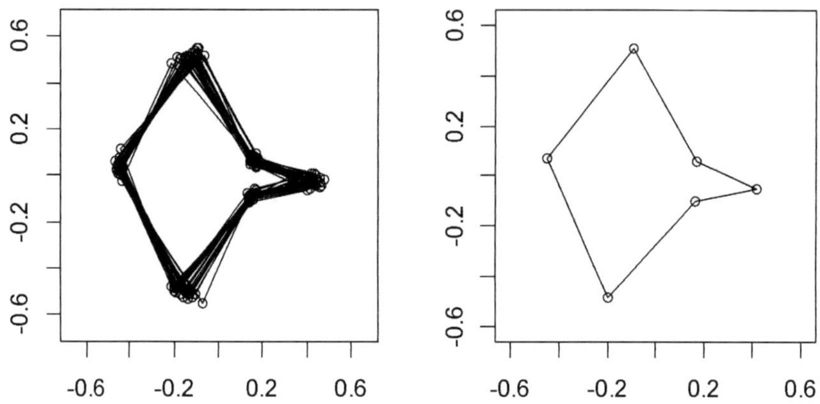

(2) 다변량 정규성 검정

```
> mvn(x)

               Test          Statistic             p value  Result
1 Mardia Skewness   111.841950416545   0.999999999888651     YES
2 Mardia Kurtosis  -7.07045055225729 1.54432022725359e-12     NO
3               MVN               <NA>                <NA>     NO
```

(3) 호텔링 T^2-검정

```
> list.test
          F0       Fa  p-value
[1,] 1416.897 2.640797        0

> test(F0,Fa)
[1] "F0 > Fa: reject H0: mu=mu0 at alpha=0.05"
```

[R-코드 6.1.2] 작은 쥐의 척추 뼈 탄젠트좌표의 평균형상 검정 (mice-Tangentcoord-HotellingT2-testshapes.R)

```
## Hotelling's T^2 test for One Sample tangent coordnates of mice
library(shapes)
library(matrixcalc)
data=qset2.dat # Small group : n=23
k=dim(data)[1];m=dim(data)[2];n=dim(data)[3]

## Centred Pre-Shape
cent.preshape <- function(X){
        k <- dim(X)[1];m <- dim(X)[2];n <- dim(X)[3]
        C <- diag(k)-matrix(1/k,k,k)
        csize <- centroid.size(X)
        if( is.na(n)){ shape <- C%*%X/csize }
        if(!is.na(n)){
                shape <- array(NA,c(k,m,n))
                for(i in 1:n){ shape[,,i] <- C%*%X[,,i]/csize[i] }
        }
        return(shape)
}
X=data
data=cent.preshape(X)

# Original and Template Preshapes
par(mfrow=c(1,2))
plotshapes(data, joinline=c(1,6,2,3,4,5,1))
plotshapes(data[,,23],joinline=c(1,6,2,3,4,5,1))

# Tangent Coordinates
r=(k-1)*m
H=defh(k-1)
mu0=H%*%data[,,23]
data=procGPA(data, tangentcoords="partial")
hatmu=H%*%data$mshape
I=diag(r)
fit=procOPA(hatmu, mu0);hatmu0=fit$Bhat
gamma0=(I-vec(hatmu)%*%t(vec(hatmu)))%*% vec(hatmu0)
x=t(data$tan)
round(x,3)

# Mradia's MVN Test: Skewness and Kurtosis
library(MVN)
mvn(x)

# Hotelling's T2 test for H0: mu=mu0
library(MASS)
n <- nrow(x);q=k%*%m-m-1-m%*%(m-1)/2
xb <- matrix(1/n,1, n)%*%x;xb=t(xb)
xb=xb-gamma0
Sv=(n-1)/n*cov(x)
Dsq <- t(xb)%*%ginv(Sv)%*%xb
F0 <- (n-q)/q*Dsq; Fa <- qf(0.95,q,n-q); pv <- 1-pf(F0,q,n-q)
list.test <- cbind(F0,Fa,pv); colnames(list.test) <- c("F0","Fa","p-value")
test <- function(F0, Fa){
        if(F0 > Fa){"F0 > Fa: reject H0: mu=mu0 at alpha=0.05"}
        else{"F0 < Fa: accept H0: mu=mu0 at alpha=0.05"}
}
list.test
test(F0,Fa)
```

이번에는 1.5절의 북스테인 형상좌표에 대해 평균형상 검정을 설명하고자 한다. 1.5절에서 북스테인좌표는 평균형상 μ인 모집단으로부터 임의 추출한 크기가 $k \times m$인 $n(\geq 2)$개의 중심화 형태행렬 $X_1, \ldots, X_n$의 각각에 대한 2차원 평면상에서 $(x_j,\ y_j),\ j = 1, \ldots, k$를 k개 형상점들의 좌표라 하자. 여기서 형상점 1과 2를 고정된 위치 (0, 0)과 (1, 0) 또는 (−1/2, 0)과 (1/2, 0)로 변환하도록 척도, 이동, 회전을 고려한 후에 남아 있는 나머지 $k-2$개의 좌표를 구하는 것이다. 일반적으로 1.5절의 (1.5.2)의 북스테인좌표 표기에 따라 k개 형상점을 가진 n개의 개체에서 얻어지는 크기가 $2(k-2) \times 1$인 북스테인좌표를 다음과 같다고 하자.

$$\boldsymbol{u}_i = \boldsymbol{u}_i^B = (u_{i3}^B, \ldots, u_{ik}^B, v_{i3}^B, \ldots, v_{ik}^B)^T,\ i = 1, \ldots, n \tag{6.1.6}$$

그러면 (6.1.6)의 북스테인좌표는 다음과 같이 공분산행렬 Σ를 모르는 다변량 정규분포를 따른다고 하자.

$$\boldsymbol{u}_i \sim N_{2(k-2)}(\mu, \Sigma),\ i = 1, \ldots, n$$

각 개체들의 형상점에 대한 산술평균은 (6.1.6)으로 부터

$$\overline{u_j} = \frac{1}{n}\sum_{i=1}^{n} u_{ij}^B,\ \ \overline{v_j} = \frac{1}{n}\sum_{i=1}^{n} v_{ij}^B,\ j = 3, \ldots, k;\ i = 1, \ldots, n$$

이고 이들에 의한 전체 개체들의 평균형상좌표는 다음과 같다.

$$\overline{\boldsymbol{u}} = (\overline{u_3}, \ldots, \overline{u_k}, \overline{v_3}, \ldots, \overline{v_k})^T$$

따라서 크기가 $2(k-2) \times 2(k-2)$인 공분산행렬 $S_u = (n-1)^{-1}\sum_{i=1}^{n}(\boldsymbol{u}_i - \overline{\boldsymbol{u}})(\boldsymbol{u}_i - \overline{\boldsymbol{u}})^T$의 계수는 $2(k-2)$로 역행렬이 존재하며 최용석(2019, 3장)에 따라 (6.1.2)의 귀무가설 $H_0 : \mu = \mu_0$에서 호텔링 T^2-통계량을 정의할 수 있다.

$$T^2 = n(\overline{\boldsymbol{u}} - \mu_0)^T S_u^{-1}(\overline{\boldsymbol{u}} - \mu_0) \sim \frac{2(k-2)(n-1)}{n-2(k-2)} F_{2(k-2),\, n-2(k-2)}$$

실제 검정은 다음의 $F-$검정통계량

$$F_0 = \frac{n-2(k-2)}{2(k-2)(n-1)} T^2 \sim F_{2(k-2),\, n-2(k-2)} \qquad (6.1.7)$$

에 의해서

$$F_0 \geqq F_{2(k-2),\, n-2(k-2)}(\alpha) \Rightarrow H_0 : \mu = \mu_0 \text{가 유의수준 } \alpha \text{에서 기각된다.} \qquad (6.1.8)$$

[보기 6.1.3]과 [보기 6.1.4]에는 [보기 6.1.1]과 [보기 6.1.2]의 손으로 쓴 숫자 3 형상의 탄젠트좌표와 작은 그룹 쥐의 흉부 척추 뼈 형상의 탄젠트좌표 대신 북스테인좌표를 활용한 평균형상 검정을 각각 보이고자 한다. 다만, 북스테인좌표 특성상 (6.1.7)의 $F-$검정통계량은 이를 구성하는 호텔링 T^2-통계량에서 공분산행렬 S_u의 일반화 역행렬 S_u^-를 이용해야 하고 따라서 근사적으로 $F-$분포를 따르게 된다.

[보기 6.1.3] 손으로 쓴 숫자 3의 북스테인좌표를 활용한 평균형상 검정

[보기 6.1.1]에는 30명이 손으로 쓴 숫자 3에 대한 13개 형상점 자료에 대하여 GPA를 실시하고 형태행렬의 복소 부분 프로크러스티즈 탄젠트좌표로 평균형상 검정을 실시하였다. 여기서는 30명의 크기가 $2(13-2)\times 1$인 북스테인좌표

$$\boldsymbol{u}_i = \boldsymbol{u}_i^B = (u_{i3}^B, \ldots, u_{i13}^B, v_{i3}^B, \ldots, v_{i13}^B)^T,\ i = 1, \ldots, 30$$

를 이용하여 귀무가설 $H_0 : \mu = \mu_0$에 대한 호텔링 T^2-검정을 실시하려 한다. 여기서 평균형상 μ_0로 [보기 6.1.1]에서 표준형상으로 사용한 제일 3의 정자에 가까운 23번째 사람의 손 글씨 형상의 북스테인좌표를 활용하였다.

[R-코드 6.1.3](digit3-Bookstein-HotellingT2-testshapes.R)의 [결과 6.1.3]을 살펴보면 (1)에서는 탄젠트좌표와 같이 북스테인좌표의 다변량 정규성은 엄밀히 말하면 만족되지 않으나 왜도 검정이 만족되므로 다변량 정규성을 만족한다고 생각하자. (2)의 $F-$통계량에 의한 검정의 결과 다음과 같이

$$\text{F0} = 9.202 \;>\; \text{Fa} = 3.131$$

검정통계량이 유의수준 5%에서 기각치보다 크고 유의확률 $p-$값 = 0.002로 인하여 귀무가설 $H_0 : \mu = \mu_0$를 기각한다. 이는 [보기 6.1.1]의 탄젠트좌표를 활용한 평균형상 검정과 같이 평균형상 μ가 표준형상 μ_0와 통계적으로 유의하게 다름을 보여준다.

[결과 6.1.3] [R-코드 6.1.3]의 수행 결과 일부

(1) 다변량 정규성 검정

```
> mvn(x)
              Test          Statistic            p value  Result
1 Mardia Skewness   1833.97291707954   0.998947884823367     YES
2 Mardia Kurtosis  -2.83287280071135 0.00461317388338633     NO
3             MVN               <NA>                <NA>     NO
```

(2) 호텔링 T^2-검정

```
> list.test
           F0       Fa     p-value
[1,] 9.202112 3.131277 0.001537861

> test(F0,Fa)
[1] "F0 > Fa: reject H0: mu=mu0 at alpha=0.05"
```

[R-코드 6.1.3] 손으로 쓴 숫자 3 형상의 북스테인좌표의 평균형상 검정
(digit3-Bookstein-HotellingT2-testshapes.R)

```
## Hotelling's T^2 test for Bookstein Coordinates of digit 3
library(shapes)

data=digit3.dat
k=dim(data)[1];m=dim(data)[2];n=dim(data)[3]

## Centred Pre-Shape : Large group
cent.preshape <- function(X){
        k <- dim(X)[1];m <- dim(X)[2];n <- dim(X)[3]
        C <- diag(k)-matrix(1/k,k,k)
        csize <- centroid.size(X)
        if( is.na(n)){ shape <- C%*%X/csize }
        if(!is.na(n)){
                shape <- array(NA,c(k,m,n))
                for(i in 1:n){ shape[,,i] <- C%*%X[,,i]/csize[i] }
        }
        return(shape)
}
X=data
data=cent.preshape(X)

# Bookstein coordinates
book=bookstein2d(data)
u=t(apply(book$bshpv[3:13,,], 3,c))
mu0=data[,,23]
meanbook=bookstein2d(mu0)
mu=meanbook$bshpv[3:13,,]
mu0=matrix(mu, 22, 1);mu0=t(mu0)

# Mradia's MVN Test: Skewness and Kurtosis
library(MVN)
mvn(u)

# Hotelling's T2 test for H0: mu=mu0
n <- nrow(u); p <- ncol(u);
ub <- matrix(1/n,1, n)%*%u;ub
ub=ub-mu0
S=cov(u);S
Tsq <- n*(ub)%*%solve(S)%*%t(ub)
F0 <- (n-p)/((n-1)*p)*Tsq; Fa <- qf(0.95,p,n-p); pv <- 1-pf(F0,p,n-p)
list.test <- cbind(F0,Fa,pv); colnames(list.test) <- c("F0","Fa","p-value")
test <- function(F0, Fa){
        if(F0 > Fa){"F0 > Fa: reject H0: mu=mu0 at alpha=0.05"}
        else{"F0 < Fa: accept H0: mu=mu0 at alpha=0.05"}
}
list.test
test(F0,Fa)
```

[보기 6.1.4] 쥐의 척추 뼈 형상의 북스테인좌표의 평균형상 검정

[보기 6.1.3]에는 쥐의 몸무게에 따라 큰 그룹(23마리)과 작은 그룹(23마리) 그리고 대조 그룹(30마리)으로 나눈 형상점 6개를 가진 척추 뼈 형상에 대해 qset2.dat를 이용하여 작은 그룹 전체 자료의 탄젠트좌표를 활용하여 한 그룹의 평균형상 검정을 실시하였다. 여기서는 23마리 작은 쥐의 크기가 $2(6-2)\times 1$인 북스테인좌표

$$\boldsymbol{u}_i = \boldsymbol{u}_i^B = (u_{i3}^B, \ldots, u_{i6}^B, v_{i3}^B, \ldots, v_{i6}^B)^T, \; i = 1, \ldots, 23$$

를 이용하여 귀무가설 $H_0 : \mu = \mu_0$에 대한 호텔링 T^2-검정을 실시하려 한다. 여기서 평균형상 μ_0로 [보기 6.1.2]에서 표준형상으로 사용한 23번째 쥐의 형상의 북스테인좌표를 활용하였다.

[R-코드 6.1.4](mice-Bookstein-HotellingT2-testshapes.R)의 [결과 6.1.4]의 (1)은 북스테인좌표의 다변량 정규성이 만족됨을 보여 주고 있다. (2)의 $F-$통계량에 의한 검정의 결과 검정통계량이 유의수준 5%에서

F0 = 7.679 > Fa = 2.641

을 만족하고 더불어 유의확률 $p-$값 = 0.000이 매우 작아 귀무가설 $H_0 : \mu = \mu_0$를 기각하게 되어 평균형상 μ가 표준형상 μ_0와 같다고 할 수 없다. 더군다나 [보기 6.1.2]의 탄젠트좌표에 대한 평균형상 검정과 동일한 결과이다. 다만 탄젠트좌표에서는 다변량 정규성이 만족되지 않았으나 북스테인좌표에서는 만족하는 것이 큰 차이점이다.

[결과 6.1.4] [R-코드 6.1.4]의 수행 결과 일부

(1) 다변량 정규성 검정

```
> mvn(x)

             Test          Statistic             p value   Result
1 Mardia Skewness   104.042767361795   0.849910780570904      YES
2 Mardia Kurtosis  -1.62989171571779    0.10312438484638      YES
3             MVN               <NA>                <NA>      YES
```

(3) 호텔링 T^2 – 검정

```
> list.test
          F0       Fa      p-value
[1,] 7.679058 2.640797 0.0003975126   1

> test(F0,Fa)
[1] "F0 > Fa: reject H0: mu=mu0 at alpha=0.05"
```

[R-코드 6.1.4] 작은 쥐의 척추 뼈 북스테인좌표의 평균형상 검정
(mice-Bookstein-HotellingT2-testshapes.R)

```
## Hotelling's T^2 test for Bookstein Coordinates of mice
library(shapes)

data=qset2.dat # Small group : n=23
k=dim(data)[1];m=dim(data)[2];n=dim(data)[3]

## Centred Pre-Shape : Large group
cent.preshape <- function(X){
		k <- dim(X)[1];m <- dim(X)[2];n <- dim(X)[3]
		C <- diag(k)-matrix(1/k,k,k)
		csize <- centroid.size(X)
		if( is.na(n)){ shape <- C%*%X/csize }
		if(!is.na(n)){
				shape <- array(NA,c(k,m,n))
				for(i in 1:n){ shape[,,i] <- C%*%X[,,i]/csize[i] }
		}
		return(shape)
}
X=data
data=cent.preshape(X)

# Bookstein coordinates
book=bookstein2d(data)
u=t(apply(book$bshpv[3:6,,], 3,c))
mu0=data[,,23]
meanbook=bookstein2d(mu0)
mu=meanbook$bshpv[3:6,,]
mu0=matrix(mu, 8, 1);mu0=t(mu0)

# Mradia's MVN Test: Skewness and Kurtosis
library(MVN)
mvn(u)

# Hotelling's T2 test for H0: mu=mu0
n <- nrow(u); p <- ncol(u);
ub <- matrix(1/n,1, n)%*%u;ub
ub=ub-mu0
S=cov(u);S
Tsq <- n*(ub)%*%solve(S)%*%t(ub)
F0 <- (n-p)/((n-1)*p)*Tsq; Fa <- qf(0.95,p,n-p); pv <- 1-pf(F0,p,n-p)
list.test <- cbind(F0,Fa,pv); colnames(list.test) <- c("F0","Fa","p-value")
test <- function(F0, Fa){
		if(F0 > Fa){"F0 > Fa: reject H0: mu=mu0 at alpha=0.05"}
		else{"F0 < Fa: accept H0: mu=mu0 at alpha=0.05"}
}
list.test
test(F0,Fa)
```

지금까지 [보기 6.1.3]과 [보기 6.1.4]에는 [보기 6.1.1]과 [보기 6.1.2]의 손으로 쓴 숫자 3 형상의 탄젠트좌표와 작은 그룹 쥐의 흉부 척추 뼈 형상의 탄젠트좌표 대신 북스테인좌표를 활용한 평균형상 검정을 각각 보였다. 일반적으로 2차원의 탄젠트좌표는 크기가 $2(k-1)\times 1$이고 북스테인좌표는 $2(k-2)\times 1$로 전자의 경우 공분산행렬의 역행렬이 존재하지 않아 일반화역행렬을 이용한 마할라노비스거리에 의한 $F-$검정을 실시하고 후자의 경우 공분산행렬의 역행렬이 존재하여 호텔링 T^2-통계량에 바탕을 둔 $F-$검정을 실시한다. 그리고 탄젠트좌표와 북스테인좌표의 경우 검정하고자 하는 평균형상 μ_0로 가급적 대표적 형상을 잘 나타내고 있는 표준형상으로 어떤 개체의 형상의 주관적 선택과 다변량 정규성 여부에 따라 검정의 결과에 영향을 미치게 된다. 다만 공분산행렬의 역행렬이 존재하지 않으며 다변량 정규성에 다소 문제가 되는 탄젠트좌표 보다는 북스테인좌표를 활용한 평균형상 검정이 더 바람직하다고 여겨진다. 따라서 6.2절 이후 군집의 평균형상 비교를 위해 북스테인좌표를 사용하고자 한다.

더불어 다변량 정규성이 만족되지 않은 [보기 6.1.3]의 북스테인좌표도 다변량 정규성이 만족되지 않을 경우 일변량(univariate)에서와 같이 부호(sign) 또는 순위(rank)에 기초한 검정통계량을 만들어 분포무관한 방법과 순위검정과 붓스트랩검정과 같은 재표본(re-sample)에 의한 방법을 활용할 수 있다. 이들을 다변량 비모수적 방법(multivariate nonparametric method)이라고 하고 6.2절에서 살펴보려 한다.

6.2 한 군집 평균형상 다변량 비모수검정

Oja와 Randles(2004)은 다변량 비모수검정으로 한 군집과 두 개 이상의 여러 군집에 대한 다변량 부호검정과 다변량 순위검정을 소개 하고 있다. 이들 검정들은 한 군집의 일변량 비모수검정에서 잘 알려진 방법이다. 다만 다변량 부호검정과 다변량 순위검정은 공간부호함수(spatial sign function)를 바탕을 둔 공간부호와 이들의 순위를 활용한다. 이때 다변량 자료의 공분산행렬의 역행렬이 존재해서 원 자료의 변환행렬을 형성하고 이를 통해 부호와 순위를 결정한다. 이론적으로도 이들 검정에서는 공분산행렬의 역행렬이 존재하지 않을 경우 일반화 역행렬도 사용할 수가 없다. 다변량 정규성이 만족되지 않은 [보기 6.1.1]과 [보기 6.1.2]의 탄젠트좌표의 경우에는 역행렬이 존재하지 않아 다변량 부호검정과 다변량 순위검정을 적용할 수가 없다. 실제 이 경우 다변량 정규성이 만족된다고 여기고 실시한 $F-$검정에서도 일반화 역행렬을 이용하였다. 따라서 공분산 행렬이 존재하지 않는 탄젠트좌표의 경우 이들 비모수검정을 적용할 수 없다. 반면에 [보기 6.1.3]과 같이 북스테인좌표의 다변량 정규성은 만족되지 않아 이론적으로 정확한 호텔링 T^2-통계량에 의한 $F-$검정을 적용하기가 어려운 상항이나 공분산행렬의 역행렬이 존재하므로 이들 비모수검정을 적용할 수 있다. 특히, 이들 검정에 대한 이론적 설명은 Oja와 Randles(2004)를 참고하고 여기에 바탕을 둔 Oja(2010)의 패키지 MNM인 library(MNM)의 함수 mv.1sample.test()의 적용을 강조한 [보기 6.2.1]을 참고 바란다. 부호검정과 순위검정을 위해서 이 함수의 옵션으로 score="sign"/"rank"을 사용할 수 있다. 6.4절과 6.6절의 두 군집과 여러 군집의 평균형상에 대한 비모수검정은 함수 mv.Csample.test()를 활용하게 된다.

[보기 6.2.1] 손으로 쓴 숫자 3 형상과 작은 쥐 척추 뼈 평균형상의 다변량 부호검정과 순위검정

[보기 6.1.3]에는 30명이 손으로 쓴 숫자 3에 대한 13개 형상점 자료에 대하여 크기가 $2(13-2)\times 1$인 북스테인좌표

$$\boldsymbol{u}_i = \boldsymbol{u}_i^B = (u_{i3}^B, \dots, u_{i13}^B, v_{i3}^B, \dots, v_{i13}^B)^T,\ i = 1, \dots, 30$$

를 이용하여 다변량 정규성이 만족되지 않아도 귀무가설 $H_0 : \mu = \mu_0$에 대한 호텔링 T^2-통계량에 의한 F-검정을 실시하였다. 여기서 평균형상 μ_0로 23번째 사람의 손글씨 형상의 북스테인좌표를 활용하였다. 검정의 결과 검정통계량이 유의수준 5%에서 기각치보다 크고 유의확률 p-값 = 0.002로 인하여 귀무가설 $H_0 : \mu = \mu_0$를 기각하였다. 이는 평균형상 μ가 표준형상 μ_0와 통계적으로 유의하게 다름을 보여준다.

[결과 6.2.1]-(1)에는 숫자 3 형상의 북스테인좌표에 대한 다변량 부호검정과 다변량 순위검정의 결과를 제시하고 있다. 유의수준 5%에서 이들 검정의 유의확률 p-값이 각각 0.165와 0.125로 귀무가설 $H_0 : \mu = \mu_0$를 기각하지 못한다. 이는 평균형상 μ가 표준형상 μ_0와 통계적으로 유의하게 같음을 보여주어 [보기 6.1.3]의 결과와는 정반대이다. [R-코드 6.2.1]의 왼편 (digit3-Bookstein-Nonparametric-testshapes.R)을 참고 바란다.

[보기 6.1.4]의 경우 쥐의 몸무게에 따라 작은 그룹(23마리)의 형상점 6개를 가진 척추 뼈 형상에 대한 다변량 정규성이 만족되는 크기가 $2(6-2)\times 1$인 북스테인좌표

$$\boldsymbol{u}_i = \boldsymbol{u}_i^B = (u_{i3}^B, \dots, u_{i6}^B, v_{i3}^B, \dots, v_{i6}^B)^T,\ i = 1, \dots, 23$$

를 이용하여 귀무가설 $H_0 : \mu = \mu_0$에 대한 F-검정을 실시하였다. 여기서 평균형상 μ_0로 23번째 쥐의 형상의 북스테인좌표를 활용하였다. 검정의 결과 검정통계량이 유의수준 5%에서 기각치보다 크고 유의확률 p-값 = 0.000이 매우 작아 귀무가설 $H_0 : \mu = \mu_0$를 기각하게 되어 평균형상 μ가 표준형상 μ_0와 다름을 보여 주었다.

[보기 6.1.4]의 동일한 자료의 북스테인좌표에 대하여 다변량 부호검정과 다변량

순위검정을 적용하여 [결과 6.2.1]-(2)를 얻었다. 이를 보면 유의수준 5%에서 이들 검정의 유의확률 $p-$값이 각각 0.026와 0.014로 귀무가설 $H_0 : \mu = \mu_0$를 기각한다. 이는 평균형상 μ가 표준형상 μ_0와 통계적으로 유의하게 다름을 보여주며 [보기 6.1.4]의 결과와 동일하다. [R-코드 6.2.1]의 오른편 (mice-Bookstein-Nonparametric-testshapes.R)을 참고 바란다.

[결과 6.2.1] [R-코드 6.2.1]의 수행 결과 일부

(1) 숫자 3 형상의 북스테인좌표에 대한 다변량 부호검정과 다변량 순위검정

부호검정

```
> mv.1sample.test(u, mu=mu0, score="sign")

        One sample spatial sign test using outer standardization
data:  u
Q.2 = 28.331, df = 22, p-value = 0.165
```

순위검정

```
> mv.1sample.test(u, mu=mu0, score="rank")

        One sample spatial signed-rank test using outer standardization
data:  u
Q.2 = 29.573, df = 22, p-value = 0.1292
```

(2) 쥐의 척추 뼈 형상의 북스테인좌표에 대한 다변량 부호검정과 다변량 순위검정

부호검정

```
> mv.1sample.test(u, mu=mu0, score="sign")

        One sample spatial sign test using outer standardization
data:  u
Q.2 = 17.404, df = 8, p-value = 0.02617
```

순위검정

```
> mv.1sample.test(u, mu=mu0, score="rank")

        One sample spatial signed-rank test using outer standardization
data:  u
Q.2 = 19.212, df = 8, p-value = 0.01377
```

[R-코드 6.2.1] 손으로 쓴 숫자 3 형상과 작은 쥐의 척추 뼈 평균형상의 다변량 부호검정과 순위검정 (digit3-Bookstein-Nonparametric-testshapes.R) (mice-Bookstein-Nonparametric-testshapes.R)

```
## Nonparmatric tests(sign, rank)
 for Bookstein Coordinates of digit 3
library(MNM)
library(shapes)
data=digit3.dat
k=dim(data)[1];m=dim(data)[2];n=dim(data)[3]

## Centred Pre-Shape : Large group
cent.preshape <- function(X){
k <- dim(X)[1];m <- dim(X)[2];n <- dim(X)[3]
C <- diag(k)-matrix(1/k,k,k)
csize <- centroid.size(X)
if( is.na(n)){ shape <- C%*%X/csize }
if(!is.na(n)){
 shape <- array(NA,c(k,m,n))
 for(i in 1:n){ shape[,,i] <- C%*%X[,,i]/csize[i] }
}
return(shape)
}
X=data
data=cent.preshape(X)

# Bookstein coordinates
book=bookstein2d(data)
u=t(apply(book$bshpv[3:13,,], 3,c))
mu0=data[,,23]
meanbook=bookstein2d(mu0)
mu=meanbook$bshpv[3:13,,]
mu0=matrix(mu, 22, 1);mu0=t(mu0)

# Multivaiate Nonparametric Tests: Sign and Rank
mv.1sample.test(u, mu=mu0, score="sign")
mv.1sample.test(u, mu=mu0, score="rank")
```

```
## Nonparmetric Tests(Sing, Rank)
  for Bookstein Coordinates of mice
library(shapes)
library(MNM)
data=qset2.dat # Small group : n=23
k=dim(data)[1];m=dim(data)[2];n=dim(data)[3]

## Centred Pre-Shape : Large group
cent.preshape <- function(X){
k <- dim(X)[1];m <- dim(X)[2];n <- dim(X)[3]
C <- diag(k)-matrix(1/k,k,k)
csize <- centroid.size(X)
if( is.na(n)){ shape <- C%*%X/csize }
if(!is.na(n)){
 shape <- array(NA,c(k,m,n))
 for(i in 1:n){ shape[,,i] <- C%*%X[,,i]/csize[i] }
}
return(shape)
}
X=data
data=cent.preshape(X)

# Bookstein coordinates
book=bookstein2d(data)
u=t(apply(book$bshpv[3:6,,], 3,c))
mu0=data[,,23]
meanbook=bookstein2d(mu0)
mu=meanbook$bshpv[3:6,,]
mu0=matrix(mu, 8, 1);mu0=t(mu0)

# Nonparmetric Tests: Sing,Rank
mv.1sample.test(u, mu=mu0, score="sign")
mv.1sample.test(u, mu=mu0, score="rank")
```

지금까지 [보기 6.1.3]의 30명이 손으로 쓴 숫자 3에 대한 13개 형상점 자료와 같이 다변량 정규성이 만족되지 않은 경우 호텔링 T^2 −통계량에 의한 F −검정을 실시하는 것은 정반대의 결과를 가져올 수 있어 주의해야 한다. 비록 다변량 첨도검정에서는 다변량 정규성이 만족되지 못하여도 다변량 왜도검정에서 다변량 정규성을 만족하여 꼬리가 두터운 분포가 아니어서 다변량 정규성이 만족된다고 보고 이를 바탕으로 F −검정을 실시하였으나 이는 성공적인 평균형상 검정으로 이끌지는 못했다고 여겨진다. 아무튼 다변량 자료가 다변량 정규성이 만족되지 못한 경우 다변량 자료의 분포를 가정하지 않고 순위와 부호에 근거한 비모수검정이 선호되는 것이다. 더불어 [보기 6.1.1]과 [보기 6.1.2]의 탄젠트좌표에 대해선 공분산행렬의 역행렬이 존재 하지 않아 이론적으로 일반화 역행렬을 사용할 수 없는 다변량 비모수검정을 적용하지 못한다는 점을 한 번 더 언급한다.

이번에는 넓게는 비모수검정이라 할 수 있는 다변량 붓스트랩검정(bootstrap test)을 소개 하려한다. 이들은 다변량 자료를 재표집(re-sampling)을 통하여 다변량 정규분포를 가정 하지 못하는 경우에 적용 가능한 검정 방법이다. 붓스트랩검정은 자료를 복원(replacement)추출하여 재표본(re-sample)을 확보한다. 특히, Srivastava (2002 , 17장)은 잔차로부터 붓스트랩 표본을 얻는 절차를 추천하고 있으며 이를 바탕으로 북스테인좌표에 의한 평균형상 검정을 위한 (6.1.7)의 검정통계량에 의한 붓스트랩 $F-$검정 절차를 요약 정리한다.

[한 집단 붓스트랩검정]

[절차1] 크기가 $2(k-2)\times 1$ 북스테인좌표 $\boldsymbol{u}_i,\ i=1,\dots,n$ 로부터 평균벡터 $\bar{\boldsymbol{u}}$ 를 구하고 (6.1.7)의 검정통계량 $T_{obs}=F_0$ 를 계산하고 다음과 같이 잔차벡터를 고려한다.

$$\boldsymbol{z}_i=\left(\frac{n}{n-1}\right)^{1/2}(\boldsymbol{u}_i-\bar{\boldsymbol{u}}),\ i=1,\dots,n$$

[절차2] [절차1]의 잔차 $\boldsymbol{z}_i,\ i=1,\dots,n$ 로부터 복원추출에 의한 B개 붓스트랩 표본을 각각 구한다.

$$\begin{gathered}\boldsymbol{z}^*_{1i},\ i=1,\dots,n\\ \boldsymbol{z}^*_{2i},\ i=1,\dots,n\\ \vdots\\ \boldsymbol{z}^*_{Bi},\ i=1,\dots,n\end{gathered}$$

[절차3] [절차2]의 B개 붓스트랩 표본 각각으로부터 평균벡터와 공분산행렬과 합동공분산행렬을 다음과 같이 구한다.

$$\overline{\boldsymbol{z}^*_1},\ \overline{\boldsymbol{z}^*_2},\dots,\ \overline{\boldsymbol{z}^*_B}\ ;\qquad S^*_1,\ S^*_2,\dots,\ S^*_B$$

[절차4] [절차3]으로 부터 검정통계량

$$F_{0j}^{*} = \left(\frac{n-2(k-1)}{2(k-1)(n-1} \right) n \overline{\boldsymbol{z}_j^{*}}^{T} S_j^{*-} \overline{\boldsymbol{z}_j^{*}}, \quad j = 1, \ldots, B$$

를 구하고 이들 값의 순서를 다음과 같이 계산한다.

$$F_{0(1)}^{*} \le \cdots \le F_{0(B)}^{*}$$

[절차5] [절차1]의 검정통계량 F_0 에 의해서 다음의 검정 결과를 따르게 된다.

$F_0 > F^{*}(\alpha) \Rightarrow$ 유의수준 α 에서 $H_0 : \mu_1 = \mu_2$ 을 기각한다.

여기서 $F^{*}(\alpha)$는 기각값으로 [절차5]의 순서값 $F_{0(j)}^{*}$ 의 $100\alpha\%$에 해당하는 값보다 큰 값이다.

특히, [절차1]과 [절차4]에서 북스테인좌표 특성상 (6.1.7)의 $F-$검정통계량은 이를 구성하는 호텔링 T^2-통계량에서 공분산행렬의 일반화 역행렬을 이용해야 하고 따라서 근사적으로 $F-$분포를 따르게 된다. 이는 6.1절에서도 언급한 바 있다.

R에서 함수 sample()에 의해서 옵션 replace=TRUE로 복원추출에 의한 붓스랩 표본을 만들 수 있다.

[보기 6.2.2] 손으로 쓴 숫자 3 형상과 작은 쥐 척추 뼈 평균형상의 다변량 붓스트랩검정

[보기 6.2.1]에는 30명이 손으로 쓴 숫자 3에 대한 13개 형상점 자료에 대하여 크기가 $2(13-2)\times 1$인 북스테인좌표를 이용하여 다변량 정규성이 만족되지 않아 비모수방법인 다변량 부호검정과 다변량 순위검정의 결과를 살펴보았다. 유의수준 5%에서 이들 검정은 귀무가설 $H_0 : \mu = \mu_0$를 기각하지 못한다. 이는 평균형상 μ가 표준형상 μ_0와 통계적으로 유의하게 같음을 보여주었다. 여기서는 붓스트랩검정을 활용한 [결과 6.2.2]-(1)을 살펴보면 검정통계량 F_0 = 9.202가 기각치 $F*(96)$ = 11.154보

다 작으므로 귀무가설 $H_0 : \mu = \mu_0$를 기각하지 못한다. 이는 [보기 6.2.1]의 다변량 부호검정과 다변량 순위검정과 동일 한 결과를 제공하였다. [R-코드 6.2.2]의 왼편 (digit3-Bookstein-Bootstrap-1sample-testshapes.R)을 참고 바란다.

[보기 6.1.4]의 경우 쥐의 몸무게에 따라 작은 그룹(23마리)의 형상점 6개를 가진 척추 뼈 형상에 대한 다변량 정규성이 만족되는 크기가 $2(6-2)\times 1$인 북스테인좌표에 대하여 다변량 부호검정과 다변량 순위검정을 적용하였다. 그 결과 귀무가설 $H_0 : \mu = \mu_0$를 기각하여 평균형상 μ가 표준형상 μ_0와 통계적으로 유의하게 다름을 보여주었다. 이번에는 붓스트랩검정을 활용한 [결과 6.2.2]-(2)을 살펴보면 검정통계량 $F_0 = 7.058$은 기각치 $F^*(96) = 5.112$보다 크므로 귀무가설 $H_0 : \mu = \mu_0$를 기각한다. 이는 [결과 6.2.1]-(2)의 다변량 부호검정과 다변량 순위검정과 동일 한 결과를 가져다 주었다. [R-코드 6.2.2]의 오른편 (mice-Bookstein-Bootsrap-1sample-testshapes.R)을 참고 바란다. [R-코드 6.2.2]의 아래쪽에는 손으로 쓴 숫자 3 평균형상과 쥐의 몸무게에 따라 작은 그룹의 척추 뼈 평균형상에 대한 공통적으로 적용될 붓스트랩검정에 관한 코드를 담고 있다.

[결과 6.2.2] [R-코드 6.2.2]의 수행 결과 일부

(1) 숫자 3 형상의 북스테인좌표에 대한 붓스트랩검정

```
> bootstrap.hotelling.onesamp(x=x,mu0=mu0,B=100, alpha=0.05)
[1] "F0 < Fa: accept H0 : mu=mu0"
           F0       Fa
[1,] 9.202112 11.15366
```

(2) 쥐의 척추 뼈 형상의 북스테인좌표에 대한 비모수검정

```
> bootstrap.hotelling.onesamp(x=x,mu0=mu0,B=100, alpha=0.05)
[1] "F0 > Fa: reject H0 : mu=mu0"
           F0       Fa
[1,] 7.058211 5.111937
```

[R-코드 6.2.2] 손으로 쓴 숫자 3 형상과 작은 쥐 척추 뼈 평균형상의 다변량 붓스트랩검정 (digit3-Bookstein-Bootstrap-1sample-testshapes.R) (mice-Bookstein-Bootsrap-1sample-testshapes.R)

```
## Nonparmatric tests(sign, rank)
 for Bookstein Coordinates of digit 3
library(MNM)
library(shapes)
data=digit3.dat
k=dim(data)[1];m=dim(data)[2];n=dim(data)[3]

## Centred Pre-Shape : Large group
cent.preshape <- function(X){
k <- dim(X)[1];m <- dim(X)[2];n <- dim(X)[3]
C <- diag(k)-matrix(1/k,k,k)
csize <- centroid.size(X)
if( is.na(n)){ shape <- C%*%X/csize }
if(!is.na(n)){
 shape <- array(NA,c(k,m,n))
 for(i in 1:n){ shape[,,i] <- C%*%X[,,i]/csize[i] }
}
return(shape)
}
X=data
data=cent.preshape(X)

# Bookstein coordinates
book=bookstein2d(data)
u=t(apply(book$bshpv[3:13,,], 3,c))
mu0=data[,,23]
meanbook=bookstein2d(mu0)
mu=meanbook$bshpv[3:13,,]
mu0=matrix(mu, 22, 1);mu0=t(mu0)
x=u
```

```
## Nonparmetric Tests(Sing, Rank)
  for Bookstein Coordinates of mice
library(shapes)
library(MNM)
data=qset2.dat # Small group : n=23
k=dim(data)[1];m=dim(data)[2];n=dim(data)[3]

## Centred Pre-Shape : Large group
cent.preshape <- function(X){
k <- dim(X)[1];m <- dim(X)[2];n <- dim(X)[3]
C <- diag(k)-matrix(1/k,k,k)
csize <- centroid.size(X)
if( is.na(n)){ shape <- C%*%X/csize }
if(!is.na(n)){
 shape <- array(NA,c(k,m,n))
 for(i in 1:n){ shape[,,i] <- C%*%X[,,i]/csize[i] }
}
return(shape)
}
X=data
data=cent.preshape(X)

# Bookstein coordinates
book=bookstein2d(data)
u=t(apply(book$bshpv[3:6,,], 3,c))
mu0=data[,,23]
meanbook=bookstein2d(mu0)
mu=meanbook$bshpv[3:6,,]
mu0=matrix(mu, 8, 1);mu0=t(mu0)
x=u
```

```
## One sample Hotelling T^2 test based on Bootstrap
bootstrap.hotelling.onesamp<- function(x,mu0,B=100,alpha){
     n <- nrow(x); p <- ncol(x); x.bar <- colMeans(x); x.bar.mat <- matrix(x.bar,n,p,byrow=TRUE)
     z <- ((n/(n-1))^1/2)*(x-x.bar.mat);s <- cov(x)
     F <- NA
     set.seed(123)
     for(i in 1:B){
       boot <- sample(1:n,n,replace=TRUE)
       boot.samp <- z[boot,]
       z.boot.bar <- colMeans(boot.samp); s.boot <- cov(boot.samp)
       Tsq <- n*t(z.boot.bar)%*%ginv(s.boot)%*%z.boot.bar
       F[i] <- (n-p)/((n-1)*p)* Tsq
     }
     F.order <- sort(F,decreasing=FALSE)
     Fa <- quantile(F.order,1-(alpha-0.01))
     Fa<-as.numeric(Fa)
     Tsq.origin <- n*(x.bar-mu0)%*%ginv(s)%*%t(x.bar-mu0)
     F0 <- (n-p)/((n-1)*p)* Tsq.origin
     list.test <- cbind(F0, Fa); colnames(list.test)<-c("F0", "Fa")
     if(F0 > Fa){
       print('F0>Fa: reject H0 : mu=mu0')
     }else{
       print('F0<Fa: accept H0 : mu=mu0')
     }
    return(list.test)
}
bootstrap.hotelling.onesamp(x=x,mu0=mu0,B=100, alpha=0.05)
```

6.3 두 군집 평균형상 검정

m 차원에서 k 개의 형상점들에 의한 두 군집의 크기가 $k \times m$ 인 $n_j(\geq 2)$개의 중심화된 형태행렬 $X_{j1}, \ldots, X_{jn_j}$, $j = 1,2$이 평균형상을 μ_j 라 하면 두 군집의 평균형상에 대한 검정을 위해 (6.3.1)의 귀무가설을 고려할 수 있다.

$$H_0 : \mu_1 = \mu_2 \quad vs \quad H_1 : \mu_1 \neq \mu_2 \tag{6.3.1}$$

이를 검정하기 위해서 1.5절 (1.5.2)에서 살펴 본 1차원으로 변환하는 복소공간에 나타낸 탄젠트좌표에 근사적인 북스테인좌표를 사용하려 한다. 특히 기저 형상점을 제외한 두 군집의 북스테인좌표는 차원이 $q = 2 \times (k-2)$로 서로 독립이고 공통 공분산행렬 Σ를 가지며 다변량 정규분포인 (6.3.2)를 따른다고 하자.

$$\boldsymbol{u}_i \sim N_{2(k-2)}(\mu_1, \Sigma),\ i = 1, \ldots, n_1;\ \ \boldsymbol{w}_i \sim N_{2(k-2)}(\mu_2, \Sigma),\ i = 1, \ldots, n_{2.} \tag{6.3.2}$$

특히, (6.3.2)에서 정의한 각각의 좌표는 6.1절의 (6.1.6)의 북스테인좌표 표기에 따르면 $\boldsymbol{u}_i = \boldsymbol{u}_i^B$와 $\boldsymbol{w}_j = \boldsymbol{w}_j^B$로 크기가 $2(k-2) \times 1$이다. 이들은 각각 표본평균 $\bar{\boldsymbol{u}}$와 $\bar{\boldsymbol{w}}$ 그리고 공분산행렬 S_v와 S_w로부터 얻어진 합동공분산행렬

$$S_p = \frac{(n_1 - 1)S_u + (n_2 - 1)S_w}{n_1 + n_2 - 2}$$

에 의해서 다음과 같은 제곱 마할라노비스거리

$$D^2 = (\bar{\boldsymbol{u}} - \bar{\boldsymbol{v}})^T S_p^{-1} (\bar{\boldsymbol{u}} - \bar{\boldsymbol{v}}) \tag{6.3.3}$$

를 계산할 수 있다. 이는 두 군집의 표본평균 $\bar{\boldsymbol{u}}$와 $\bar{\boldsymbol{w}}$ 간의 거리로 이들에 의해서 (6.3.1)에서 세운 두 군집간의 평균형상 차이를 검정하는 기본 통계량이 됨을 짐작할 수 있다. 실제로 (6.3.1)의 귀무가설 $H_0 : \mu_1 = \mu_2$에서 (6.3.3)에 의해서 검정통계량으로

$$F = \frac{n_1 n_2 (n_1 + n_2 - q - 1)}{(n_1 + n_2)(n_1 + n_2 - 2)q} D^2 \sim F_{q,\, n_1 + n_2 - q - 1} \tag{6.3.4}$$

를 사용하게 된다. 여기서 $q = 2 \times (k-2)$는 북스테인좌표의 차원의 수이다. 따라서 검정 통계량 $F-$값의 관측값을 F_0라 하면 이 값이 매우 크거나 유의확률 $p-$값 $= P(F \geq F_0)$이 유의수준보다 작다면 귀무가설 $H_0 : \mu_1 = \mu_2$를 기각하게 되어 두 군집의 평균형상 간에 차이가 있음을 통계적으로 유의하게 인정하게 된다.

일반적으로 형상분석에서 호텔링 T^2-통계량에 의한 (6.3.4)의 검정을 적용하기 위해선 두 번째 자유도가 $df_2 = n_1 + n_2 - q - 1 > 0$을 만족해야 한다. 만약에 2차원에 8개 형상점에 의한 개체들의 형상에서는 $q = 2 \times (k-2) = 12$로 두 그룹의 자료의 수의 합은 최소한 $n_1 + n_2 > q + 1 = 13$을 만족하는 14개 이상은 되어야 한다는 것이다.

(6.3.4)의 검정통계량을 활용하려면 (6.3.2)에서와 같이 두 군집의 북스테인좌표가 다변량 정규성을 만족해야하며 두 군집의 공분산행렬의 동질성이 성립해야 한다. R에서는 이를 위해 6.1절에서와 같이 library(MVN)의 함수 mvn()에 의한 다변량 왜도와 첨도 검정과 library(biotools)의 함수 boxM()을 활용한 박스 M-검정이 사용된다. 만약에 다변량 정규성이 만족되지 않으면 이상치 검토나 6.3절의 순열검정(permutation test)나 붓스트랩검정(Bootstrap test)을 실시해야한다. 더군다나 공분산행렬의 동질성이 만족되지 않을 시 베렌스-피셔(Behrens-Fisher) 문제에 의해서 (6.3.4)의 검정통계량 대신에 최용석(2019, 3.4절)의 검정통계량을 사용해야 한다. 다시 말해서 합동공분산행렬을 사용한 (6.3.3)의 제곱 마할라노비스거리 대신에 각 군집의 공분산행렬 S_v와 S_w을 고려한 (6.3.5)를 고려한다.

$$D_{uw} = (\bar{\boldsymbol{u}} - \bar{\boldsymbol{w}})^T \left(\frac{S_u}{n_1} + \frac{S_w}{n_2} \right)^{-1} (\bar{\boldsymbol{u}} - \bar{\boldsymbol{w}}) \tag{6.3.5}$$

(6.3.5)에 의해서

$$F_0 = \frac{f - q + 1}{fq} D_{uw} \sim F_{q,\, f - q + 1} \tag{6.3.6}$$

에 의해서 검정된다. 여기서 검정통계량과 자유도에서 f는 다음과 같이 계산된다.

$$f^{-1} = \sum_{i=1}^{2}(n_i^3 - n_i^2)^{-1} \times \left[(\overline{\boldsymbol{u}} - \overline{\boldsymbol{w}})^T \left(\frac{S_1}{n_1} + \frac{S_2}{n_2} \right)^{-1} S_i \left(\frac{S_1}{n_1} + \frac{S_2}{n_2} \right)^{-1} (\overline{\boldsymbol{u}} - \overline{\boldsymbol{w}}) \right]^2 (D_{uw})^{-2}.$$

최용석(2019, 3.4절)을 참고로 두 군집 이상의 g개 군집의 공분산행렬의 동질성 검정을 위한 박스-M 검정도 독자를 위해 [표 6.3.1]에서 요약하여 둔다. 만약에 북스테인좌표로 이루어진 g개 군집 C_j, $j = 1, \ldots, g$에서 각 군집은 개체 수를 n_j개 가진다고 하자. 그리고 j번째 군집 C_j의 북스테인좌표 개체 $\boldsymbol{u}_{ji} = (u_{ji1}, \ldots, u_{jiq})^T$, $i = 1, \ldots, n_j$가 다변량 정규분포 $N_q(\mu_j, \Sigma_j)$, $j = 1, \ldots, g$를 따른다고 하면 g개 군집의 공분산행렬의 동질성에 대한 귀무가설

$$H_0 : \Sigma_1 = \Sigma_2 = \cdots = \Sigma_g = \Sigma$$

은 우도비검정(likelihood ratio test)에 의해서 [표 6.3.1]과 같이 정리된다.

[표 6.3.1] 박스 M-검정 : $H_0 : \Sigma_1 = \Sigma_2 = \cdots = \Sigma_g = \Sigma$

j번째 군집 C_j의 개체 $\boldsymbol{u}_{ji} = (u_{ji1}, \ldots, u_{jiq})^T$, $i = 1, \ldots, n_j \sim N_q(\mu_j, \Sigma_j)$, $j = 1, \ldots, g$:

$$M = -2\gamma \ln \Lambda = \gamma \sum_{j=1}^{g}(n_j - 1)\log\left|S_j^{-1}S_p\right| > \chi^2_{q(q+1)((g-1)/2)}(\alpha)$$

⇒ 유의수준 α에서 H_0가 기각된다.

여기서 S_k는 k번째 군집의 공분산행렬이고 S_p는 합동공분산행렬이고 γ는 다음과 같다.

$$\gamma = 1 - \left[\sum_{j=1}^{g} \frac{1}{(n_j - 1)} - \frac{1}{\sum_{j=1}^{g}(n_j - 1)} \right] \left[\frac{2q^2 + 3q - 1}{6(q+1)(g-1)} \right]$$

특히, (6.3.4)와 (6.3.6)의 $F-$검정의 바탕은 호텔링 T^2-검정으로 이에 대해선 6.1절에서도 언급된바 있으며 두 군집의 개체의 수가 같은 $n_1 = n_2$ 인 경우에도 성립하며 이를 균형(balanced) 호텔링 T^2-검정이라 부를 수 있다. 따라서 (6.3.4)에 의한 검정은 불균형(unbalanced) 호텔링 T^2-검정이라 부른다. 일반적으로 다변량 통계학에서 두 집단의 비교에 대한 호텔링 T^2-검정에 바탕은 둔 $F-$검정에 대한 이론적 정리와 응용에 대해서 궁금한 독자는 최용석(2019, 3.3절-3.4절)을 참고 바라며 이는 실제 [보기 6.3.1]과 [보기 6.3.2]를 위한 R-코드의 근간이 된다.

[보기 6.3.1] 고릴라 암수 두개골 평균형상 검정

[보기 3.1.2] 형상점이 8개인 $n_1 =$ 30마리 암컷과 $n_2 =$ 29마리의 수컷 고릴라 두개골 자료에 대해 원 형상과 GPA 적합 평균형상을 보여 주고 있다. 이를 [그림 6.3.1]에서 비교를 위해 원 형상에 평균형상을 같이 (a)와 (b)에 요약하고 있고 (c)에는 두 군집의 평균형상만 비교하고 있다. 전체적으로 평균형상이 원 형상의 모양에 영향을 받고 있으며 시각적으로 수컷의 두개골 형상이 암컷보다 전체적으로 커 보인다. 여기에서는 두 군집간의 평균형상의 차이를 검정하기 위해 북스테인좌표에서 기저 형상점을 제외한 크기가 $2(k-2)\times 1 = 2(8-2)\times 1 = 12\times 1$인 다음의 좌표를 고려한다.

$$\boldsymbol{u}_i = \boldsymbol{u}_i^B, i = 1, \ldots, 30 \; ; \; \boldsymbol{v}_i = \boldsymbol{v}_i^B, i = 1, \ldots, 29$$

평균형상에 대한 가설 $H_0 : \mu_F = \mu_M \;\; vs \;\; H_1 : \mu_F \neq \mu_M$에 대한 검정을 위하여 다변량 정규성 검정과 공분산행렬의 동질성 검정을 살펴보아야 한다. [결과 6.3.1]의 (1)을 보면 두 군집의 북스테인좌표가 다변량 정규성을 만족하며 (2) 두 군집의 공분산행렬의 동질성 박스 M-검정을 통해 검정통계량 값 $M = 68.395$이 유의확률 $p-$값 = 0.773으로 유의수준 5%에서 만족됨을 보여 주고 있다. (3)에는 호텔링 T^2-검정의 결과 검정통계량의 값 $F_0 = 25.797$에 대한 유의확률 $p-$값 = 0.000은 두 집단의 평균형상이 통계적으로 유의하게 다름을 충분히 보여주고 있다. 이를 위한 [R-코드

6.3.1](gorfm-Bookstein-HotellingT2-testshapes.R)을 참고 바라며 추가적으로 호텔링 T^2-검정은 library(Hotelling)의 함수 hotelling.test()를 이용하면 더 수월하다.

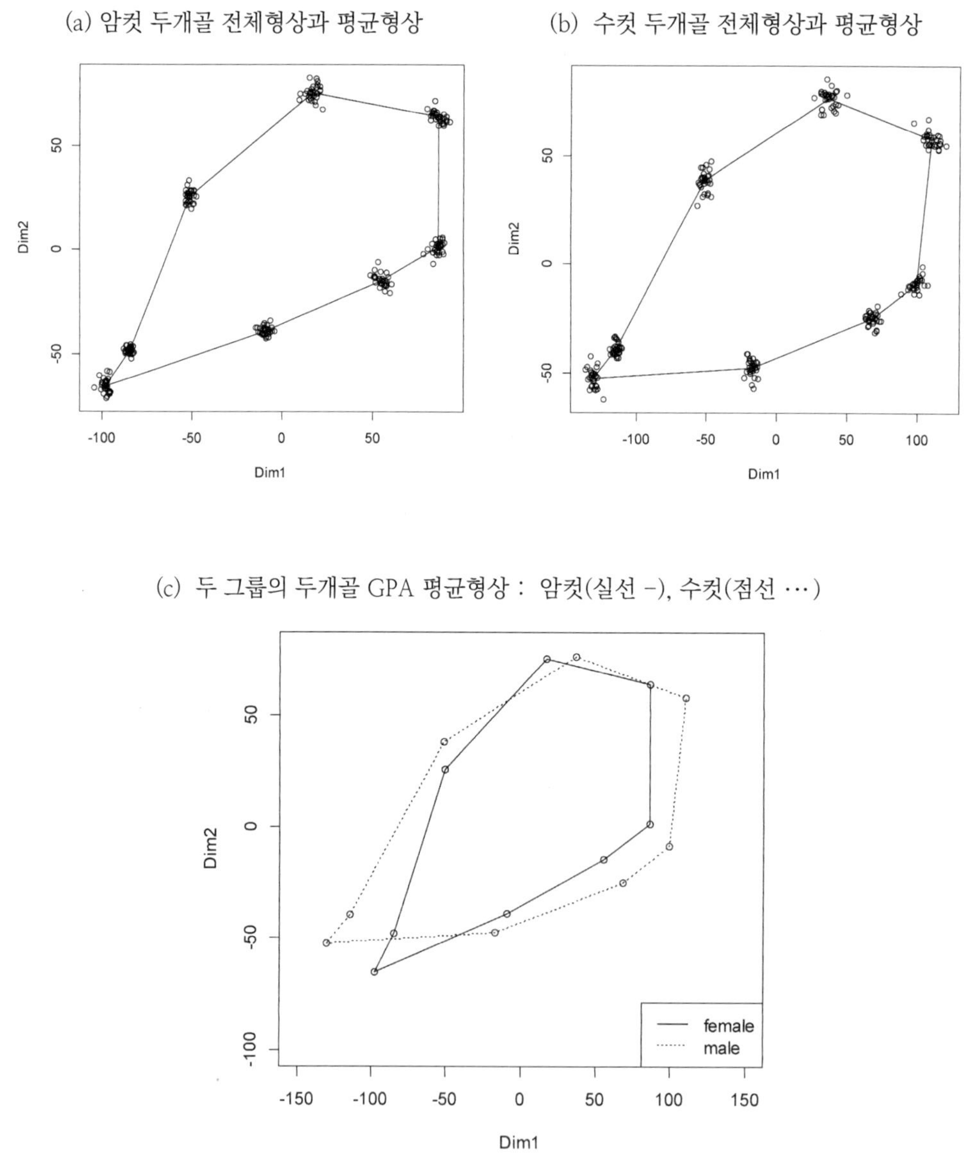

[그림 6.3.1] 고릴라 암컷과 수컷의 두개골에 대한 GPA 평균형상의 비교

[R-코드 6.3.1] 고릴라 암수 두개골 평균형상 검정
(gorfm-Bookstein-HotellingT2-testshapes.R)

```
## Hotelling's T2-test for Mean shapes of Gorillas
library(shapes)
library(biotools)
library(MVN)
library(Hotelling)
# female and male Gorillas (Dryden and Mardia, 1998)
data(gorf.dat)
data(gorm.dat)
n1<-dim(gorf.dat)[3]
n2<-dim(gorm.dat)[3]
k=dim(gorf.dat)[1]

# Rotated Shape
gorft<-array(0,dim=c(8,2, n1))
for(i in 1:n1){
T<-matrix(c(cos(90),sin(90),
        -sin(90), cos(90)), byrow=T, nrow=2)
gorft[,,i]<-gorf.dat[,,i]%*%T
}
gormt<-array(0,dim=c(8,2, n2))
for(i in 1:n2){
T<-matrix(c(cos(90), sin(90),
        -sin(90), cos(90)), byrow=T, nrow=2)
gormt[,,i]<-gorm.dat[,,i]%*%T
}

# GPA
gorf<-procGPA(gorft)
gorm<-procGPA(gormt)
join<-c(1,5,4,3,2,8,7,6,1)

#Female group
plot(gorf$rotated[,1,], gorf$rotated[,2,], xlab="Dim1", ylab="Dim2" )
points(gorf$mshape)
lines(gorf$mshape[join,])

#Male group
plot(gorm$rotated[,1,],gorm$rotated[,2,], xlab="Dim1", ylab="Dim2" )
points(gorm$mshape)
lines(gorm$mshape[join,])

# Joint Mean Shapes
plot(gorf$mshape[,1], gorf$mshape[, 2],xlim=c(-150, 150), ylim=c(-100,80), xlab="Dim1", ylab="Dim2" )
lines(gorf$mshape[join,], lty=1)
par(new=TRUE)
plot(gorm$mshape[,1],    gorm$mshape[,    2],xlim=c(-150,    150),    ylim=c(-100,80),    xlab="Dim1",
ylab="Dim2" )
lines(gorm$mshape[join,], lty=3)
legend("bottomright",c("female","male"), lty=c(1, 3))
# Bookstein Coordinates
bookgorf<-bookstein2d(gorft)
bookgorm<-bookstein2d(gormt)
u<-t(apply(bookgorf$bshpv[3:8,,],3,c))
w<-t(apply(bookgorm$bshpv[3:8,,],3,c))

# MVN tests based on the Skewness and Kurtosis Statistics
mvn(u);mvn(w)

# Data for M-test
group=as.factor(c(rep("f",n1), rep("m",n2)))
uw=rbind(u,w);uw=cbind(uw, group)
```

```
# Box's M-test for equality of two covariance matrices
boxM(uw[,-13], group)

# Testing for shape mean vector two groups: H0: mu1=mu2
n1=nrow(u);n2=nrow(w)
q=2*(k-2)
ub <- matrix(1,n1,1)%*%matrix(1/n1,1,n1)%*%u
wb <- matrix(1,n2,1)%*%matrix(1/n2,1,n2)%*%w
db=ub[1,]-wb[1,]
s1 <- t(u-ub)%*%(u-ub)/(n1-1)
s2 <- t(w-wb)%*%(w-wb)/(n2-1)
sp <- ((n1-1)*s1+(n2-1)*s2)/(n1+n2-2)
Dsq <- t(db)%*%solve(sp)%*%db
Fa <- qf(1-0.05,q,n1+n2-q-1)
F0 <- (n1*n2)*(n1+n2-q-1)/((n1+n2)*(n1+n2-2)*q)*Dsq
pv <- 1-pf(F0,q,n1+n2-q-1)
test <- function(F0,Fa){
        values<-c(round(F0,7),round(Fa,7), pv); names(values)<-c("F0","Fa", "p-value")
        if(F0 > Fa) {result<-c("F0 > Fa : reject H0:mu1=mu2 at alpha=0.05")}
        if(F0 < Fa) {result<-c("F0 < Fa : accept H0:mu1=mu2 at alpha=0.05")}
        list(values=values, result=result)
}
test(F0,Fa)

# hotelling function
fit=hotelling.test(u,w)
fit
```

[결과 6.3.1] [R-코드 6.3.1]의 수행 결과 일부

(1) 다변량 정규성 검정

```
> mvn(u);mvn(w)

             Test          Statistic           p value Result
1 Mardia Skewness   331.724305572433 0.886596178322854    YES
2 Mardia Kurtosis  -1.58680400598447 0.112557041265074    YES
3             MVN               <NA>              <NA>    YES

             Test          Statistic            p value Result
1 Mardia Skewness   320.595311338644  0.950785035533498    YES
2 Mardia Kurtosis  -1.9137022381827 0.0556582129210614    YES
3             MVN               <NA>               <NA>    YES
```

(2) 공분산행렬 동질성검정

```
> boxM(both[,-13], both[, 13])

        Box's M-test for Homogeneity of Covariance Matrices
data:  uw[, -13]
Chi-Sq (approx.) = 68.395, df = 78, p-value = 0.7731
```

(3) 호텔링 T^2-검정

```
> test(F0,Fa)
$values
          F0           Fa      p-value
2.579710e+01 1.969489e+00 2.220446e-16

$result
[1] "F0 > Fa : reject H0:mu1=mu2 at alpha=0.05"
```

[보기 6.3.2] 작은 그룹과 큰 그룹 쥐의 척추 뼈 평균형상 검정

[예 1.3.1]에는 형상점 6개를 가진 쥐의 척추 뼈 형상에 대한 몸무게의 영향을 알아보기 위해서 몸무게에 따라 큰 그룹(23마리)과 작은 그룹(23마리) 그리고 대조 그룹(30마리)으로 나눈 자료에 대해 살펴보았다. [보기 1.5.1]에서는 작은 그룹에 대한 척추 뼈의 T2의 중심화 사전형상, 북스테인형상, 북스테인 평균형상을 보여주며 [보기 1.5.2]에는 중심크기와 북스테인의 상관관계를 보여 주고 있다. [보기 5.4.1]에는 북스테인좌표를 통해 쥐의 세 그룹에 대한 판별분석을 보여주고 있다. 여기서는 작은 그룹과 큰 그룹의 쥐의 형상의 북스테인좌표를 활용하여 두 군집의 평균형상에 대한 귀무가설 $H_0 : \mu_S = \mu_L$의 검정을 실시하고자 한다.

[그림 6.3.2]의 (a)와 (b)에는 작은 그룹과 큰 그룹의 쥐의 GPA 적합 후 형상이고 (c)는 GPA 평균형상만을 비교하기 위해서 실선(-)과 점선(⋯)으로 표시 해 두었다. 6개 형상점에 의한 쥐 척추 뼈 형상의 기저 형상점을 2개를 제외한 북스테인좌표는 다음과 같이 각각 크기가 $2(k-2)\times 1 = 2(6-2)\times 1 = 8\times 1$이다.

작은 그룹(23마리) : $\boldsymbol{u}_{1i} = (u^B_{1i3}, \dots, u^B_{1i6}, v^B_{1i3}, \dots, v^B_{1i6})^T,\ i = 1, \dots, 23$

큰 그룹(23마리) : $\boldsymbol{w}_{2i} = (u^B_{2i3}, \dots, u^B_{2i6}, v^B_{2i3}, \dots, v^B_{2i6})^T,\ i = 1, \dots, 23$

이 북스테인좌표를 가지고 가설 $H_0 : \mu_F = \mu_M \ \ vs \ \ H_1 : \mu_F \neq \mu_M$에 대한 검정을 위하여 다변량 정규성검정과 공분산행렬의 동질성 검정을 살펴보자. [결과 6.3.2]의 (1)을 보면 두 군집의 북스테인좌표가 다변량 정규성을 만족하며 (2) 두 군집의 공분산행렬의 동질성은 박스 M-검정인 검정통계량 값 $M = 54.059$에 대한 유의확률 $p-$값 = 0.027으로 보아 유의수준 5%에서 만족되지 않음을 보여주고 있다. 따라서 (3)에는 공산행렬이 동질하지 못할 때 (6.3.6)의 검정통계량의 값 $F_0 = 16.841$의 유의확률 $p-$값 = 0.000은 유의수준 5%에서 두 집단의 평균형상이 통계적으로 유의하게 다름을 충분히 보여주고 있다. 참고로 공분산 행렬의 동질성 검정을 무시하고 동질한 공분산행렬에서 적용 가능한 호텔링 T^2-검정을 적용한 결과도 동일하게 검정통계량의 값 $F_0 = 14.85$의 유의확률인 $p-$값 = 0.000으로 인해 유의수준 5%에서 두 집단의 평균형상이 다름을 보여 주고 있다. 이는 library(Hotelling)의 함수 hotelling.test()에 의해서 제공되며 이를 포함한 [R-코드 6.3.2](mice-Bookstein-UnequalCov-testshapes.R)을 활용 바란다.

[결과 6.3.2] [R-코드 6.3.2]의 수행 결과 일부

(1) 다변량 정규성 검정

```
> mvn(u);mvn(w)
             Test          Statistic           p value Result
1 Mardia Skewness   104.042767361795 0.849910780570906    YES
2 Mardia Kurtosis  -1.62989171571782 0.103124384846374    YES
3             MVN               <NA>              <NA>    YES

             Test          Statistic           p value Result
1 Mardia Skewness   113.847065580514 0.640924935841622    YES
2 Mardia Kurtosis -0.526935647054921 0.598238278209493    YES
3             MVN               <NA>              <NA>    YES
```

(2) 공분산행렬 동질성검정

```
> boxM(uw[, -(q+1)], group)

        Box's M-test for Homogeneity of Covariance Matrices
data:  uw[, -(q + 1)]
Chi-Sq (approx.) = 54.059, df = 36, p-value = 0.02705
```

(3) 호텔링 T^2-검정

```
> test(F0,Fa)
$values
       F0        Fa  p-value
16.840992  2.003251 0.000000

$result
[1] "F0 > Fa : reject H0:mu1=mu2 at alpha=0.05"
```

(a) 작은 그룹 전체형상과 평균형상

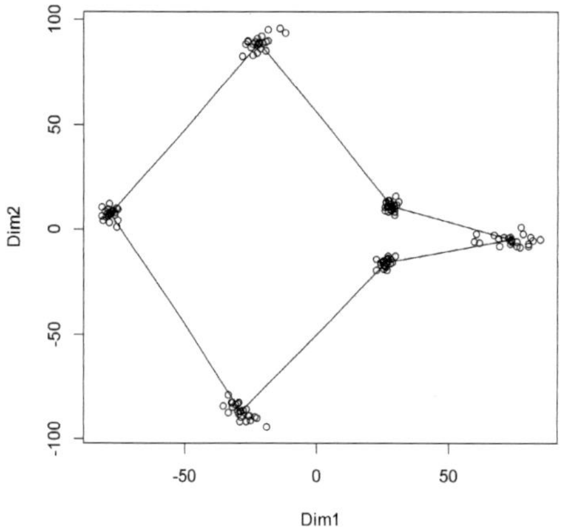

(b) 큰 그룹 전체형상과 평균형상

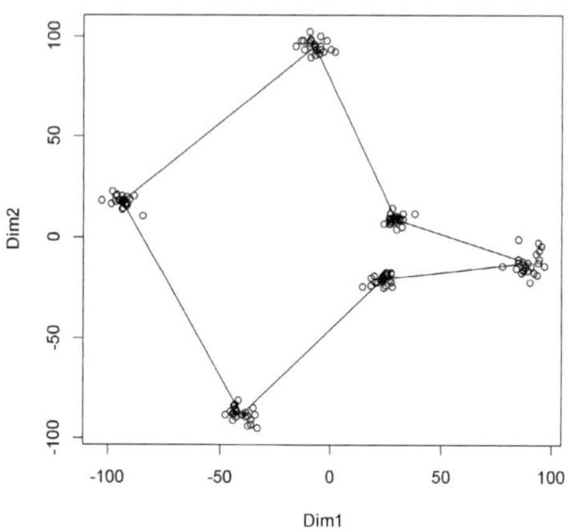

(c) 두 그룹의 GPA 평균형상 : 작은 그룹(실선 –), 큰 그룹(점선 ⋯)

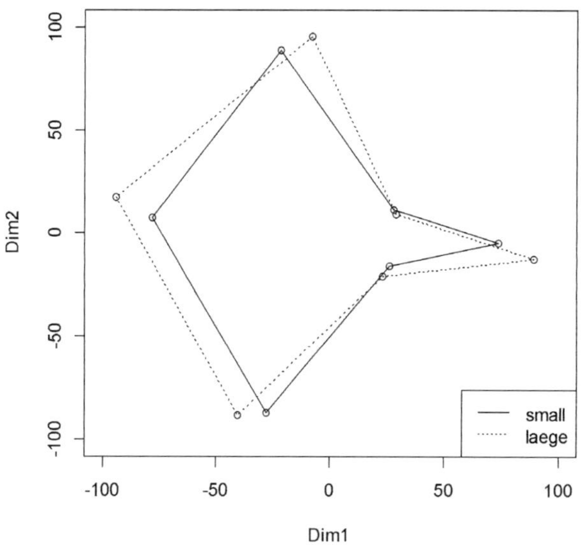

[그림 6.3.2] 작은 그룹과 큰 그룹 척추 뼈에 대한 GPA 평균형상의 비교

[R-코드 6.3.2] 작은 그룹과 큰 그룹의 쥐의 척추 뼈 평균형상 검정 (mice-Bookstein-UnequalCov-testshapes.R)

```
## Hotelling's T2-test for Mean shapes of Mice(Small and Large)
library(shapes)
library(biotools)
library(MVN)
library(Hotelling)

# Data: Small and Large Groups
data(mice)
s=qset2.dat # n1=23
l=qlet2.dat # n2=23
n1=dim(s)[3];n2=dim(l)[3]
k=dim(s)[1]

# GPA
sm<-procGPA(s)
lm<-procGPA(l)
join<-c(1,6,2,3,4,5,1)

#Small group
plot(sm$rotated[,1,], sm$rotated[,2,], xlab="Dim1", ylab="Dim2" )
points(sm$mshape)
lines(sm$mshape[join,])

#Large group
plot(lm$rotated[,1,],lm$rotated[,2,], xlab="Dim1", ylab="Dim2" )
points(lm$mshape)
lines(lm$mshape[join,])

# Joint Mean Shapes
plot(sm$mshape[,1], sm$mshape[, 2],xlim=c(-100, 100), ylim=c(-100, 100), xlab="Dim1", ylab="Dim2" )
lines(sm$mshape[join,], lty=1)
par(new=TRUE)
plot(lm$mshape[,1], lm$mshape[, 2],xlim=c(-100, 100), ylim=c(-100, 100), xlab="Dim1", ylab="Dim2" )
lines(lm$mshape[join,], lty=3)
legend("bottomright",c("small","large"), lty=c(1, 3))

# Bookstein Coordinates
books<-bookstein2d(s)
bookl<-bookstein2d(l)
u<-t(apply(books$bshpv[3:6,,],3,c))
w<-t(apply(bookl$bshpv[3:6,,],3,c))

# MVN tests based on the Skewness and Kurtosis Statistics
mvn(u);mvn(w)

# Data for M-test
group=as.factor(c(rep("s",n1), rep("l",n2)))
uw=rbind(u,w);uw=cbind(uw, group)
q=2*(k-2)

# Box's M-test for equality of two covariance matrices
boxM(uw[,-(q+1)], group)
# Behrens-Fisher Problem : Unequal Covariance Matrices
S1=cov(u);S2=cov(w)
Sp=((n1-1)*S1 + (n2-1)*S2)/(n1+n2-2)
ub <- matrix(1/n1,1,n1)%*%u
wb <- matrix(1/n2,1,n2)%*%w
e<-(ub-wb)%*%solve((S1/n1)+(S2/n2))
Duw <- e%*%t(ub-wb);
finv <- (e%*%S1%*%t(e))^2/((Duw^2)*((n1^3)-(n1^2)))
      + (e%*%S2%*%t(e))^2/((Duw^2)*((n2^3)-(n2^2)))
```

```
f <- round(1/finv,0)
F0 <- (f-q+1)/(f*q)*Duw
alpha <- 0.05
Fa <- qf(1-alpha, q, f-q+1)
pv <- 1- pf(F0, q, f-q+1)
test <- function(F0,Fa){
        values<-c(F0,Fa,pv); names(values)<-c("F0","Fa","p-value")
        if(F0 > Fa) {result<-c("F0 > Fa : reject H0:mu1=mu2 at alpha=0.05")}
        if(F0 < Fa) {result<-c("F0 < Fa : accept H0:mu1=mu2 at alpha=0.05")}
        list(values=values, result=result)
}
test(F0,Fa)

# Hotelling's T^2 test for Equal Covariance Matrices
fit=hotelling.test(u, w)
fit
```

6.4 두 군집 평균형상 다변량 비모수검정

6.3절에서 m차원에서 k개의 형상점들에 의한 두 군집의 크기가 $k\times m$인 $n_j(\geq 2)$개의 중심화된 형태행렬 $X_{j1},\ldots,X_{jn_j}$, $j=1,2$이 평균형상이 μ_j라 하면 두 군집의 평균형상에 대한 가설 $H_0:\mu_1=\mu_2 \quad vs \quad H_1:\mu_1\neq\mu_2$을 검정하는 호텔링 T^2-검정을 다루었다. 이를 위하여 기저 형상점을 제외한 두 군집의 차원이 $q=2\times(k-2)$인 북스테인좌표

$$\begin{aligned} \boldsymbol{u}_i &\sim N_{2(k-2)}(\delta_1,\ \Sigma_1),\ i=1,\ \ldots,\ n_1; \\ \boldsymbol{w}_i &\sim N_{2(k-2)}(\delta_2,\ \Sigma_2),\ i=1,\ \ldots,\ n_2. \end{aligned} \tag{6.4.1}$$

를 고려하였다. 실제 (6.4.1)에서 가정한 두 군집의 자료의 수가 적거나 북스테인좌표의 다변량 정규성과 공분산행렬의 동질성 $\Sigma_1=\Sigma_2$이 만족되지 못하는 경우가 가끔 있다. 자료의 수가 적은 경우 기존의 호텔링 T^2-통계량에 바탕을 둔 $F-$검정에서 두 번째 자유도에 의한 조건 $n_1+n_2>q+1$을 만족 할 정도의 자료의 수는 확보되어야 한다.

특히, 탄젠트좌표의 경우 다변량 정규성검정에서 왜도는 만족되나 첨도가 만족되지 않는 경우가 많다. 이럴 경우 기존의 호텔링 T^2-통계량에 바탕을 둔 $F-$검정대신

에 비모수적 방법으로 6.2절 한 군집의 다변량 부호검정과 다변량 순위검정을 두 군집의 경우로 적용해보기로 하자. 이는 Oja와 Randles(2004)를 참고하고 여기에 바탕을 둔 Oja(2010)의 패키지 MNM인 library(MNM)의 함수 mv.Csample.test()를 활용하게 된다. 이 함수는 6.6절의 여러 군집의 평균형상의 다변량 비모수검정에서도 활용된다.

이미 6.3절의 [보기 6.3.1] 고릴라 암수 두개골 형상에 대한 북스테인좌표의 평균형상 검정과 [보기 6.3.2] 작은 그룹과 큰 그룹 쥐의 척추 뼈 형상의 북스테인좌표에 평균형상 검정에서는 두 군집 각각 다변량 정규성이 만족되어 전통적인 호텔링 T^2−통계량에 바탕에 둔 F−검정을 실시하였다, 물론 공분산행렬의 동질성이 만족되지 않은 경우인 베렌스-피셔 문제를 해결하는 F−검정을 [보기 6.3.2]에서는 보여 주었다.

[보기 6.4.1]에서는 뇌 공명 스캔 이미지 data(schizophrenia)를 이용하여 13개의 형상점으로 정신분열 환자(처리군집)와 정상 환자(대조군집) 각각 14명의 GPA 적합 평균형상을 다변량 비모수검정을 통해 비교하고 있다. 실제 이 자료는 각 군집의 환자 수가 매우 적고 다변량 정규성을 만족하지 않는다. [보기 6.4.2]의 대조그룹과 처리그룹 각각 다섯 마리 쥐의 신경두개골 북스테인좌표의 평균형상을 비교하기 위해 다변량 비모수검정을 적용하려고 하였다. 그러나 자료의 수가 적어 다변량 비모수검정인 부호검정과 순위검정도 수행할 수 없었다. 대안적인 방법으로 비모수적검정인 순열검정과 붓스트랩검정을 실시하였다.

[보기 6.4.1] 뇌 공명 스캔 평균형상의 비모수검정

[보기 1.4.2]에는 뇌 공명 스캔 이미지 data(schizophrenia)를 이용하여 13개의 형상점으로 정신분열 환자(처리군집)와 정상 환자(대조군집) 각각 14명의 형상을 중심크기에 의한 두 군집의 차이를 소표본 $t-$검정을 통해 비교하였다. 특히, 형상점 1, 2, 3은 뇌량(corpus callosum) 경막의 직경을 나타내며 머리 맨 위의 형상점 4는 경막(dura)의 곁 여백 점을 보여 주며 형상점 12는 이마극(frontal pole)을 나타내어 주로 이들에 의해 뇌의 크기를 가늠하게 된다. [그림 6.4.1]은 두 군집의 환자에 대한 뇌 공명 스캔 이미지 형상의 GPA 적합 평균형상을 비교하고 있다. 여기서는 대조군집과 처리군집의 평균형상에 대한 가설 $H_0 : \mu_C = \mu_T \;\; vs \;\; H_1 : \mu_C \neq \mu_T$에 대한 검정을 고려하기로 하자.

[그림 6.4.1]은 control(대조군집, 실선)과 treatment(처리군집, 점선) 두 군집의 뇌 스캔 이미지의 GPA 적합 평균형상인데 전체적으로 차이가 없어 보인다. 두 군집 간의 평균형상의 차이를 검정하기 위해 북스테인좌표에서 기저 형상점을 제외한 크기가 $2(k-1)\times 1 = 2(13-2)\times 1 = 24\times 1$인 다음의 좌표를 고려한다.

$$\boldsymbol{u}_i = \boldsymbol{u}_i^B,\ i = 1, \ldots, 14\ ;\ \ \boldsymbol{v}_i = \boldsymbol{v}_i^B,\ i = 1, \ldots, 14$$

이들 북스테인좌표에 의한 자료는 전체적으로 자료의 수도 작고 다변량 정규성검정이 만족되지 않아 6.4절의 호텔링 T^2-통계량에 바탕을 둔 $F-$검정이 적합하지 않다. 이에 대한 대안적인 비모수적검정인 다변량 부호검정과 다변량 순위검정을 실시하여 [결과 6.4.1]의 (1)과 (2)에 각각 주어져 있다. (1)의 다변량 부호검정과 (2)의 다변량 순위검정의 결과 유의확률 $p-$값이 각각 0.217과 0.216에 의해서 유의수준 5%에서 $H_0 : \mu_C = \mu_T$을 기각하지 못해 두 군집간의 평균형상은 유의하게 차이가 나지 않음을 보여준다. 이를 위한 [R-코드 6.4.1](schizo-Nonparametric-Sign-Rank-2samples-testshapes.R)을 참고 바란다.

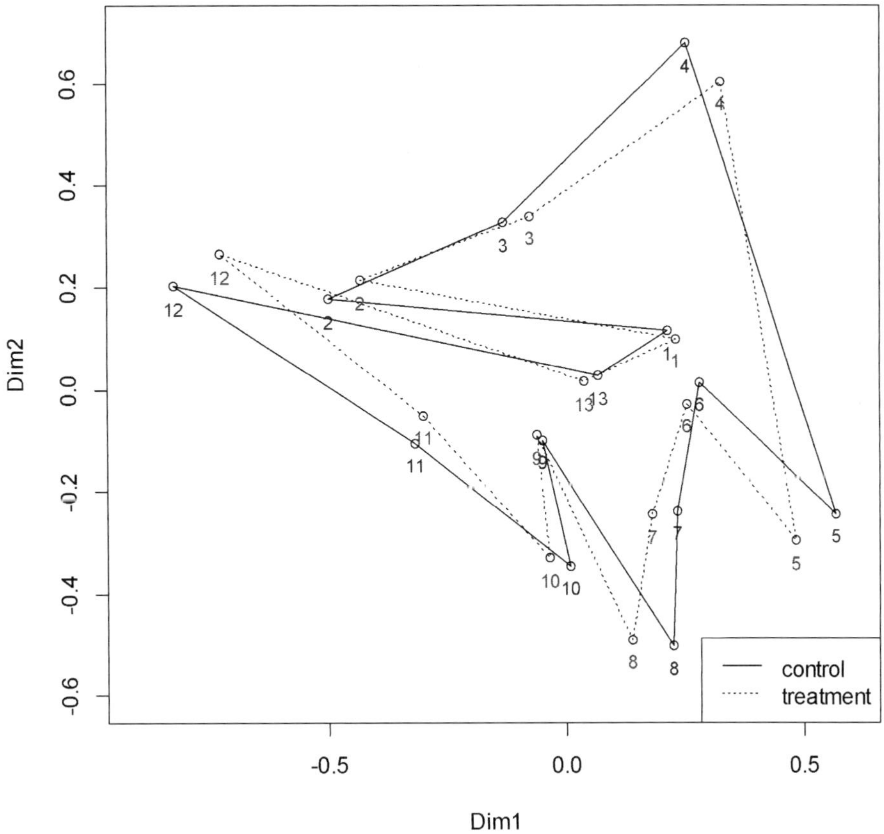

[그림 6.4.1] 대조군집(실선 –)와 처리군집(점선 ···)의 뇌 이미지에 대한 GPA 평균형상의 비교

[결과 6.4.1] [R-코드 6.4.1]의 수행 결과 일부

(1) 다변량 부호검정

```
> mv.Csample.test(uw, group, score = "s")

        Several samples location test using spatial signs
data:  uw by group
Q.2 = 27.977, df = 23, p-value = 0.2167
```

(2) 다변량 순위검정

```
> mv.Csample.test(uw, group, score = "r")

        Several samples location test using spatial ranks
data:  uw by group
Q.2 = 27.998, df = 23, p-value = 0.2158
```

[R-코드 6.4.1] 대조와 처리그룹의 환자 뇌 공명 이미지에 대한 평균형상의 다변량 부호검정과 순위검정 (schizo-Bookstein-Nonparametric-Sign-Rank-2samples-testshapes.R)

```
## Multivariate Nonparametric Tests(Sign, Rank)
        for Mean shapes of schizophrenia
library(shapes)
library(MNM)

# Data
data(schizophrenia)
data=schizophrenia
# 대조그룹, 처리그룹
c=data$x[,,data$group=="con"] # n1=14
t=data$x[,,data$group=="scz"] # n2=14
n1=dim(c)[3];n2=dim(t)[3]
k=dim(c)[1]

# Bookstein Coordinates
booku<-bookstein2d(c)
bookw<-bookstein2d(t)
u<-t(apply(booku$bshpv[3:13,,],3,c))
w<-t(apply(bookw$bshpv[3:13,,],3,c))
group=as.factor(c(rep("con",n1), rep("scz",n2)))
uw=rbind(u,w);uw=cbind(uw, group)

# Multivariate Nonparametric Tests: Sign and Rank
mv.Csample.test(uw, group, score = "s")
mv.Csample.test(uw, group, score = "r")
```

[보기 6.4.2] 작은 그룹과 큰 그룹 쥐의 척추 뼈 평균형상 다변량 비모수검정

[보기 6.3.2]에서 형상점 6개를 가진 쥐의 척추 뼈 형상에 대한 몸무게의 영향을 알아보기 위해서 몸무게에 따라 큰 그룹(23마리)과 작은 그룹(23마리) 쥐의 형상의 북스테인좌표를 활용하여 두 군집의 평균형상에 대한 귀무가설 $H_0 : \mu_S = \mu_L$의 검정을 실시하였다. 두 군집의 형상 [그림 6.3.2]로부터 평균형상에 대한 것을 여기서 참고하기 위하여 인용한 것이 [그림 6.4.2]이다. 두 군집의 형상에 대한 크기가 $2(k-2)\times1=2(6-2)\times1=8\times1$인 북스테인좌표가 다변량 정규성검정은 만족되고 공분산행렬의 동질성 검정은 만족되지 않았다. 그러나 6.3절에서 언급한 베렌스-피셔 문제가 발생한 경우 적용 가능한 (6.3.6)의 $F-$검정의 결과 유의수준 5%에서 두 집단의 평균형상이 통계적으로 유의하게 다름을 충분히 보여주었다. 실제로 공분산 행렬의 동질성이 만족되지 못한 경우 두 군집의 분포와 무관하게 적용 가능한 다변량 비모수검정인 다변량 부호검정과 순위검정을 적용해보기로 하자. [결과 6.4.2]의 (1) 다변량 부호검정과 (2) 다변량 순위검정의 결과 유의확률 $p-$값이 둘 다 0.000으로 유의수준 5%에서 $H_0 : \mu_S = \mu_L$을 기각하게 된다. 이는 [보기 6.3.2]의 결과와 동일하며 두 군집간의 평균형상은 유의하게 차이가 남을 보여준다. 이를 위한 [R-코드 6.4.2] (mice-Bookstein-Nonparametric-Sign-Rank-2samples-testshapes.R)을 참고 바란다.

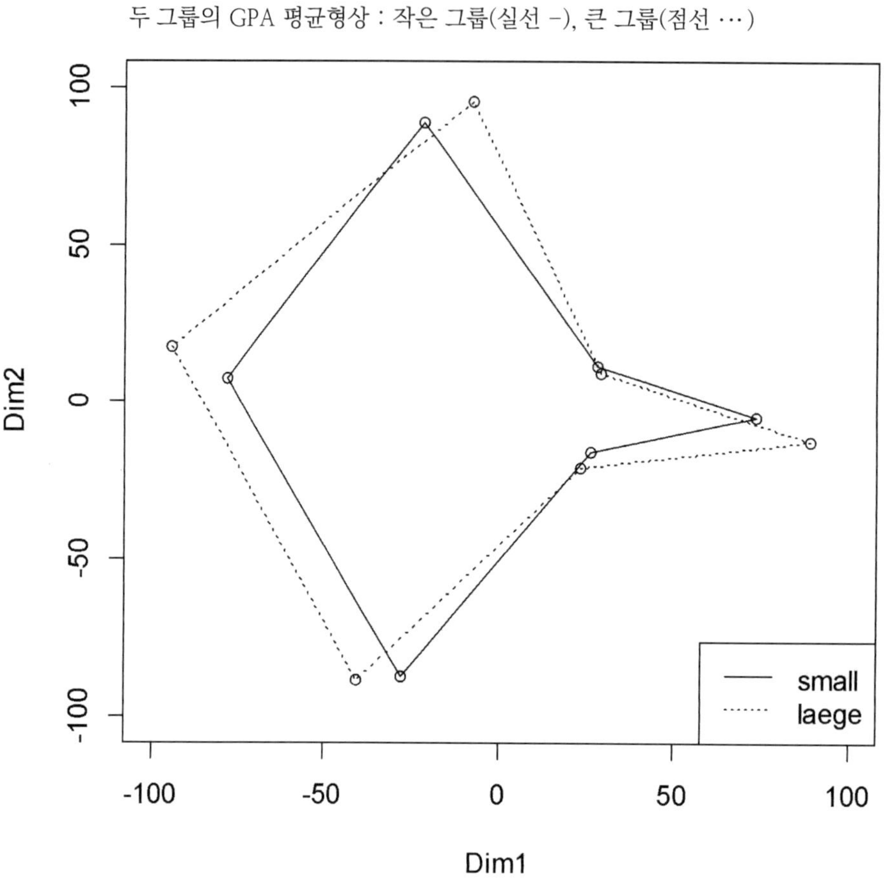

[그림 6.4.2] 작은 그룹과 큰 그룹 척추 뼈에 대한 GPA 평균형상의 비교

[결과 6.4.2] [R-코드 6.4.2]의 수행 결과 일부

(1) 다변량 부호검정

```
> mv.Csample.test(uw, group, score = "s")

        Several samples location test using spatial signs
data:  uw by group
Q.2 = 45.991, df = 9, p-value = 6.044e-07
```

(2) 다변량 순위검정

```
> mv.Csample.test(uw, group, score = "r")

        Several samples location test using spatial signs
data:  uw by group
Q.2 = 45.999, df = 9, p-value = 6.024e-0
```

[R-코드 6.4.2] 작은 그룹과 큰 그룹의 쥐의 척추 뼈 평균형상의 다변량 부호검정과 순위검정 (mice-Bookstein-Nonparametric-Sign-Rank-2samples-testshapes.R)

```
## Multivariate Nonparametric Tests(Sign, Rank)
      for Mean shapes of Mice(Small and Large)
library(shapes)
library(MNM)

# Data: Small and Large Groups
data(mice)
s=qset2.dat # n1=23
l=qlet2.dat # n2=23
n1=dim(s)[3];n2=dim(l)[3]
k=dim(s)[1]

# Bookstein Coordinates
books<-bookstein2d(s)
bookl<-bookstein2d(l)
u<-t(apply(books$bshpv[3:6,,],3,c))
w<-t(apply(bookl$bshpv[3:6,,],3,c))
group=as.factor(c(rep("s",n1), rep("l",n2)))
uw=rbind(u,w);uw=cbind(uw, group)

# Multivariate Nonparametric Tests: Sign and Rank
mv.Csample.test(uw, group, score = "s")
mv.Csample.test(uw, group, score = "r")
```

6.2절의 한 집단의 평균형상의 다변량 붓스트랩검정을 두 집단의 평균형상의 경우로 고려하자. 두 군집의 자료가 다변량 정규성을 만족하지 않는 경우 이를 위해 두 군집의 형상들에 대한 북스테인좌표 자료를 통해 Srivastava(2002, 17장)은 잔차로부터 붓스트랩 표본을 얻는 다음과 같은 절차를 활용하기로 하자. 붓스트랩검정은 자료를 복원(replacement) 추출하여 재표본(re-sample)을 확보한다. 이를 바탕으로 북스테인좌표에 의한 평균형상 검정을 위한 (6.3.4)의 검정통계량에 의한 붓스트랩 $F-$검정 절차를 요약 정리한다.

[두 군집 붓스트랩검정]

[절차1] 두 군집 북스테인좌표 $\boldsymbol{u}_i,\ i=1,\ldots,n_1$; $\boldsymbol{w}_i,\ i=1,\ldots,n_{2.}$로부터 평균벡터 $\bar{\boldsymbol{u}}$와 $\bar{\boldsymbol{w}}$를 구하고 (6.3.4)의 검정통계량 $T_{obs}=F_0$를 계산하고 다음과 같은 잔차를 고려한다.

$$\boldsymbol{u}_i=\left(\frac{n_1}{n_1-1}\right)^{1/2}(\boldsymbol{u}_i-\bar{\boldsymbol{u}}),\ i=1,\ldots,n_1,$$

$$\boldsymbol{v}_i=\left(\frac{n_2}{n_2-1}\right)^{1/2}(\boldsymbol{v}_i-\bar{\boldsymbol{v}}),\ i=1,\ldots,n_2$$

[절차2] [절차1]의 잔차로부터 복원추출에 의한 B개 붓스트랩 표본을 각각 구한다.

$$\begin{array}{ll}
\boldsymbol{u}^*_{1i},\ i=1,\ldots,n_1; & \boldsymbol{v}^*_{1i},\ i=1,\ldots,n_2\\
\boldsymbol{u}^*_{2i},\ i=1,\ldots,n_1; & \boldsymbol{v}^*_{2i},\ i=1,\ldots,n_2\\
\vdots & \vdots\\
\boldsymbol{u}^*_{Bi},\ i=1,\ldots,n_1; & \boldsymbol{v}^*_{Bi},\ i=1,\ldots,n_2
\end{array}$$

[절차3] [절차2]의 B개 붓스트랩 표본 각각으로부터 평균벡터와 공분산행렬과 합동 공분산행렬을 다음과 같이 구한다.

$$\overline{\boldsymbol{u}_1^*},\ \overline{\boldsymbol{u}_2^*},\ \dots,\ \overline{\boldsymbol{u}_B^*} \qquad \overline{\boldsymbol{v}_1^*},\ \overline{\boldsymbol{v}_2^*},\ \dots,\ \overline{\boldsymbol{v}_B^*}$$

$$S_{u1}^*,\ S_{u2}^*,\ \dots,\ S_{uB}^* \qquad S_{v1}^*,\ S_{v2}^*,\ \dots,\ S_{vB}^*$$

$$S_{pj}^* = \frac{(n_1-1)S_{uj}^* + (n_2-1)S_{vj}^*}{n_1+n_2-2},\quad j=1,\ \dots,\ B$$

[절차4] [절차3]으로 부터 검정통계량 F_{0j}^*, $j=1,\dots,B$를 구하고 이들 값의 순서를 다음과 같이 계산한다.

$$F_{0(1)}^* \le \cdots \le F_{0(B)}^*$$

[절차5] [절차1]의 검정통계량 F_0에 의해서 다음의 검정 결과를 따르게 된다.

$F_0 > F^*(\alpha) \Rightarrow$ 유의수준 α에서 $H_0 : \mu_1 = \mu_2$을 기각한다.

여기서 $F^*(\alpha)$는 기각값으로 [절차5]의 순서값 $F_{0(j)}^*$의 $100\alpha\%$에 해당하는 값보다 큰 값이다.

특히, [절차1]과 [절차4]에서 북스테인좌표 특성상 (6.3.4)의 $F-$검정통계량은 이를 구성하는 호텔링 T^2-통계량에서 합동 공분산행렬의 일반화 역행렬을 이용해야 하고 따라서 근사적으로 $F-$분포를 따르게 된다.

[보기 6.4.3] 뇌 공명 스캔 형상의 평균형상의 붓스트랩검정

[보기 1.4.2]에는 뇌 공명 스캔 이미지 data(schizophrenia)를 이용하여 13개의 형상점으로 정신분열 환자(처리군집)와 정상 환자(대조군집) 각각 14명의 형상을 중심크기에 의한 두 군집의 차이를 소표본 $t-$검정을 통해 비교하였다. 특히, 형상점 1, 2, 3은 뇌량(corpus callosum) 경막의 직경을 나타내며 머리 맨 위의 형상점 4는 경막(dura)의 결 여백 점을 보여 주며 형상점 12는 이마극(frontal pole)을 나타내어 주로 이들에 의해 뇌의 크기를 가늠하게 된다. [그림 6.4.1]은 두 군집의 환자에 대한 뇌 공명 스캔 이미지 형상의 GPA 적합 평균형상을 비교하고 있다. 여기서는 대조군집과 처리군집의 평균형상에 대한 가설 $H_0 : \mu_C = \mu_T \;\; vs \;\; H_1 : \mu_C \neq \mu_T$에 대한 검정을 고려하기로 하자.

[그림 6.4.1]은 control(대조군집, 실선)과 treatment(처리군집, 점선) 두 군집의 뇌 스캔 이미지의 GPA 적합 평균형상인데 전체적으로 차이가 없어 보인다. 두 군집 간의 평균형상의 차이를 검정하기 위해 북스테인좌표에서 기저 형상점을 제외한 크기가 $2(k-1)\times 1 = 2(13-2)\times 1 = 24\times 1$인 다음의 좌표를 고려한다.

$$\boldsymbol{u}_i = \boldsymbol{u}_i^B,\ i = 1, \ldots, 14\ ;\ \ \boldsymbol{v}_i = \boldsymbol{v}_i^B,\ i = 1, \ldots, 14$$

이들 북스테인좌표에 의한 자료는 전체적으로 자료의 수도 작고 다변량 정규성검정이 만족되지 않아 6.4절의 호텔링 T^2-통계량에 바탕을 둔 $F-$검정이 적합하지 않다. 이에 대한 대안적인 비모수적검정인 붓스트랩검정은 [결과 6.4.3]에 주어져 있다. 붓스트랩검정의 결과 검정통계량의 값 $F_0 = 0$이 기각치 $F^*_{(96)} = 5.962$보다 매우 작아 유의수준 5%에서 $H_0 : \mu_C = \mu_T$를 기각하지 못한다. 이를 위한 [R-코드 6.4.3](schizo-Bookstein-Bootstrap-2samples-testshapes.R)을 참고 바란다.

[결과 6.4.3] [R-코드 6.4.3]의 수행 결과 일부

```
> bootstrap.hotelling.twosamp(x=u,y=w,B=100,alpha=0.05)
[1] "F0<Fa: accept H0 : mu1=mu2"
           F0       Fa
[1,] 0.7633504 4.801997
```

[R-코드 6.4.3] 대조와 처리그룹의 환자 뇌 공명 이미지 평균형상의 붓스트랩검정 (schizo-Bookstein-Bootstrap-2samples-testshapes.R)

```
## Bootstrap tests of schizophrenia
library(shapes)
library(MASS)
data(schizophrenia)
data=schizophrenia

# 대조그룹, 처리그룹
c=data$x[,,data$group=="con"] # n1=14
t=data$x[,,data$group=="scz"] # n2=14
n1=dim(c)[3];n2=dim(t)[3]
k=dim(c)[1]

# Bookstein Coordinates
booku<-bookstein2d(c)
bookw<-bookstein2d(t)
u<-t(apply(booku$bshpv[3:13,,],3,c))
w<-t(apply(bookw$bshpv[3:13,,],3,c))

###Two sample Hotelling T^2 Test based on Bootsrap
bootstrap.hotelling.twosamp <- function(x,y,B,alpha){
        n1 <- nrow(x); n2 <- nrow(y);p <- ncol(x)
        x.bar <- colMeans(x); y.bar <- colMeans(y);f <- n1+n2-2;
        x.bar.mat <- matrix(x.bar,n1,p,byrow=TRUE);y.bar.mat <- matrix(y.bar,n2,p,byrow=TRUE)
        s1 <- cov(x); s2 <- cov(y)
        sp <- ((n1-1)*s1+(n2-1)*s2)/(n1+n2-2)
        F0 <- (f-p+1)*(n1*n2)/(f*p*(n1+n2))*t(x.bar-y.bar)%*%ginv(sp)%*%(x.bar-y.bar)
        u <- t(((n1/(n1-1))^1/2)*(sp^1/2)%*%(ginv(s1)^1/2)%*%t(x-x.bar.mat))
        v <- t(((n2/(n2-1))^1/2)*(sp^1/2)%*%(ginv(s2)^1/2)%*%t(y-y.bar.mat))
        F0.boot <- NA
        set.seed(123)
        for(i in 1:B){          boot.samp1 <- sample(1:n1,n1,replace=TRUE)
          boot.samp2 <- sample(1:n2,n2,replace=TRUE)
          boot.u <- u[boot.samp1,]
          boot.v <- v[boot.samp2,]
          u.bar <- colMeans(boot.u);v.bar <- colMeans(boot.v)
          u.s <- cov(boot.u); v.s <- cov(boot.v)
          boot.s <- ((n1-1)*u.s + (n2-1)*v.s)/f
          F0.boot[i] <- (f-p+1)*(n1*n2)/(f*p*(n1+n2))*t(u.bar-v.bar)%*%ginv(boot.s)%*%(u.bar-v.bar)
        }
        F0.order <- sort(F0.boot,decreasing=FALSE)
        Fa <- as.numeric(quantile(F0.order,1-alpha))
        list.test <- cbind(F0, Fa); colnames(list.test)<-c("F0", "Fa")
        if(F0 > Fa){
          print('F0>Fa: reject H0 : mu1=mu2')
        }else{
          print('F0<Fa: accept H0 : mu1=mu2')
        }
        return(list.test)
}
bootstrap.hotelling.twosamp(x=u,y=w,B=100,alpha=0.05)
```

[보기 6.4.4] 작은 그룹과 큰 그룹 쥐의 척추 뼈 평균형상 붓스트랩검정

[보기 6.4.2]에서 형상점 6개를 가진 쥐의 척추 뼈 형상에 대한 몸무게의 영향을 알아보기 위해서 몸무게에 따라 큰 그룹(23마리)과 작은 그룹(23마리) 쥐의 형상의 북스테인좌표를 활용하여 두 군집의 평균형상에 대한 귀무가설 $H_0 : \mu_S = \mu_L$의 다변량 비모수검정을 실시하였다. 이미 두 군집의 북스테인좌표는 다변량 정규성은 만족하나 공분산행렬의 동질성은 성립하지 않음을 알고 있다. 다변량 비모수검정인 다변량 부호검정과 순위검정의 결과 유의확률 $p-$값이 둘 다 0.000으로 유의수준 5%에서 $H_0 : \mu_S = \mu_L$을 기각하여 두 군집간의 평균형상은 유의하게 차이가 남을 보여주었다. 여기서는 붓스트랩검정을 적용해 보기로 하자. [결과 6.4.4]는 검정통계량의 값 $F_0 = 14.850$이 기각치 $F^*_{(96)} = 2.068$ 보다 크므로 유의수준 5%에서 $H_0 : \mu_C = \mu_T$를 기각하며 이는 비모수검정과도 동일한 결과이다. [R-코드 6.4.4](mice-Bookstein-Bootsrap-2samples-testshapes.R)을 참고 바란다.

[결과 6.4.4] [R-코드 6.4.4]의 수행 결과 일부

```
> bootstrap.hotelling.twosamp(x=u,y=w,B=100,alpha=0.05)
[1] "F0 > Fa: reject H0 : mu1=mu2"
           F0      Fa
[1,] 14.85016 2.06767
```

[R-코드 6.4.4] 작은 그룹과 큰 그룹 쥐의 척추 뼈 평균형상 다변량 붓스트랩검정 (mice-Bookstein-Bootsrap-2samples-testshapes.R)

```
## Multivariate Bootsrap Test for Mean shapes of Mice(Small and Large)
library(shapes)

# Data: Small and Large Groups
data(mice)
s=qset2.dat # n1=23
l=qlet2.dat # n2=23
n1=dim(s)[3];n2=dim(l)[3]
k=dim(s)[1]

# Bookstein Coordinates
books<-bookstein2d(s)
bookl<-bookstein2d(l)
u<-t(apply(books$bshpv[3:6,,],3,c))
w<-t(apply(bookl$bshpv[3:6,,],3,c))

###Two sample Hotelling T^2 Test based on Bootsrap
bootstrap.hotelling.twosamp <- function(x,y,B,alpha){
        n1 <- nrow(x); n2 <- nrow(y);p <- ncol(x)
        x.bar <- colMeans(x); y.bar <- colMeans(y);f <- n1+n2-2;
        x.bar.mat <- matrix(x.bar,n1,p,byrow=TRUE);y.bar.mat <- matrix(y.bar,n2,p,byrow=TRUE)
        s1 <- cov(x); s2 <- cov(y)
        sp <- ((n1-1)*s1+(n2-1)*s2)/(n1+n2-2)
        F0 <- (f-p+1)*(n1*n2)/(f*p*(n1+n2))*t(x.bar-y.bar)%*%ginv(sp)%*%(x.bar-y.bar)
        u <- t(((n1/(n1-1))^1/2)*(sp^1/2)%*%(ginv(s1)^1/2)%*%t(x-x.bar.mat))
        v <- t(((n2/(n2-1))^1/2)*(sp^1/2)%*%(ginv(s2)^1/2)%*%t(y-y.bar.mat))
        F0.boot <- NA
        set.seed(123)
        for(i in 1:B){boot.samp1 <- sample(1:n1,n1,replace=TRUE)
          boot.samp2 <- sample(1:n2,n2,replace=TRUE)
          boot.u <- u[boot.samp1,]
          boot.v <- v[boot.samp2,]
          u.bar <- colMeans(boot.u);v.bar <- colMeans(boot.v)
          u.s <- cov(boot.u); v.s <- cov(boot.v)
          boot.s <- ((n1-1)*u.s + (n2-1)*v.s)/f
          F0.boot[i] <- (f-p+1)*(n1*n2)/(f*p*(n1+n2))*t(u.bar-v.bar)%*%ginv(boot.s)%*%(u.bar-v.bar)
        }
        F0.order <- sort(F0.boot,decreasing=FALSE)
        Fa <- as.numeric(quantile(F0.order,1-alpha))
        list.test <- cbind(F0, Fa); colnames(list.test)<-c("F0", "Fa")
        if(F0 > Fa){
          print('F0>Fa: reject H0 : mu1=mu2')
        }else{
          print('F0<Fa: accept H0 : mu1=mu2')
        }
        return(list.test)
}
bootstrap.hotelling.twosamp(x=u,y=w,B=100,alpha=0.05)
```

[두 군집 순열검정 절차]

[절차1] 두 군집 북스테인좌표 $\boldsymbol{u}_i,\ i=1,\ldots,n_1$; $\boldsymbol{w}_i,\ i=1,\ldots,n_2$로부터 평균벡터 $\overline{\boldsymbol{u}}$와 $\overline{\boldsymbol{w}}$를 구하고 (6.4.4)의 검정통계량 $T_{obs}=F_0$를 계산한다.

[절차2] 두 군집의 자료를 결합한 자료로부터 자료의 수를 각각 n_1과 n_2개 되도록 임의 추출하여 두 군집의 순열 자료세트를 P개 반복해서 만든다. 이로부터 검정통계량을 $T_1,\ldots,T_P$를 계산한다.

[절차3] [절차2]에서 구한 P개의 검정통계량과 [절차1]의 T_{obs}를 비교하여 T_{obs}의 순위를 r이라고 하면 순열검정의 Type-I 유의확률은 다음과 같다.

$$p-\text{값} = 1-\frac{r-1}{P}$$

[절차3]에서 모든 검정통계량 $T_1,\ldots,T_P$를 비교하는 것 대신에 $N(=1{,}000)$개 임의 순열로부터 T_{obs}의 순위를 r이라고 하면 이 검정의 Type-II 유의확률은 다음과 같다.

$$p-\text{값} = 1-\frac{r-1}{N+1}$$

이를 몬테칼로(Monte Carlo)순열검정이라고 하며 임의(random)순열검정 또는 근사(approximate)순열검정이라고도 한다. 일반적으로 [절차2]에서 P가 증가하면 $p-$값의 정확성은 올라가나 유의수준 0.05일 때는 적어도 1,000번의 순열화가 필요하며 유의수준이 0.01일 때는 5,000번의 순열화가 필요하다고 알려져 있다.

[보기 6.4.5] 작은 그룹과 큰 그룹 쥐의 척추 뼈 평균형상 다변량 순열검정

[보기 6.4.4]에서 형상점 6개를 가진 쥐의 척추 뼈 형상에 대한 몸무게의 영향을 알아보기 위해서 몸무게에 따라 큰 그룹(23마리)과 작은 그룹(23마리) 쥐의 형상의 북스테인좌표를 활용하여 두 군집의 평균형상에 대한 귀무가설 $H_0 : \mu_S = \mu_L$의 붓스트랩 검정을 하였다. 유의수준 5%에서 $H_0 : \mu_C = \mu_T$를 기각하여 두 군집 간의 평균형상은 통계적으로 유의하게 차이가 있음을 보여 주었다. 여기서는 순열검정을 적용한 결과 두 종류의 유의확률 $p-$값이 각각 0.000과 0.01로 유의수준 5%에서 $H_0 : \mu_C = \mu_T$를 기각하여 붓스트랩검정과 동일하다. [R-코드 6.4.5](mice-Bookstein-Permutation-2samples-testshapes.R)을 참고 바란다.

[결과 6.4.5] [R-코드 6.4.5]의 수행 결과 일부

```
> perm.hotel.twosamp(x=u,y=w,P=100)

$pvalue
 Type-I p-value   Type-II p-value
     0.00000000        0.00990099
```

[R-코드 6.4.5] 작은 그룹과 큰 그룹 쥐의 척추 뼈 평균형상의 다변량 순열검정 (mice-Bookstein-Permutation-2samples-testshapes.R)

```
## Multivariate Permutation Test for Mean shapes of Mice(Small and Large)
library(shapes)

# Data: Small and Large Groups
data(mice)
s=qset2.dat # n1=23
l=qlet2.dat # n2=23
n1=dim(s)[3];n2=dim(l)[3]
k=dim(s)[1]

# Bookstein Coordinates
books<-bookstein2d(s)
bookl<-bookstein2d(l)
u<-t(apply(books$bshpv[3:6,,],3,c))
w<-t(apply(bookl$bshpv[3:6,,],3,c))

###Permutation Test
perm.hotel.twosamp <- function(x,y,P=100){
        n1 <- nrow(x); n2 <- nrow(y);p <- ncol(x); n=n1+n2; dat <- rbind(x,y)
        x.bar <- colMeans(x); y.bar <- colMeans(y);f <- n1+n2-2;
        x.bar.mat <- matrix(x.bar,n1,p,byrow=TRUE);y.bar.mat <- matrix(y.bar,n2,p,byrow=TRUE)
        s1 <- cov(x); s2 <- cov(y)
        sp <- ((n1-1)*s1+(n2-1)*s2)/(n1+n2-2)
        Tsq.origin <- (f-p+1)*(n1*n2)/(f*p*(n1+n2))*t(x.bar-y.bar)%*%ginv(sp)%*%(x.bar-y.bar)
        Tsq.per <- NA
        for(i in 1:P){
          per.samp1 <- sample(1:n,n1,replace=FALSE)
          per.samp2 <- setdiff(1:n,per.samp1)
          per.x <- dat[per.samp1,]
          per.y <- dat[per.samp2,]
          per.x.bar <- colMeans(per.x);per.y.bar <- colMeans(per.y)
          per.x.s <- cov(per.x); per.y.s <- cov(per.y)
          per.s <- ((n1-1)*per.x.s + (n2-1)*per.y.s)/f
          Tsq.per[i]                                                              <-
(f-p+1)*(n1*n2)/(f*p*(n1+n2))*t(per.x.bar-per.y.bar)%*%ginv(per.s)%*%(per.x.bar-per.y.bar)
        }
        Tsq.per.order <- order(c(Tsq.origin,Tsq.per),decreasing=FALSE)
        r <- which(Tsq.per.order==1)
        pval1 <- 1-(r-1)/P
        pval2 <- 1-(r-1)/(P+1)
        pval <- c(pval1,pval2); names(pval) <- c('Type-I p-value','Type-II p-value')
        list(pvalue=pval)
}

perm.hotel.twosamp(x=u,y=w,P=100)
```

Dryden과 Mardia(2016, 9장)는 원 형상자료에 대해 R의 library(shapes)에서 함수 resampletest()와 함수 testmeanshapes()에서는 옵션 replace=TRUE는 붓스랩 검정을 제공하며 옵션 replace= FALSE는 순열검정을 제공한다. 특히 함수 testmeanshapes()에 의해서 제공되는 검정은 처음에 초기 완전 GPA를 실행하고 프로크러스티즈 잔차에 순열검정과 붓스트랩검정을 실하여 다소 빠른 근사적 검정을 제공하므로 이를 빠른 순열검정과 붓스트랩검정이라 한다. 더불어 Dryden과 Mardia(2016, 9장)의 [Example 9.3]과 [Example 9.4]에는 1장의 [예제 1.3.2]에서 살펴본 수컷(28마리)와 암컷(26마리)로 형상점 8개로 구성된 침팬지 자료(panm,dat, panf,dat)에 두 종류의 함수에 의한 검정을 적용한 결과를 제공하고 있다. [그림 6.4.3]은 두 군집의 GPA 평균형상의 비교를 위한 것으로 시각적으로 차이가 없어 보인다. [R-코드 6.4.6](pan-Bookstein-Permutation-Bootsrap-2samples-testshapes.R)을 참고 바라며 결과는 네 가지 검정의 유의확률 $p-$값이 모두 유의수준 5%보다 크므로 침팬지 수컷과 암컷의 평균형상 간에는 차이가 없음을 알 수 있다.

[R-코드 6.4.6] 챔팬지 암수 두개골 평균형상 다변량 순열검정과 붓스트랩검정 (pan-Bookstein-Permutation-Bootsrap-2samples-testshapes.R)

```
## Permutation and bootstrap tests of Chimpanzee
library(shapes)

# Female and Male
f=panf.dat # n1=28
m=panm.dat # n2=26

# Permutation and bootstrap tests
resampletest(m, f, replace=FALSE)
resampletest(m, f, replace=TRUE)

# Fast Permutation and bootstrap tests
testmeanshapes(m, f, replace=FALSE)
testmeanshapes(m, f, replace=TRUE)
```

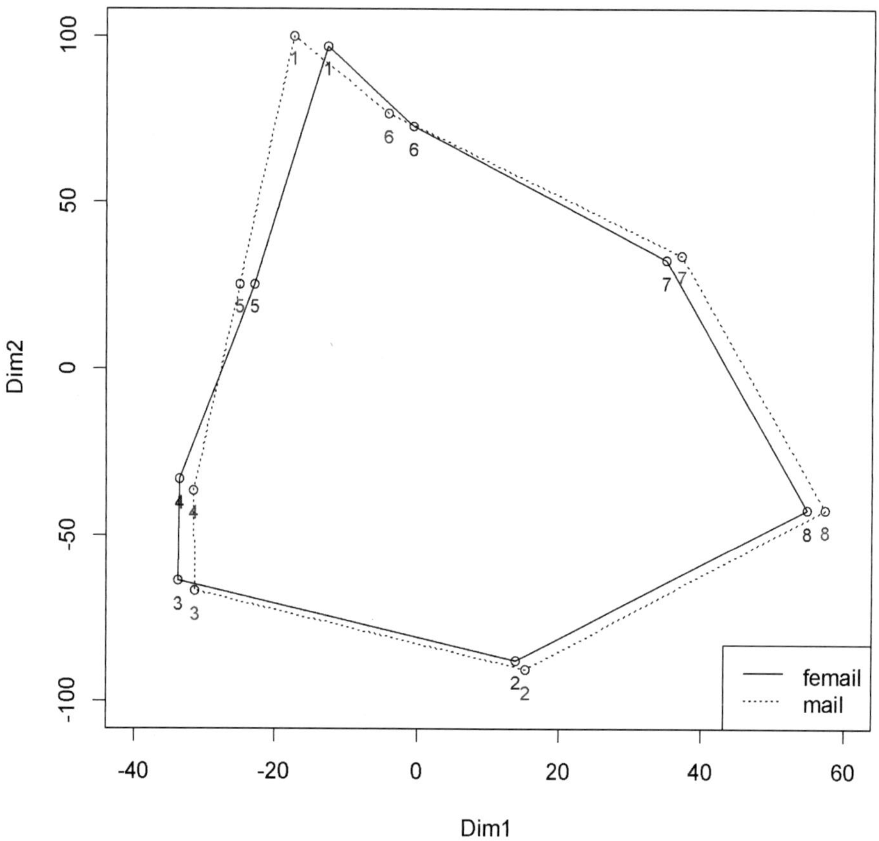

[그림 6.4.3] 암컷(실선 -)와 수컷(점선 …)의 두개골 형상에 대한 GPA 평균형상의 비교

6.5 여러 군집 평균형상 검정

지금까지 6.3절과 6.4절에서는 m 차원에서 k 개의 형상점들에 의한 크기가 $k \times m$ 인 $n_j(\geq 2)$개의 두 군집의 중심화된 형태행렬 $X_{j1}, \dots, X_{jn_j}$, $j = 1,2$의 북스테인좌표에 의한 평균형상의 검정을 다루었다. 이를 위해 호텔링 T^2-통계량에 바탕을 둔 $F-$검정을 살펴보았다. 두 군집의 북스테인좌표가 자료의 수가 매우 적거나, 다변량 정규성이나 공분산행렬의 동질성을 만족하지 못하는 경우가 있다. 이럴 경우 대안적 방법으로 6.4절의 비모수적 방법인 순열검정과 붓스트랩검정을 사용할 수 있음을 보여 주었다.

이 절에서는 두 군집 대신에 독립된 g 개 군집의 각각 $n_j(> 2)$개의 중심화된 형태행렬 $X_{j1}, \dots, X_{jn_j}$, $j = 1, \dots, g$에 대한 북스테인좌표를 활용하여 평균형상 검정을 시도 하려고 한다. Goodall (1991)은 각 그룹의 개체 수가 $n_j = n$, $j = 1, \dots, g$로 같은 경우 복소공간에서 근사적으로 카이제곱분포를 만족하는 완전프로크러스티즈 거리를 활용한 $F-$검정을 제안하였다.

먼저 형상점 k개에 의한 g개의 여러 군집의 개체들의 형상을 위한 형태행렬의 북스테인좌표 $\boldsymbol{u}_{ij}$, $i = 1, \dots, n_j; j = 1, \dots, g$는 $q = 2 \times (k-2)$개의 형상점좌표로 구성된 다변량 정규분포 $N_q(\mu_j, \Sigma)$를 따른다고 하자. 이는 g개 군집(처리)의 실험자료에 대한 일원 MANOVA(one-way Multivariate ANOVA)의 적용이 가능한 것으로 (일원) MANOVA에 대해서 잘 정리된 최용석(2019, 4.1절)의 것을 다시 인용하기로 하자. 일원 MANOVA 모형은 (6.5.1)과 같이 정의된다.

$$\boldsymbol{u}_{ij} \; = \; \mu_j \; + \; \boldsymbol{e}_{ij}, \, i = 1, \dots, n_j; j = 1, \dots, g \tag{6.5.1}$$

여기서 $\mu_j = \mu + \boldsymbol{\alpha}_j$는 전체평균벡터 μ와 j 번째 처리 효과 $\boldsymbol{\alpha}_j$의 합이다.

g개의 처리 군집 간의 비교는 다음과 같은 귀무가설과 대립가설을 검정하면 된다.

$$H_0 : \mu_1 = \mu_2 = \cdots = \mu_g, \, H_1 : \mu_j \neq \mu_k, \, j \neq k \tag{6.5.2}$$

(6.5.2)의 검정을 위한 MANOVA는 전체제곱합(total sum of squares, TSS), 처리제곱합(treatment(between) sum of squares, SST)과 오차제곱합(error(within) sum of squares, SSE)에 의해 이루어지는 데 이들은 각각 다음과 같이 정의된다.

$$TSS = \sum_{j=1}^{g}\sum_{i=1}^{n_j}(\boldsymbol{u}_{ij} - \overline{\boldsymbol{u}})(\boldsymbol{u}_{ij} - \overline{\boldsymbol{u}})^T$$

$$SST = \sum_{j=1}^{g}\sum_{i=1}^{n_j}(\overline{\boldsymbol{u}_j} - \overline{\boldsymbol{u}})(\overline{\boldsymbol{u}_j} - \overline{\boldsymbol{u}})^T = \sum_{j=1}^{g} n_j(\overline{\boldsymbol{u}_j} - \overline{\boldsymbol{u}})(\overline{\boldsymbol{u}_j} - \overline{\boldsymbol{u}})^T$$

$$SSE = \sum_{j=1}^{g}\sum_{i=1}^{n_j}(\boldsymbol{u}_{ij} - \overline{\boldsymbol{u}_j})(\boldsymbol{u}_{ij} - \overline{\boldsymbol{u}_j})^T = TSS - SST \tag{6.5.3}$$

특히, (6.5.3)의 SSE는 다음과 같이 각 처리의 공분산행렬의 합으로 이루어져 있다.

$$SSE = (n_1 - 1)S_1 + (n_2 - 1)S_2 + \cdots + (n_g - 1)S_g$$

(6.5.2)의 귀무가설에 대한 검정을 위한 일원 MANOVA 표는 [표 6.5.3]에 요약되어 있다.

[표 6.5.3] 일원 MANOVA 표

요 인	자유도	제곱합	검정통계량	q	t	f
처 리	$g-1$	SST	$\Lambda = \dfrac{\lvert SSE \rvert}{\lvert SSE + SST \rvert}$	q	$g-1$	$n-g$
오 차	$n-g$	SSE				
전 체	$n-1$	TSS				

[표 6.5.3]의 검정통계량 Λ는 윌크스(Wilks) 통계량으로 윌크스 $U-$분포를 따르는 데 이는 변수 수와 처리(군집)의 수가 특별한 경우 $F-$분포를 따르는 윌크스 검정통계량의 4가지 변환을 최용석(2019, 표 4.1.5)은 잘 정리 해두었다. 따라서 검정통계량 Λ 대신 검정대신에 4가지 변환된 검정통계량의 값을 F_0라 하고 이것이 자유도 (df_1, df_2)를 따르는 $F-$분포에 의해 (6.5.4)의 검정방법을 따르게 된다.

$$F_0 > F_{df_1, df_2}(\alpha) \Rightarrow H_0: \mu_1 = \mu_2 = \cdots = \mu_g \text{ 를 유의수준 } \alpha \text{ 에서 기각한다.} \quad (6.5.4)$$

반면에 자료의 크기가 큰 경우 윌크스 검정통계량 Λ는 근사적으로 자유도가 $df = q \times t = q(g-1)$인 카이제곱분포를 따르는 바틀렛(Bartlett) 수정 검정통계량

$$\begin{aligned} \chi^2 &= -\left(f - \frac{p-t+1}{2}\right)\log \Lambda \\ &= -\left(n-g-\frac{p-(g-1)+1}{2}\right)\log \Lambda = -\left(n-1-\frac{p+g}{2}\right)\log \Lambda \end{aligned} \quad (6.5.5)$$

에 의해서

$$\chi^2 > \chi^2_{(p(g-1))}(\alpha) \Rightarrow H_0: \mu_1 = \mu_2 = \cdots = \mu_g \text{ 를 유의수준 } \alpha \text{ 에서 기각한다.} \quad (6.5.6)$$

지금까지 일원 MANOVA 모형은 (6.5.1)로부터 각 군집의 형상들의 개체 수가 다른 경우의 불균형(unbalance) MANOVA를 다루었으나 개체의 수가 동일한 균형(balanced) MANOVA에도 적용 가능하다.

[보기 6.5.1] 세 군집의 쥐의 척추 뼈 평균형상의 MANOVA 검정

6개 형상점으로 이루어진 쥐의 척추 뼈 형상에 대한 몸무게의 영향을 알아보기 위해서 몸무게에 따라 큰 그룹($n_1 = 23$마리)과 작은 그룹($n_2 = 23$마리) 그리고 대조 그룹($n_3 = 30$마리)의 총 76마리 간에 GPA 적합 후 평균형상을 [그림 6.5.1]에서 살펴 볼 수 있다. 대조그룹의 쥐 척추 뼈 형상은 나머지 그룹과는 반대 방향으로 놓여 있어 그룹 간의 상호 비교를 위해 시계방향 135도 회전을 하였다. 군집별 척추 뼈 평균형상 간에 작은 그룹의 형상이 전체적으로 다른 그룹에 비해 크기가 작아 차이를 보이고 있다.

이미 이들 자료에 대하여 [보기 2.2.2]에서는 리만거리를 활용한 MDS와 [보기 4.4.1]에서는 PCA와 ICA의 주성분점수와 독립성분점수에 의한 군집간의 유사성을 살펴보았다. 더군다나 [보기 5.1.1]에서는 척추 뼈 형상크기, 리만거리, 주성분점수 또는 독립성분점수를 가지고 전통적 판별분석, SVM 판별분석과 OPSS에 의한 판별분석을 실시하였다. [보기 5.4.1]과 [보기 5.4.2]에는 북스테인좌표와 탄젠트좌표에 중심크기를 추가한 판별분석을 실시하기도 하였다. 여기에서는 각 집단의 평균형상에 대한 귀무가설 $H_0 : \mu_1 = \mu_2 = \mu_3$을 MANOVA 검정을 하고자 한다.

[결과 6.5.1]의 (1) 평균벡터와 총평균은 $q = 2(k-2) = 2(6-2) = 8$ 이므로 크기가 8×1으로 행 순서로 다음과 같다.

$$\bar{\boldsymbol{u}}_1 = (0.0914, 0.00073, -0.0878, -0.0244, 0.294, 0.626, 0.301, -0.324)^T,$$

$$\bar{\boldsymbol{u}}_2 = (0.0847, 0.0122, -0.0687, -0.025, 0.293, 0.561, 0.299, -0.304)^T,$$

$$\bar{\boldsymbol{u}}_3 = (0.085, -0.0214, -0.0784, -0.0085, 0.274, 0.615, 0.277, -0.383)^T,$$

$$\bar{\boldsymbol{u}} = (0.0874, -0.00249, -0.0792, -0.0198, 0.288, 0.603, 0.293, -0.336)^T$$

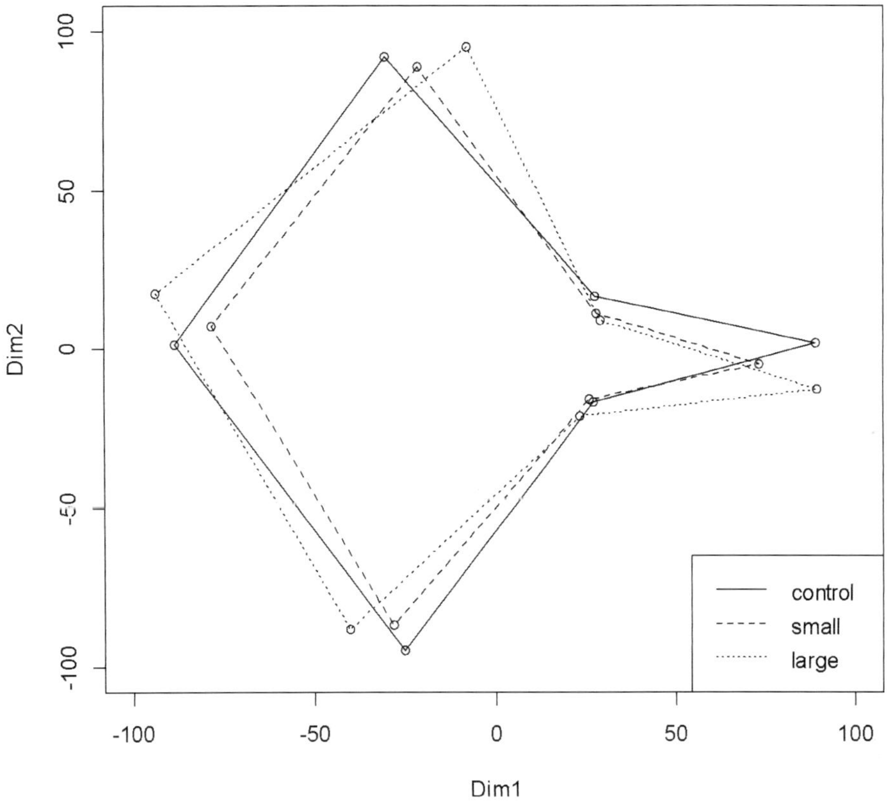

[그림 6.5.1] 세 그룹 척추 뼈에 대한 GPA 평균형상의 비교 : 대조그룹(실선 -) 작은 그룹(굵은 점선 ---), 큰 그룹(점선 ···)

[결과 6.5.1]의 (2) 검정으로 부터 다음의 일원 MANOVA 표를 제공할 수 있다.

요 인	자유도	제곱합	검정통계량	q	$t=g-1$	$f=n-g$
처 리	$3-1$	SST	$\Lambda=0.203$	8	$4-1$	$76-4$
오 차	$76-3$	SSE				
전 체	$76-1$	TSS				

각 처리(군집)의 자료의 크기가 각각 30, 23, 23으로 전체 $n=76$ 인 큰 경우 근사적으로 자유도가 $df=q(g-1)=8(3-1)=16$ 인 카이제곱분포를 검정통계량에 의한

$$\chi_0^2 = -\left(76-1-\frac{8+3}{2}\right)\log(0.203) = 111.754 > \chi^2_{(8(3-1))}(0.05) = 23.685$$

$\Rightarrow H_0 : \mu_1 = \mu_2 = \mu_3$ 를 유의수준 0.05 에서 기각한다.

유의확률 $p-$값 = 0.000으로도 앞선 검정과 동일한 결과를 강력하게 뒷받침함을 알 수 있다.

이를 위한 [R-코드 6.5.1](mice-Bookstein-MANOVA-testshapes.R)에서 특히 각 처리(군집)의 자료의 수가 작은 경우 # MANOVA Test for small size data에서 $F-$검정을 하도록 독자는 선택하면 된다.

[결과 6.5.1] [R-코드 6.5.1]의 수행 결과 일부

(1) 평균벡터와 총평균

```
> list(t(yb1),t(yb2),t(yb3),t(yb))
[[1]]
       [,1]    [,2]    [,3]    [,4]  [,5]  [,6]  [,7]   [,8]
[1,] 0.0914 0.00073 -0.0878 -0.0244 0.294 0.626 0.301 -0.324

[[2]]
       [,1]   [,2]    [,3]   [,4]  [,5]  [,6]  [,7]   [,8]
[1,] 0.0847 0.0122 -0.0687 -0.025 0.293 0.561 0.299 -0.304

[[3]]
      [,1]    [,2]    [,3]    [,4]  [,5]  [,6]  [,7]   [,8]
[1,] 0.085 -0.0214 -0.0784 -0.0085 0.274 0.615 0.277 -0.383

[[4]]
       [,1]     [,2]    [,3]    [,4]  [,5]  [,6]  [,7]   [,8]
[1,] 0.0874 -0.00249 -0.0792 -0.0198 0.288 0.603 0.293 -0.336
```

(2) 검정

```
> test(U0,chi0,chia,pv,alpha)
$values
    U0    chi0   chia p-value
 0.203 111.754 23.685   0.000

$result
[1] "chi0 > chia : reject H0: mu1 = mu2 = mu3 at alpha=0.05"
```

[R-코드 6.5.1] 세 군집 쥐의 척추 뼈 평균형상의 MANOVA 검정
(mice-Bookstein-MANOVA-testshapes.R)

```
## MANOVA test for Bookstein Coordinates of mice
library(shapes)

# Data: Control, Small and Large Groups
data(mice)
cm=qcet2.dat # n1=30
sm=qset2.dat # n2=23
lm=qlet2.dat # n3=23

# GPA
c<-procGPA(cm)
s<-procGPA(sm)
l<-procGPA(lm)
join<-c(1,6,2,3,4,5,1)

# Rotated Shape
T<-matrix(c(cos(135),sin(135),
        -sin(135), cos(135)), byrow=T, nrow=2)

# Joint Mean Shapes
plot((c$mshape%*%T)[,1], (c$mshape%*%T)[, 2],xlim=c(-100, 100), ylim=c(-100, 100), xlab="Dim1",
ylab="Dim2" )
lines((c$mshape%*%T)[join,], lty=1)
par(new=TRUE)
plot(s$mshape[,1], s$mshape[, 2],xlim=c(-100, 100), ylim=c(-100, 100), xlab="Dim1", ylab="Dim2" )
lines(s$mshape[join,], lty=2)
par(new=TRUE)
plot(l$mshape[,1], l$mshape[, 2],xlim=c(-100, 100), ylim=c(-100, 100), xlab="Dim1", ylab="Dim2" )
lines(l$mshape[join,], lty=3)
legend("bottomright",c("control","small","large"), lty=c(1,2,3))


## Bookstein Coordinates
bcm=bookstein2d(cm)
bsm=bookstein2d(sm)
blm=bookstein2d(lm)
u1<-t(apply(bcm$bshpv[3:6,,],3,c))
u2<-t(apply(bsm$bshpv[3:6,,],3,c))
u3<-t(apply(blm$bshpv[3:6,,],3,c))

## One-Way MANOVA for 4 Varieties of Rice Data : Small Data
y1 <- u1
y2 <- u2
y3 <- u3

n1=nrow(y1);n2=nrow(y2);n3=nrow(y3); p=ncol(y1)
g=3; m=g-1; n=n1+n2+n3; f=n-g; alpha=0.05
cluster=c(rep(1, n1), rep(2, n2), rep(3, n3))
y1=t(y1);y2=t(y2);y3=t(y3)
y <- cbind(y1,y2,y3)

# mean of tretments and total mean
yb1=as.matrix(apply(y1, 1, mean))
yb2=as.matrix(apply(y2, 1, mean))
yb3=as.matrix(apply(y3, 1, mean))
yb <-apply(y,1, mean)
options(digits=3)
list(t(yb1),t(yb2),t(yb3),t(yb))
# Sum of Squares : SST, SSE, TSS
sst=n1*(yb1-yb)%*%t(yb1-yb)+n2*(yb2-yb)%*%t(yb2-yb)+n3*(yb3-yb)%*%t(yb3-yb)
tss=(y1-yb)%*%t(y1-yb)+(y2-yb)%*%t(y2-yb)+(y3-yb)%*%t(y3-yb)
```

```
sse=tss-sst
sst;sse;tss
U0 <- det(sse)/det(sse + sst)

# MANOVA Test for small size data
F0<- ((n-g-1)/(g-1))%*%((1-sqrt(U0))/sqrt(U0))
Fa<-qf(1-alpha, 2*(g-1), 2*(n-g-1))
pv=1-pf(F0, 2*(g-1), 2*(n-g-1))
test <- function(U0,F0,Fa,pv,alpha){
        values<-c(U0,F0,Fa,pv); names(values)<-c("U0","F0","Fa","p-value")
        if(F0 > Fa) {result<-c("F0 > Fa : reject H0: mu1 = mu2 = mu3 at alpha=0.05")}
        if(F0 < Fa) {result<-c("F0 < Fa : accept H0: mu1 = mu2 = mu3 at alpha=0.05")}
        list(values=values, result=result)
}
test(U0,F0,Fa,pv,alpha)

# MANOVA Test for large size data
chi0 <- -(f-((p-1)-m+1)/2)*log(U0)
chia <- qchisq(1-alpha,(p-1)*m)
gama <- (p-1)*m*((p-1)^2+m-5)/48
pv <- 1-pchisq(chi0,(p-1)*m) + gama*(1-pchisq(chi0,(p-1)*m+4)-(1-pchisq(chi0,(p-1)*m)))/(f^2)
test <- function(U0,chi0,chia,pv,alpha){
        values<-c(U0,chi0,chia,pv); names(values)<-c("U0","chi0","chia","p-value")
        if(chi0 > chia) {result<-c("chi0 > chia : reject H0: mu1 = mu2 = mu3 at alpha=0.05")}
        if(chi0 < chia) {result<-c("chi0 < chia : accept H0: mu1 = mu2 = mu3 at alpha=0.05")}
        list(values=values, result=result)
}
```

[보기 6.5.2] 고릴라, 침팬지, 오라우탄 암컷 두개골 평균형상의 MANOVA 검정

[예 1.3.2]에서는 data(apes)에서 제공되는 세 그룹인 고릴라 수컷(29마리)과 암컷(30마리) 59마리, 침팬지 수컷(28마리)과 암컷(26마리) 54마리, 오랑우탄 수컷(30마리)과 암컷(24마리) 54마리의 성별에 따른 두개골 차이를 형상점 8개로 [그림 1.3.4]에서 파악하였다. 특히, 8개의 해부적 형상점의 위치는 [그림 1.3.3]에서 얼굴부위 7, n(nasion); 6, na(nariale); 1, pr(prosthion); 5, st(staphylion), 4, ba(basion)와 두개골 부위 8, b(brema); 2, l(lambda); 3, o(opisthion)로 되어 있음을 참고 바란다.

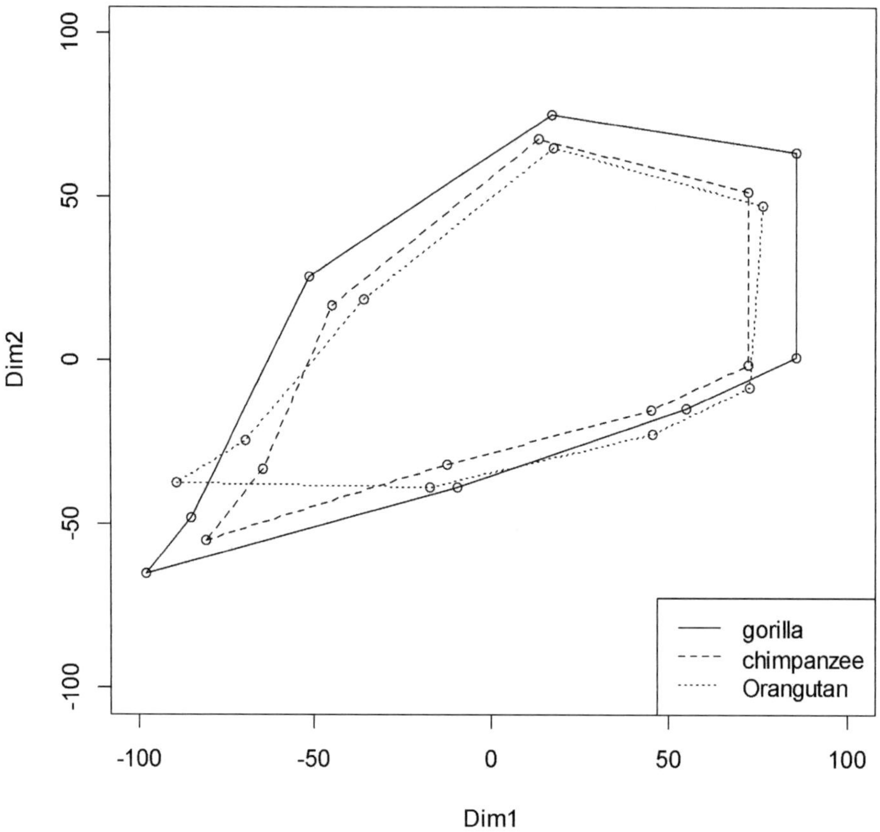

[그림 6.5.2] 세 그룹 유인원 암컷 두개골 GPA 평균형상의 비교 : 고릴라(실선 -), 침팬지(굵은 점선 ---), 오랑우탄(점선 …)

[그림 6.5.2]는 이들 세 군집에 대해 GPA 적합 평균형상을 비교를 위해 보여주고 있다. 전반적으로 고릴라 두개골 형상이 제일 큼을 알 수 있다. 여기에서는 각 집단의 암컷 두개골 평균형상의 검정을 위해 평균형상이 같다는 귀무가설 $H_0 : \mu_1 = \mu_2 = \mu_3$을 MANOVA 검정하고자 한다.

먼저 [결과 6.5.2]의 (1) 평균벡터 $\bar{u}_1, \bar{u}_2, \bar{u}_3$와 총평균 $\bar{u}$은 $q = 2(k-2) = 2(8-2) = 12$이므로 크기가 12×1으로 행 순서로 특히, 평균벡터는 세 군집(고릴라, 침팬지, 오랑우탄)에 해당한다. [결과 6.5.2]의 (2) 검정으로 부터 다음의 일원 MANOVA 표를 제공할 수 있다.

요 인	자유도	제곱합	검정통계량	q	$t = g-1$	$f = n-g$
처 리	$3-1$	SST	$\Lambda = 0.0126$	12	$4-1$	$80-4$
오 차	$80-3$	SSE				
전 체	$80-1$	TSS				

각 처리(군집)의 자료의 크기가 각각 30, 26, 24로 전체 $n = 80$으로 근사적으로 자유도가 $df = q(g-1) = 12(3-1) = 48$인 카이제곱분포를 검정통계량에 의한 다음과 같은 검정의 결과를 얻게 된다.

$$\chi_0^2 = -\left(80 - 1 - \frac{12+3}{2}\right)\log(0.0126) = 315.183 > \chi^2_{(12(3-1))}(0.05) = 33.924$$

$$\Rightarrow H_0 : \mu_1 = \mu_2 = \mu_3 \text{를 유의수준 } 0.05 \text{에서 기각한다.}$$

유의확률 $p-$값 $= 0.000$으로도 유의수준 0.05에서 귀무가설을 기각을 강력하게 뒷받침함을 알 수 있다.

이를 위한 [R-코드 6.5.2](greatapeskull-Bookstein-MANOVA-testshapes.R)를 참고 바란다.

[결과 6.5.2] [R-코드 6.5.2]의 수행 결과 일부

(1) 평균벡터와 총평균

```
> list(t(yb1),t(yb2),t(yb3),t(yb))
[[1]]
     [,1]  [,2]   [,3]   [,4]    [,5]  [,6]   [,7]   [,8]  [,9]  [,10] [,11] [,12]
[1,] 0.34 0.186 -0.109 -0.409 -0.0977 0.278 -0.228 -0.206 -0.13 0.0288 0.212 0.218

[[2]]
      [,1]  [,2]   [,3]   [,4]   [,5]  [,6]   [,7]  [,8]   [,9]  [,10] [,11] [,12]
[1,] 0.338 0.176 -0.129 -0.362 -0.121 0.292 -0.235 -0.21 -0.109 0.0452 0.203 0.251

[[3]]
      [,1]  [,2]   [,3]   [,4]   [,5]  [,6]   [,7]   [,8]   [,9] [,10] [,11] [,12]
[1,] 0.344 0.179 -0.158 -0.374 -0.108 0.261 -0.258 -0.259 -0.184 0.013 0.136 0.227

[[4]]
     [,1]  [,2]  [,3]   [,4]   [,5]  [,6]   [,7]   [,8]  [,9]  [,10] [,11] [,12]
[1,] 0.34 0.181 -0.13 -0.383 -0.108 0.278 -0.239 -0.223 -0.14 0.0294 0.187 0.231
```

(2) 검정

```
> test(U0,chi0,chia,pv,alpha)
$values
     U0     chi0    chia  p-value
 0.0126 315.1826 33.9244   0.0000

$result
[1] "chi0 > chia : reject H0: mu1 = mu2 = mu3 at alpha=0.05"
```

[R-코드 6.5.2] 세 그룹 유인원 암컷 두개골 평균형상의 MANOVA 검정 (greatapeskull-Bookstein-MANOVA-testshapes.R)

```
## MANOVA test for Bookstein Coordinates of Female Apes

library(shapes)

# Data: Control, gorf, panf, pongof
data(apes)
attach(apes)
go=x[,,group=="gorf"]
ch=x[,,group=="panf"]
or=x[,,group=="pongof"]
# GPA
join=c(1,5:2,8:6, 1)
g<-procGPA(go)
c<-procGPA(ch)
o<-procGPA(or)

# Rotated Shape
T<-matrix(c(cos(90),sin(90),
        -sin(90), cos(90)), byrow=T, nrow=2)

# Joint Mean Shapes
plot((g$mshape%*%T)[,1], (g$mshape%*%T)[, 2],xlim=c(-100, 100), ylim=c(-100, 100), xlab="Dim1",
ylab="Dim2" )
lines((g$mshape%*%T)[join,], lty=1)
par(new=TRUE)
plot((c$mshape%*%T)[,1], (c$mshape%*%T)[, 2],xlim=c(-100, 100), ylim=c(-100, 100), xlab="Dim1",
ylab="Dim2" )
lines((c$mshape%*%T)[join,], lty=2)
par(new=TRUE)
plot((o$mshape%*%T)[,1], (o$mshape%*%T)[, 2],xlim=c(-100, 100), ylim=c(-100, 100), xlab="Dim1",
ylab="Dim2" )
lines((o$mshape%*%T)[join,], lty=3)
legend("bottomright",c("gorilla","chimpanzee","Orangutan"), lty=c(1,2,3))

## Bookstein Coordinates
bg=bookstein2d(go)
bc=bookstein2d(ch)
bo=bookstein2d(or)
u1<-t(apply(bg$bshpv[3:8,,],3,c))
u2<-t(apply(bc$bshpv[3:8,,],3,c))
u3<-t(apply(bo$bshpv[3:8,,],3,c))

## One-Way MANOVA for 4 Varieties of Rice Data : Small Data
y1 <- u1
y2 <- u2
y3 <- u3

n1=nrow(y1);n2=nrow(y2);n3=nrow(y3); p=ncol(y1)
g=3; m=g-1; n=n1+n2+n3; f=n-g; alpha=0.05
y1=t(y1);y2=t(y2);y3=t(y3)
y <- cbind(y1,y2,y3)

# mean of tretments and total mean
yb1=as.matrix(apply(y1, 1, mean))
yb2=as.matrix(apply(y2, 1, mean))
yb3=as.matrix(apply(y3, 1, mean))
yb <-apply(y,1, mean)
options(digits=3)
list(t(yb1),t(yb2),t(yb3),t(yb))
# Sum of Squares : SST, SSE, TSS
sst=n1*(yb1-yb)%*%t(yb1-yb)+n2*(yb2-yb)%*%t(yb2-yb)+n3*(yb3-yb)%*%t(yb3-yb)
```

```
tss=(y1-yb)%*%t(y1-yb)+(y2-yb)%*%t(y2-yb)+(y3-yb)%*%t(y3-yb)
sse=tss-sst
sst;sse;tss
U0 <- det(sse)/det(sse + sst)

# MANOVA Test for large size data
chi0 <- -(f-((p-1)-m+1)/2)*log(U0)
chia <- qchisq(1-alpha,(p-1)*m)
pv <- 1-pchisq(chi0,(p-1)*m)
test <- function(U0,chi0,chia,pv,alpha){
        values<-c(U0,chi0,chia,pv); names(values)<-c("U0","chi0","chia","p-value")
        if(chi0 > chia) {result<-c("chi0 > chia : reject H0: mu1 = mu2 = mu3 at alpha=0.05")}
        if(chi0 < chia) {result<-c("chi0 < chia : accept H0: mu1 = mu2 = mu3 at alpha=0.05")}
        list(values=values, result=result)
}
test(U0,chi0,chia,pv,alpha)
```

끝으로 Kim(2009, Chapter 3)과 Kim 외(2010)는 준프로크러스티즈 탄젠트좌표의 완전 프로크러스티즈거리에 의한 $F-$검정에 바탕을 둔 불균형 분산분석(unbalance ANOVA, UNBANOVA)을 제안 하였으니 참고 바란다.

6.6 여러 군집 평균형상 다변량 비모수검정

6.5절에서 g개의 처리 군집 간의 비교를 위해 귀무가설과 대립가설

$$H_0 : \mu_1 = \mu_2 = \cdots = \mu_g,\ H_1 : \mu_j \neq \mu_k,\ j \neq k$$

을 검정하기 위해 일원 MANOVA를 실시하였다. 이를 위해 먼저 형상점 k개에 의한 g개의 여러 군집의 개체들의 형상을 위한 형태행렬의 북스테인좌표 $\boldsymbol{u}_{ij},\ i=1,\ldots,n_j;$ $j=1,\ldots,g$는 $q=2\times(k-2)$개의 형상점좌표로 구성된 다변량 정규분포 $N_q(\mu_j, \Sigma)$를 따른다고 가정하였다. 이 가정에는 g개 여러 군집의 다변량 정규성이 만족되어야 하고 공분산 행렬의 동질성 $\Sigma_1 = \cdots = \Sigma_g = \Sigma$이 만족되어야 한다. 만약에 이러한 가정들이 만족되지 못한다면 6.2절과 6.4절과 같이 기존의 T^2-통계량에 바탕을 둔 $F-$검정 대신에 다변량 비모수검정을 실시해야 한다. 이는 Oja와 Randles(2004)를 참고하고 여기에 바탕을 둔 Oja(2010)의 패키지 MNM인 library(MNM)의 함수 mv.Csample.test()를 활용하게 된다. 이 함수는 이미 6.4절에서 두 군집의 평균형상의

다변량 비모수검정을 위해 활용된 바 있다. 실제로 이 함수에서 사용되는 알고리즘은 두 군집의 비교에서 윌콕슨-맨-위트니검정(Wilcoxon-Mann-Whitney test)과 여러 군집의 비교를 위한 크러스칼-왈리스검정(Kruskal-Wallis test)의 다변량적 확장이다. 이는 공간(spatial) 순위검정 통계량을 활용하며 여기서는 이론적 부분보다는 응용의 관점에서 다변량 부호검정과 다변량 순위검정을 여러 군집의 경우로 적용해보기로 하자.

6.5절의 쥐의 몸무게에 따른 세 그룹 간에 평균형상의 MANOVA 검정의 [보기 6.5.1]과 세 그룹인 고릴라, 침팬지, 오랑우탄 암컷 두개골 평균형상의 MONOVA 검정의 [보기 6.5.2]에서는 각 군집별 다변량 정규성은 만족이 되나 공분산행렬의 동질성은 성립하지 않는다. 이들 자료에 대하여 [보기 6.6.1]과 [보기 6.6.2]에서 여러 군집의 다변량 비모수검정을 적용하려고 한다.

[보기 6.6.1] 세 군집 쥐의 척추 뼈 평균형상의 다변량 비모수검정

[보기 6.5.1]에는 6개 형상점으로 이루어진 쥐의 척추 뼈 형상에 대한 몸무게의 영향을 알아보기 위해서 몸무게에 따라 큰 그룹(23마리)과 작은 그룹(23마리) 그리고 대조 그룹(30마리)의 총 76마리 간에 GPA 적합 후 평균형상 대한 귀무가설 $H_0 : \mu_1 = \mu_2 = \mu_3$을 MANOVA 검정을 하였다. 그 결과 귀무가설이 기각되어 세 군집 간의 평균형상이 통계적으로 유의한 차이를 보였다. 그러나 [결과 6.6.1]의 (1)을 보면 박스 M-검정의 결과 유의확률 $p-$값 = 0.001로 유의수준 0.05보다 작아 각 군집의 공분산행렬의 동질성이 만족되지 않는다. 다변량 왜도와 첨도에 의한 다변량 정규성검정은 모든 군집이 만족되어 결과에서는 생략하였다. (2)의 다변량 부호검정과 순위검정의 결과 모두가 유의확률 $p-$값 = 0.000로 유의수준 0.05보다 작아 귀무가설 $H_0 : \mu_1 = \mu_2 = \mu_3$을 기각하기에 충분하다. 이는 MANOVA 검정의 결과와 동일함을 보인다. 이를 위한 [R-코드 6.6.1](mice-Bookstein-Nonparametric-Sign-Rank-3samples-testshapes.R)를 참고 바란다.

[결과 6.6.1] [R-코드 6.6.1]의 수행 결과 일부

(1) 공분산행렬의 동질성검정

```
> boxM(u123[,-(q+1)], group)

        Box's M-test for Homogeneity of Covariance Matrices

data:  u123[, -(q + 1)]
Chi-Sq (approx.) = 94.32, df = 56, p-value = 0.001032
```

(2) 다변량 비모수검정(부호검정, 순위검정)

```
> mv.Csample.test(u123, group, score = "s")

        Several samples location test using spatial signs
data:  u123 by group
Q.2 = 94.622, df = 18, p-value = 2.116e-12

> mv.Csample.test(u123, group, score = "r")

        Several samples location test using spatial ranks
data:  u123 by group
Q.2 = 84.9, df = 18, p-value = 1.174e-10
```

[R-코드 6.6.1] 세 군집 쥐의 척추 뼈 평균형상의 다변량 비모수검정 (mice-Bookstein-Nonparametric-Sign-Rank-3samples-testshapes.R)

```
## Nonprametric tests(Sign, Rank) tests for Bookstein Coordinates of Female Apes
library(shapes)
library(biotools)
library(MVN)
library(MNM)

# Data: gorf, panf, pongof
go=gorf.dat
ch=panf.dat
or=pongof.dat
n1=dim(go)[3]
n2=dim(ch)[3]
n3=dim(or)[3]
k=dim(go)

## Bookstein Coordinates
bg=bookstein2d(go)
bc=bookstein2d(ch)
bo=bookstein2d(or)
u1<-t(apply(bg$bshpv[3:8,,],3,c))
u2<-t(apply(bc$bshpv[3:8,,],3,c))
u3<-t(apply(bo$bshpv[3:8,,],3,c))

# MVN tests based on the Skewness and Kurtosis Statistics
mvn(u1);mvn(u2);mvn(u3)

#Data for M-test
group=as.factor(c(rep("gor",n1), rep("pan",n2), rep("pon",n3)))
u123=rbind(u1,u2, u3);u123=cbind(u123, group)
q=2*(k-2)

# Box's M-test for equality of two covariance matrices
boxM(u123[,-(q+1)], group)

# Multivariate Nonparametric Tests: Sign and Rank
mv.Csample.test(u123, group, score = "s")
mv.Csample.test(u123, group, score = "r")
```

[보기 6.6.2] 고릴라, 침팬지, 오랑우탄 암컷 두개골 평균형상의 다변량 비모수검정

[보기 6.5.2]에는 세 그룹인 고릴라(30마리), 침팬지(26마리)와 오랑우탄(24마리)의 형상점 8개로 이루어진 두개골 평균형상에 대한 귀무가설 $H_0: \mu_1 = \mu_2 = \mu_3$을 MANOVA 검정을 하였다. 그 결과 유의확률 $p-$값 = 0.000로 유의수준 0.05에서 귀무가설이 기각되어 세 군집 간의 평균형상이 통계적으로 유의한 차이를 보였다. 그러나 [결과 6.6.2]의 (1)을 보면 박스 M-검정의 결과 유의확률 $p-$값 = 0.037이 유의수준 0.05보다 작아 각 군집의 공분산행렬의 동질성이 만족되지 않는다. 다변량 왜도와 첨도에 의한 다변량 정규성검정은 모든 군집이 만족되어 결과에서는 생략하였다. (2)의 다변량 비모수검정을 살펴보면 다변량 부호검정과 순위검정의 결과 모두가 유의확률 $p-$값 = 0.000로 유의수준 0.05보다 작아 귀무가설 $H_0: \mu_1 = \mu_2 = \mu_3$을 기각하기에 충분하다. 이는 MANOVA 검정의 결과와 동일함을 보인다. 이는 MANOVA 검정의 결과와 동일함을 보인다. 이를 위한 [R-코드 6.6.2](greatapeskull-Bookstein-Nonparametric-Sign-Rank-3samples-testshapes.R)를 참고 바란다.

[결과 6.6.2] [R-코드 6.6.2]의 수행 결과 일부

(1) 공분산행렬의 동질성검정

```
> boxM(u123[,-(q+1)], group)

        Box's M-test for Homogeneity of Covariance Matrices

data:  u123[, -(q + 1)]
Chi-Sq (approx.) = 162.4, df = 132, p-value = 0.03719
```

(2) 다변량 비모수검정(부호검정, 순위검정)

```
> mv.Csample.test(u123, group, score = "s")

        Several samples location test using spatial signs
data:  u123 by group
Q.2 = 113.12, df = 26, p-value = 7.713e-13

> mv.Csample.test(u123, group, score = "r")

        Several samples location test using spatial ranks
data:  u123 by group
Q.2 = 97.745, df = 26, p-value = 3.035e-10
```

[R-코드 6.6.2] 고릴라, 침팬지, 오랑우탄 암컷 두개골 평균형상의 다변량 비모수검정 (greatapeskull-Bookstein-Nonparametric-Sign-Rank-3samples-testshapes.R)

```
## Nonprametric tests(Sign, Rank) tests for Bookstein Coordinates of Female Apes
library(shapes)
library(biotools)
library(MVN)
library(MNM)

# Data: gorf, panf, pongof
go=gorf.dat
ch=panf.dat
or=pongof.dat
n1=dim(go)[3]
n2=dim(ch)[3]
n3=dim(or)[3]
k=dim(go)

## Bookstein Coordinates
bg=bookstein2d(go)
bc=bookstein2d(ch)
bo=bookstein2d(or)
u1<-t(apply(bg$bshpv[3:8,,],3,c))
u2<-t(apply(bc$bshpv[3:8,,],3,c))
u3<-t(apply(bo$bshpv[3:8,,],3,c))

# MVN tests based on the Skewness and Kurtosis Statistics
mvn(u1);mvn(u2);mvn(u3)

#Data for M-test
group=as.factor(c(rep("gor",n1), rep("pan",n2), rep("pon",n3)))
u123=rbind(u1,u2, u3);u123=cbind(u123, group)
q=2*(k-2)

# Box's M-test for equality of two covariance matrices
boxM(u123[,-(q+1)], group)

# Multivariate Nonparametric Tests: Sign and Rank
mv.Csample.test(u123, group, score = "s")
mv.Csample.test(u123, group, score = "r")
```

[보기 6.6.1]과 [보기 6.6.2]에서 다변량 비모수검정을 적용한 결과는 비록 공분산행렬의 동질성이 만족되지 않아도 MANOVA 검정을 실시한 [보기 6.5.1]과 [보기 6.5.2]의 결과와 유사하였다. 비록 그들의 결과가 유사하다고 해도 검정에서 필요한 다변량 정규성과 공분산행렬의 동질성을 가정한 것이 위배가 될 시에는 검정력이 다소 떨어지며 정확한 검정이 아닐 수가 있다.

- 참고문헌
- 부록: R-코드 및 자료 목록
- 후기
- 찾아보기

참고문헌

염아림, 최용석 (2011). 편정준상관 행렬도, 〈응용통계연구〉, 24(3), 559-566.

정호영(2018). 텍스트분류를 위한 용어 가중치 기법 비교, 부산대학교 석사논문.

최용석(2018). R과 함께하는 다변량 자료분석, 경문사.

최용석(2019). R과 함께하는 다변량 자료분석을 위한 추정과 검정, 경문사.

최용석, 현기홍 (2006). 〈통계적 형상분석의 이해와 응용〉, 자유아카데미.

최태훈, 최용석 (2008). 정준상관 행렬도와 군집분석을 응용한 KLPGA 선수의 기술과 경기 성적요인에 대한 연관성 분석, 〈응용통계연구〉, 21(3), 429-439.

최태훈, 최용석, 신상민 (2009). 테니스 그랜드슬램대회의 선수특성요인과 경기요인에 대한 분석연구 -정준상관 행렬도와 프로크러스티즈 분석의 응용-, 〈응용통계연구〉, 22(4), 855-864.

최태훈, 최용석 (2010). 일반화 정준상관 행렬도와 프로크러스티즈 분석을 응용한 대한테니스협회 등록 선수의 체격요인, 체력요인 및 기초기술요인에 대한 분석연구, 〈한국통계학회논문집〉, 17(6), 917-925.

최태훈, 최용석 (2012). 공변량요인 효과를 제거한 편정준상관 행렬도와 프로크러스티즈 분석을 응용한 남자 테니스선수의 체력요인 및 기초기술요인에 대한 분석연구, 〈한국통계학회논문집〉, 19(1), 97-106.

홍현욱, 최용석, 신상민, 강창완 (2010). 결측값이 있는 정준상관 행렬도의 형상변동 연구, 〈응용통계연구〉, 23(5), 955-966.

Anderson, C.R. (1997). *Object Recognition using Statistical Shape Analysis.* PhD thesis, University of Leeds.

Ahn, M.S., Shin, S.M., Wu, T.J., Lee, D.J., Ko, C.C., Chung, C.J. and Kim, Y.I.(2019a). Correlation between the cross-sectional morphology of the mandible and the three-dimensional facial skeletal pattern: *A structural equation modeling approach, Angle Orthodontist, 89*(1), 78-86.

Ahn, M.S., Shin, S.M., Choi, Y.S., Wu, T.J., Ko, C.C., Yamaguchi, T., Maki, K. and

Kim, Y.I.(2019b). Analysis of the relationship between the morphology of the palate and facial skeletal patterns in Class III malocclusion using structural equation modelling, *ORTHODONTICS & CRANIOFACIAL RESEARCH, 22*(2), 87-92.

Amaral, G.J.A., Dryden, I.L. and Wood, A.T.A. (2007). Pivotal bootstrap methods for k-sample problems in directional statistics and shape analysis. *Journal of the American Statistical Association, 102,* 695-707.

Bookstein, F.L. (1986). Size and shape spaces for landmark data in two dimensions (with discussion). *Statistical Science, 1,* 181-242.

Bookstein, F.L. (1991). *Morphometric Tools for Landmarks Data: Geometry and Biology.* Cambridge University Press, Cambridge.

Bookstein, F.L. (1996). Landmark methods for forms without landmarks: morphometrics of group differences in outline shape. *Medical Image Analysis, 1,* 225-243.

Choi, Y.S. and Jung, K.M. (2003). *Methods and Applications of Multivariate Analysis using the SAS (in Korean),* Seoul : Free Academy.

Choi, Y.S., Hyun, G.H. and Kim, J.G. (2005a), A numerical comparison of map variability in SCA using the Procrustes analysis, *Journal of the Korean Data Analysis Society, 7*(5), 1531-1538.

Choi, Y.S., Hyun, G.H. and Yun, W.J. (2005b). Biplots' variability based on the Procrustes analysis. *Journal of the Korean Data Analysis Society, 7*(6), 1925-1933.

Cortes, C. and Vapnik, V. (1995). Support vector networks. *Machine Learning, 20,* 173-297.

Cox, T.F. and Cox, M.A.A. (1994). *Multidimensional Scaling.* Chapman & Hall, London.

Dryden, I.L. and Mardia, K.V. (1993). Multivariate shape analysis. *Sankhya Series A. 55,* 460-480.

Dryden, I.L. and Mardia, K.V. (1998). *Statistical Shape Analysis.* John Wiley & Sons, Chichester.

Dryden, I.L. and Walker, G. (1999). Highly resistant regression and object matching. *Biometrics, 55,* 820–825.

Er, F. (1988). *Robust Methods in Statistical Shape Analysis.* PhD thesis, University of Leeds.

James, G., Witten, D., Hasitie, T. and Tibshirani, R.(2013). *An Introduction to Statistical Learning with Applications in R,* Springer, New York.

Goodall, C. (1991). Procrustes methods in the statistical analysis of shape. *Journal of the Royal Statistical Society. Series B, 53*(2), 285–339. (Discussion of the Paper by Goodall).

Gower, J.C. (1971). Statistical methods of comparing different multivariate analyses of the same data in *Mathematics in the Archaeological and Historical Sciences* (F. R. Hodson, D. G. Kendall and P. Tautu, editors), 138–149, Edinburgh: University Press.

Gower, J.C. (1975) Generalized Procrustes analysis. *Psychometrika, 40,* 33–50.

Han, S., Shin, S.M, Choi, Y.S., Kim, S.Y., Ko, C.C. and Kim, Y.I.(2018). Morphometric analysis for evaluating the relation between incisal guidance angle, occlusal plane angle, and functional temporomandibular joint shape variation, *ACTA ODONTOLOGICA SCANDINAVICA, 76*(4), 287–293.

Han, S., Shin, S.M, Choi, Y.S., Kim, K.M., Yamaguchi, T., Maki, K., Chung, C.J. and Kim, Y.I.(2019). Comparison of temporomandibular joint shape and size in patients with facial asymmetry, *ORAL RADIOLOGY, 35*(3), 251–259.

Huber, P.J. (1981). *Robust Statistics.* John Wiley & Sons, New York.

Hurley, J.R. and Cattell, R.B. (1962). The Procrustes program: producing direct rotation procedure hypothesised factor structure. *Behavioural Science, 7,* 258–262.

Hyun, G.H. (2006). *Resistant Generalized Procrustes Methods in Shape Analysis.* PhD thesis, Pusan National University.

Hyun, G.H. Lee, B.H. and Choi, Y.S.(2018). Resistant GPA algorithms based on the M and LMS estimation, *Communications for Statistical Applications and Methods, 25*(6), 673-685.

Hyvarinen, A. (1999). Fast and robust xed-point algorithms for independent component analysis, *IEEE Transactions on Neural Networks, 10,* 626-634.

Hyvarinen, A. and Oja, E. (1997). A fast xed-point algorithm for independent component analysis, *Neural Computation, 9,* 1483-1492.

Jolliffe, I.T. (2004). *Principal Component Analysis.* 2nd Edition, Springer- Verlag, New York.

Jutten, C. and Herault, J. (1991). Blind Separation of Sources, part I: An Adaptive Algorithm Based on Neuromimetic Architecture, *Signal Processing, 24,* 1-10.

Kendall, D.G. (1977). The diffusion of shape. *Advances in Probability. 9,* 428-430.

Kendall, D.G. (1989). A survey of the statistical theory of shape. *Statistical Science, 4,* 87-120.

Kent, J.T. (1994). The complex bingham distribution and shape and shape analysis. *Journal of the Royal Statistical Society Series B, 56,* 285-299.

Kim, J.G. (2009). *A Study on Measures and Tests for Shape Variability in Statistical Shape Analysis,* PhD thesis, Pusan National University.

Kim, J.G., Choi, Y.S. and Shin, S.M. (2010). Shape variability and classification using PS, MPS and RMS in Statistical Shape Analysis, *Far East Journal of Applied Mathematics, 42*(1), 49-60.

Kim, J.G., Choi, Y.S. and Lee, N.Y. (2010). Unbalanced ANOVA for testing shape variability in statistical shape analysis, *The Korean Journal of Applied Statistics, 14*(1), 1-8.

Kim, N.R., Park, S.B., Shin, S.M., Choi, Y.S., Kim, S.S., Son, W.S. and Kim,

Y.I.(2016). Preliminary study to determine the reference plane of patients with a unilateral cleft lip and palate, *The Cleft Palate-Craniofacial Journal, 54*(5), 707–714.

Larsen, R. and Eiriksson, H. (2002). L_1 generalized Procrustes 2d shape alignment. *In Eleventh International Workshop on Matrices and Statistics,* Technical University of Denmark.

Lee, B.H., Choi, Y.S. and Shin, S.M. (2012). Semi-partial canonical correlation biplot, *The Korean Journal of Applied Statistics, 25*(3), 1–9.

Lee, S.J. and Choi, Y.S.(2014). Independent Component Biplot, *The Korean Journal of Applied Statistics, 27*(1), 31–41.

Li, G. (1985). Robust Regression. *Exploring Data Tables, Trends and Shapes,* edited by Hoaglin, D.C., Mosteller, F., and Tukey, J.W., 281–343, Wiley, New York.

Lima, V.M.C. (2003). *Resistant Fitting Methods for Statistical Shape Comparison.* PhD thesis, University of Leeds.

Mardia, K.V., and Dryden, I.L. (1989). The statistical analysis of shape data. *Biometrika, 76,* 2, 271–282.

Mardia, K.V., Kent, J.T., Wiffen, L.N. and Shah, D. (1996). Hierarchical Bayesian models for biological objects. *Technical Report STAT 96/11,* Department of Statistics, University of Leeds.

Rhee, S.H., Shin, S.M., Choi, Y.S., Yamaguchi, T., Maki, K., Kim Y.I., Kim, S.S, Park, S.B., and Son, W.S. (2015). Application of statistical shape analysis for the estimation of bone and forensic age using the shapes of the 2nd, 3rd and 4th cervical vertebrae in a young Japanese population, *Forensic Science International, 257,* 513–519.

O'Higgins, P. and Dryden, I.L. (1992). Sexual dimorphism in hominoids: further studies of craniofacial shape differences in *pan, gorilla, pong. Journal of Human Evolution, 24,* 183–205.

Oja, H. (2010), *Multivariate Nonparametric Methods with R,* Springer, New York

Oja, H. and Randles, R.H.(2004). Multivariate Nonparametric Tests, *Science, 19*(4), 598-605.

Rohlf, F.J. and Slice, D.E. (1990). Extensions of the procrustes method for the optimal superimposition of landmarks. *Syst. Zool. 39,* 40-59.

Rousseeuw, P.J. (1984). Least median of squares regression. *Journal of the American Statistical Society, 79,* 871-880.

Rousseeuw, P.J. and Leroy, A.M. (1987). *Robust Regression and Outlier Detection.* Wiley, New York.

Schonemann, P.H. and Carroll, R.M. (1970). Fitting one matrix to another under choice of a central dilation and a rigid motion. *Psychometrika, 35,* 245-255.

Shin, S.M., Choi, Y.S. and Lee, N.Y.(2008). Comparison of shape variability in principal component biplot with missing values, *The Korean Journal of Applied Statistics, 21*(6), 1109-1116.

Shin, S.M., Kim, Y.I, Choi, Y.S., Yamaguchi T., Maki, K., Cho, B.H. and Park, S.B. (2015). The skeletal maturation status estimated by statistical shape analysis: axial images of Japanese cervical vertebra, Dentomaxillofacial Radiolog, *The British Institute of Radiolog, 44*(3), 20140323.

Shin, S.M., Kim, Y.M., Kim, N.R., Choi, Y.S., Park, S,B., and Kim, Y.I. (2016). Statistical shape analysis-based determination of optimal midsagittal reference plane for evaluation of facial asymmetry, *American Journal of Orthodontics and Dentofacial Orthopedics, 150*(8), 252-260.

Siegel, A. F. and Benson, R. H. (1982). A robust comparison of biological shapes. *Biometrics, 38,* 341-350.

Ten Berg, J. M. F. (1977). Orthogonal procrustes rotation for two or more matrices. *Psychometrika, 42,* 267-276.

Verboon, P. and Heiser, W. J. (1992). Resistant orthogonal procrustes analysis. *Journal of Classification, 9,* 237-256.

부록 R-코드 및 자료 목록

R-코드와 자료는 저자의 홈페이지(http://yschoi.pusan.ac.kr)에서 받아갈 수 있으며 R-codes-ShapeAnalysis.zip로 압축되어 있다. 이 책의 R-코드 작업 디렉토리 지정은 다음과 같다.

setwd("C:/R-codes-ShapeAnalsysis")

[R-코드]

1장 형상분석의 이해

mice-shapes.R	[R-코드 1.3.1]	쥐의 그룹별 척추 뼈에 대한 형상과 윤곽
mice-shapes-others.R	[R-코드 1.3.2]	쥐의 그룹별 척추 뼈에 대한 다른 형태의 자료에 대한 형상
greatapeskull-shapes.R	[R-코드 1.3.3]	세 종류 유인원의 형상과 윤곽
schizo-shapes.R	[R-코드 1.3.4]	대조그룹와 처리그룹의 뇌 스캔 공명 스캔 형상
digits3-shapes.R	[R-코드 1.3.5]	전체와 두 사람의 우편번호 숫자 3의 형상
shells-shapes.R	[R-코드 1.3.6]	미화석의 형상
gels-shapes.R	[R-코드 1.3.7]	전기영동 겔의 이미지
mandible1st-shapes.R	[R-코드 1.3.8]	어금니 부위 등고선 이미지
platal-meanshapes.R	[R-코드 1.3.9]	골격성 기형 환자의 구강형태 이미지
sand-shapes.R	[R-코드 1.3.10]	모래 알갱이의 형상
mice-csize-preshapes.R	[R-코드 1.4.1]	쥐의 그룹별 첫 번째 쥐의 척추 뼈에 대한 원형상과 중심화 사전형상

mice-csize-ANOVAshapes.R	[R-코드 1.4.2]	쥐의 그룹별 전체 척추 뼈 형상의 중심크기에 대한 ANOVA
schizo-csize-preshapes.R	[R-코드 1.4.3]	대조와 처리그룹의 첫 번째 환자 뇌 공명 이미지에 대한 원형상과 중심화 사전형상
schizo-csize-ttestshapes.R	[R-코드 1.4.4]	대조와 처리그룹의 첫 번째 환자 뇌 공명 이미지 형상의 중심크기에 대한 정규성검정과 t-검정
mandible-csize-ttestshapes.R	[R-코드 1.4.5]	[어금니 부위 내부와 외부 형상 중심크기에 대한 대응 t-검정
mice-Booksteinshapes.R	[R-코드 1.5.1]	작은 쥐의 척추 뼈에 대한 형상분석
mice-csize-Bookstein-Correlationshapes.R	[R-코드 1.5.2]	작은 그룹 쥐 척추 뼈 형상의 중심크기와 북스테인좌표의 다중산점도
mice-complex-preshapes.R	[R-코드 1.6.1]	작은 그룹 첫 번째 쥐 척추 뼈 형상의 복소좌표와 복소 중심화 사전형상

2장 형상공간과 크기-형상공간

mice-distances-shapes.R	[R-코드 2.1.1]	쥐의 그룹별 첫 번째 쥐의 척추 뼈에 대한 그룹별 형상거리
mice-distances-meanshapes.R	[R-코드 2.1.2]	작은 쥐의 척추 뼈에 대한 세 그룹의 형상거리
mice-distances-MDSshapes.R	[R-코드 2.2.1]	쥐의 그룹별 첫 번째 쥐의 척추 뼈에 대한 그룹별 형상거리의 MDS
mice-Rdistance-Metric&NonmetricMDSshapes.R	[R-코드 2.2.2]	쥐의 그룹별 척추 뼈에 대한 형상거리의 MDS
orang-Rdistance-MDSshapess.R	[R-코드 2.2.3]	오랑우탄 암수 두개골 형상거리의 MDS
mice-Rsize-sahpedistance-MetricMDSshapes.R	[R-코드 2.2.4]	쥐의 그룹별 척추 뼈에 대한 형상거리의 MDS
mice-Rsize-sahpedistance-MetricMDSshapes.R)	[R-코드 2.3.1]	쥐의 그룹별 척추 뼈에 대한 형상거리의 MDS
orang-Rsize-sahpedistance-MetricMDSshapes.R	[R-코드 2.3.2]	오랑우탄 암수 두개골 리만크기-형상거리의 MDS
digit3-Meanshapes-RMSD-shapes.R	[R-코드 2.4.1]	우편번호 숫자 3의 형상
digit3-RMSD-MDS-CAshapes.R	[R-코드 2.4.2]	우편번호 숫자 3의 평균형상의 RMSD의 계량형 MDS

3장 프로크러스티즈분석

digit3-OPAshapes.R	[R-코드 3.1.1]	두 사람의 손으로 쓴 숫자 3의 OPA 적합
gorfm-GPAshapes.R	[R-코드 3.1.2]	고릴라 암수 두개골 형상의 GPA 적합
digit3-OPA-Jointplotshapes.R	[R-코드 3.2.1]	두 사람의 손으로 쓴 숫자 3의 OPA 적합 후 *OPSS*와 *RMSD*
digit3-OPA-OPSS-RMSD-shapes.R	[R-코드 3.2.2]	두 사람의 손으로 쓴 숫자 3의 OPA 적합을 위한 모수추정과 *OPSS*와 *RMSD*
digit3-OPAalgorithm-OPSS-RMSD-shapes.R	[R-코드 3.2.3]	두 사람의 손으로 쓴 숫자 3의 OPA 일고리즘 바탕한 *OPSS*와 *RMSD*
gorfm-GPAjointmeanhapes.R	[R-코드 3.3.1]	고릴라 암수 두개골 형상의 GPA 평균형상
gorfm-csizettest-GPAmean shapes.R	[R-코드 3.3.2]	고릴라 암수 두개골 형상의 크기와 GPA 평균형상의 차이 비교
gorfm-PGPAshapes.R	[R-코드 3.4.1]	고릴라 암수 두개골 형상의 PGPA 적합
palatal-PGPAshapes.R	[R-코드 3.4.2]	남녀 구강형태 이미지 형상의 PGPA 적합

4장 형상 주성분분석과 독립성분분석

mice-PCAshapes.R	[R-코드 4.2.1]	작은 쥐 척추 뼈 형상변동을 위한 PCA
digit3-PCAshapes.R	[R-코드 4.2.2]	손으로 쓴 숫자 3의 형상변동을 위한 형상 PCA
mice-Tangentcoord-PCAshapes.R	[R-코드 4.3.1]	작은 쥐 척추 뼈의 탄젠트좌표를 활용한 형상변동 PCA
digit3-Tangentcoord-PCAshapes.R	[R-코드 4.3.2]	손으로 쓴 숫자 3의 탄젠트좌표 형상변동 PCA
mice-ICAshapes.R	[R-코드 4.4.1]	쥐의 그룹별 척추 뼈 형상을 위한 PCA와 ICA
orang-ICA-PCAshapes.R	[R-코드 4.4.2]	오랑우탄 암수 두개골 형상을 위한 PCA와 ICA

5장 형상분석에서 판별과 분류

mice-QDAshapes.R	[R-코드 5.1.1]	세 그룹 쥐 척추 뼈 형상의 판별분석
orang-QDAshapes.R	[R-코드 5.1.2]	오랑우탄 암수 두개골 형상의 판별분석
mice-SVMshapes.R	[R-코드 5.2.1]	세 그룹 쥐 척추 뼈 형상분석을 위한 SVM
orang-SVMshapes.R	[R-코드 5.2.2]	오랑우탄 암수 두개골 형상의 SVM 판별분석
mice-OPSS-DAshapes.R	[R-코드 5.3.1]	세 그룹 쥐 척추 뼈 형상의 OPSS 판별분석
orang-OPSS-DAshapes.R	[R-코드 5.3.2]	오랑우탄 암수 두개골 형상의 OPSS 판별분석
mice-csize-Bookstein-DA-SVMshapes.R	[R-코드 5.4.1]	세 그룹 쥐 척추 뼈 형상분석을 위한 북스테인좌표와 중심크기에 대한 DA와 SVM
orang-csize-Bookstein-DA-SVMshapes.R	[R-코드 5.4.2]	오랑우탄 암수 두개골 형상의 중심크기와 북스테인에 대한 DA와 SVM
mice-csize-Tangentcoord-DA-SVMshapes.R	[R-코드 5.5.1]	작은 쥐 척추 뼈의 탄젠트좌표를 활용한 형상변동 PCA
orang-csize-Tangentcoord-DA-SVMshapes.R	[R-코드 5.5.2]	오랑우탄 암수 두개골 형상의 중심크기와 북스테인에 대한 DA와 SVM

6장 평균형상의 비교와 검정

digit3-Tangentcoord-HotellingT2-testshapes.R	[R-코드 6.1.1]	손으로 쓴 숫자 3의 탄젠트좌표의 평균형상 검정
mice-Tangentcoord-HotellingT2-testshapes.R	[R-코드 6.1.2]	작은 쥐의 척추 뼈 탄젠트좌표의 평균형상 검정
digit3-Bookstein-HotellingT2-testshapes.R	[R-코드 6.1.3]	손으로 쓴 숫자 3의 탄젠트좌표의 평균형상 검정
mice-Bookstein-HotellingT2-testshapes.R	[R-코드 6.1.4]	작은 쥐의 척추 뼈 북스테인좌표의 평균형상 검정
digit3-Bookstein-Nonparametric-testshapes.R mice-Bookstein-Nonparametric-testshapes.R	[R-코드 6.2.1]	손으로 쓴 숫자 3 형상과 작은 쥐의 척추 뼈 평균형상의 다변량 부호검정과 순위검정

gorfm-Bookstein-Hotelling T2-testshapes.R	[R-코드 6.3.1]	고릴라 암수 두개골 형상에 대한 평균형상 검정
mice-Bookstein-UnequalCov-testshapes.R	[R-코드 6.3.2]	작은 그룹과 큰 그룹의 쥐의 척추 뼈 평균형상 검정
schizo-Bookstein-HotellingT2-Nonparametric-testshapes.R	[R-코드 6.4.1]	대조와 처리그룹의 환자 뇌 공명 이미지에 대한 평균형상의 다변량 부호검정과 순위검정
mice-Bookstein-Nonparametric-Sign-Rank-2samples-testshapes.R	[R-코드 6.4.2]	작은 그룹과 큰 그룹의 쥐의 척추 뼈 평균형상 의 다변량 부호검정과 순위검정
schizo-Bookstein-Bootstrap-2samples-testshapes.R	[R-코드 6.4.3]	대조그룹과 처리그룹 환자 뇌 공명 이미지에 대한 평균형상의 다변량 붓스트랩검정
mice-Bookstein-Bootsrap-2samples-testshapes.R	[R-코드 6.4.4]	작은 그룹과 큰 그룹 쥐의 두개골 평균형상 다변량 붓스트랩검정
mice-Bookstein-Permutation-2samples-testshapes.R	[R-코드 6.4.5]	작은 그룹과 큰 그룹 쥐의 두개골 평균형상의 다변량 순열검정
pan-Bookstein-Permutation-Bootsrap-2samples-testshapes.R	[R-코드 6.4.6]	챔팬지 암수 두개골 평균형상 다변량 순열검정과 붓스트랩검정
mice-Bookstein-MANOVA-testshapes.R	[R-코드 6.5.1]	세 군집 쥐의 척추 뼈 형상의 북스테인좌표에 의한 평균형상 MANOVA 검정
greatapeskull-Bookstein-MANOVA-testshapes.R	[R-코드 6.5.2]	세 그룹 유인원 암컷 두개골 형상의 북스테인좌표에 의한 평균형상 MANOVA검정
mice-Bookstein-Nonparametric-Sign-Rank-3samples-testshapes.R	[R-코드 6.6.1]	세 군집 쥐의 척추 뼈 평균형상의 다변량 비모수검정
greatapeskull-Bookstein-Nonparametric-Sign-Rank-3samples-testshapes.R	[R-코드 6.6.2]	고릴라, 침팬지, 오라우탄 암컷 두개골 평균형상의 다변량 비모수검정

[자료]

각 장에서 처음 등장하는 자료와 이것이 사용된 [R-코드]만 언급하였다. 특히, 자료의 배열 크기는 형상점수×차원×총자료수 = $k \times m \times n$로 나타낸다.

1장 형상분석의 이해

data(mice)	[R-코드 1.3.1]	쥐의 그룹별 척추 뼈 형상자료 : $6 \times 2 \times 76$
mouseT2.txt	[R-코드 1.3.2]	쥐의 그룹별 척추 뼈 형상 텍스트 자료 :
data(apes)	[R-코드 1.3.3]	세 종류 유인원의 형상 : $8 \times 2 \times 167$
data(schizophrenia)	[R-코드 1.3.4]	대조그룹와 처리그룹의 뇌 스캔 공명 스캔 형상: $13 \times 2 \times 48$
data(digit3.dat)	[R-코드 1.3.5]	우편번호 숫자 3의 형상: $13 \times 2 \times 30$
data(shells)	[R-코드 1.3.6]	미화석의 형상: $3 \times 2 \times 21$
data(gels)	[R-코드 1.3.7]	전기영동 겔의 이미지: $3 \times 2 \times 2$
mandible.xlsx in36.txt out36.txt	[R-코드 1.3.8]	어금니 부위 등고선 이미지 : $23 \times 2 \times 150$
platal.xlsx palatal.txt	[R-코드 1.3.9]	골격성 기형 환자의 구강형태 이미지: $23 \times 3 \times 100$
data(sand)	[R-코드 1.3.10]	모래 알갱이의 형상: $50 \times 2 \times 49$
qcet2.dat qlet2.dat qset2.dat	[R-코드 1.4.1]	쥐의 그룹별 형상 자료: $6 \times 2 \times 30$, $6 \times 2 \times 23$, $6 \times 2 \times 23$

2장 형상공간과 크기-형상공간

data(mice) qcet2.dat qlet2.dat qset2.dat	[R-코드 2.1.1]	쥐의 그룹별 형상자료: $6\times2\times30$, $6\times2\times23$, $6\times2\times23$
pongom.dat pongof.data	[R-코드 2.2.3]	오랑우탄 암수 두개골 형상 : $8\times2\times30$, $8\times2\times24$
digit3.dat	[R-코드 2.4.1]	우편번호 숫자 3의 형상: $13\times2\times30$

3장 프로크러스티즈분석

data(digit3.dat)	[R-코드 3.1.1]	손으로 쓴 숫자 3의 형상: $13\times2\times30$
data(gorf.dat) data(gorm.dat)	[R-코드 3.1.2]	고릴라 암수 두개골 형상: $8\times2\times30$, $8\times2\times29$
gorfm-PGPAshapes.R	[R-코드 3.4.1]	고릴라 암수 두개골 형상의 PGPA 적합
palatal.xlsx palatal.txt	[R-코드 3.4.2]	골격성 기형 환자의 구강형태 이미지: $23\times3\times100$

4장 형상 주성분분석과 독립성분분석

data(mice) qset2.dat	[R-코드 4.2.1]	작은 쥐 척추 뼈 형상: $6\times2\times23$
digit3.dat	[R-코드 4.2.2]	손으로 쓴 숫자 3의 형상: $13\times2\times30$
pongof.dat pongom.dat	[R-코드 4.4.2]	오랑우탄 암수 두개골 형상: $8\times2\times30$, $8\times2\times24$

5장 형상분석에서 판별과 분류

data(mice)	[R-코드 5.1.1]	세 그룹 쥐 척추 뼈 형상: $6\times2\times30$, $6\times2\times23$, $6\times2\times23$
pongof.dat pongom.dat	[R-코드 5.1.2]	오랑우탄 암수 두개골 형상: $8\times2\times30$, $8\times2\times24$

6장 평균형상의 비교와 검정

digit3.dat	[R-코드 6.1.1]	손으로 쓴 숫자 3의 형상: $13\times2\times30$
qset2.dat	[R-코드 6.1.2]	작은 쥐의 척추 뼈 형상: $6\times2\times23$
data(gorf.dat) data(gorm.dat)	[R-코드 6.3.1]	고릴라 암수 두개골 형상 : $8\times2\times30$, $8\times2\times29$
qset2.dat qlet2.dat	[R-코드 6.3.2]	작은 그룹과 큰 그룹 쥐의 척추 뼈 형상: $6\times2\times23$, $6\times2\times23$
data(schizophrenia)	[R-코드 6.4.1]	대조와 처리그룹의 환자 뇌 공명 이미지 형상: $13\times2\times48$
panf.dat panm.dat	[R-코드 6.4.6]	챔팬지 암수 두개골 형상: $8\times2\times26$, $8\times2\times28$
data(mice) qcet2.dat qlet2.dat qset2.dat	[R-코드 6.5.1]	세 그룹 쥐 척추 뼈 형상: $6\times2\times30$, $6\times2\times23$, $6\times2\times23$
data(apes)	[R-코드 6.5.2]	세 그룹 유인원 암컷 두개골 형상: $8\times2\times30$, $8\times2\times26$, $8\times2\times24$

후기

형상분석에 대한 관심은 1997년 스코틀랜드 아버딘대학(Aberdeen University)에서 Post-Doc. 과정으로 연구를 마무리할 때쯤이었다. 영국 리즈대학(Leeds University)에서 활발히 진행되고 있었던 형상분석은 이 분야에서 가장 탁월한 연구자인 Mardia 교수와 Kent 교수와 함께 학과 주최로 국제적인 LASR(Leeds Annual Statistical Research) Workshop을 통해 다양한 응용과 개발을 집대성하고 있었다. 이들 두 교수는 일찍이 현재 나의 전공인 다변량통계학에서 유명한 고전 Multivariate Analysis(1979, Academic Press, London)를 통해 본인의 간접적인 스승이 되기도 하였다.

본인도 형상분석에 대한 주제로 2003년에 리즈 대학 객원교수로 가면서 세미나와 워크숍을 통해 이들의 활동과 연구에 대한 다양한 정보를 수집하였다. 특히 Mardia 교수와 그의 지도학생인 Dryden(현 노팅햄 대학 교수)이 저술한 Statistical Shape Analysis를 통해 형상분석에 대한 많은 이해와 그들의 학문적 깊이를 엿보기도 했다. 특히, 리즈대학에서 머무르면서 처음 정해둔 연구 주제인 형상분석에서 프로크러스티즈 분석의 저항성 버전 개발(Development of the Resistant Version of Procrustes Analysis in Shape Analysis)을 위해 Mardia 교수와 Kent 교수와의 세미나를 가졌고 그들이 쓴 논문도 읽기도 하였다. 한국으로 돌아 올 무렵 그동안의 연구에 대한 결과물과 본인이 준비 중인 책에 대해 이야기를 Mardia 교수와 나누었다. 아직 국내에 형상분석에 대한 본격적인 소개가 이루어지지 않아 이번 기회에 형상분석을 알리는 책을 쓸려고 하는 데 그의 지도학생과 저술한 Mardia와 Dryden(1988) Statistical Shape Analysis 책의 일부분을 인용하고 참고해도 되겠냐는 질문에 아주 흔쾌히 좋다는 양해를 받았다. 그리고 새로운 저항 버전을 개발하여 한 편의 논문을 쓰는 것은 뒤로 미루었다. 그 대신에 기존의 형상분석에 대한 이해를 돕고 이 분석에서 프로크러스티즈 분석의 저항성 방법에 대한 연구와 새롭게 제안하는 저항 버전과 S-PLUS를 활용한 프로그램을 중심으로 최용석·현기홍(2006). 〈통계적 형상분석의 이해와 응용 - 프로크러스티즈 분석의 저항성 버전 연구 및 개발 → 책을 남기는 것이 더 바람직하다고 여겼다.

특히 본인의 형상분석 분야에서 주목할 점은 다음의 3명의 지도학생들의 박사학위를 배출하였다.

- 현기홍(2005). Resistant Generalized Procrustes Methods in Shape Analysis,
- 김종건(2009). A Study on measures and Tests for Shape Variabiliuty in Statistical Shape Analysis.
- 신상민(2014). Estimation ans Classification of Incomplete Configurations in Statistical Shape Analysis.

2006년에 출간한 저서 최용석·현기홍(2006)을 부산대학교 치의전 김용일 교수께서 본인 연구에 많이 활용하셨고 2015년 The skeletal maturation status estimated by statistical shape analysis: axial images of Japanese cervical vertebra, Dentomaxillofacial Radiology, The British Institute of Radiolog, 44(3), 20140323. 3을 시작으로 최근 2019년 Analysis of the relationship between the morphology of the palate and facial skeletal patterns in Class III malocclusion using structural equation modelling, Orthodontics& Craniofacial research, 22(2), 87-92까지 10편이 넘는 공동 작업의 결과가 있었고 이러한 공동 작업에는 신상민 박사가 주되게 기여하였다.

사실 그동안 형상분석에 대한 첫 번째 저서에 대한 개정판을 생각하고 있었고 박사학위 배출과 연구에 힘입어 이번 본인의 신작 〈R과 함께하는 다변량 통계적 형상분석〉을 쓰게 되었다. 사실 Dryden과 Mardia(2016)의 〈Statistical Shape Analysis with Application in R〉과 그들이 개발 해둔 R의 shapes 패키지 도움이 매우 컸다.

책의 출판사 선정은 다소 좀 힘들었다. 대학원 과정과 연구자를 위한 책이다 보니 코로나로 인한 힘든 시기에 책의 판로를 고민할 수밖에 없는 출판사의 고충은 충분히 이해가 되었다. 다행이 부산대학교 통계학과가 2020년도 4단계 BK21 빅데이터 양성

팀에 선정되었고 교재 개발에 힘입어 부산대학교 출판문화원을 통해 이 책을 드디어 세상에 드러낼 수 있었다.

형상분석에 대한 미숙한 생각이 활자화 되어 책으로 나오는 과정은 힘들었지만 2020년 12월 7일 오늘 출판문화원으로부터 작업 일정을 받아 보고 무척 행복감을 느낀다. 아직 교정 과정이 남아 있지만 이일도 그동안의 수고에 비하면 아무것도 아니리라. 책의 제작과정에 도움을 주신 분들과 추천의 글을 주신 분들께 고마움을 전하고 싶다. 더불어 추천의 글을 보내주실 정형철교수(수원대학교 데이터과학부)와 김용일 교수(부산대학교 치의학전문대학원)께도 깊은 감사를 드린다.

2020년 12월 7일

찾아보기

[ㅅ]

[ㅇ]

[ㅈ]

[ㅎ]

저자 소개

최용석(Yong-Seok Choi)

1992년 부산대학교 자연과학대학 통계학과 교수가 된 후로 현재까지 다변량 통계학, 텍스트 마이닝, 형상분석, 통계조사, 통계상담, 범주형 자료분석, 시각화기법에 관심이 많다. 1984년도에 부산대학교 계산통계학과를 졸업하고, 1986년과 1991년에 고려대학교 통계학과 석사와 박사학위를 취득하였다. 1996년 영국 애버딘대학 수리과학부 통계전공 Post-Doc., 2003년에는 영국 리즈대학 객원교수, 2012년에는 미국 아이오와 주립대학 PPSI 연구소 객원교수를 하였다. 주요저서로는 〈R과 함께하는 다변량 자료분석을 위한 추정과 검정(2019)〉, 〈치의학을 위한 통계적 방법과 응용-R과 함께하는 의학통계(2018)〉, 〈R과 함께하는 다변량 자료분석(2018)〉, 〈다차원척도법의 산책(2014)〉, 〈R을 활용한 행렬도분석의 이해(2013)〉, 〈통계적 형상분석의 이해와 응용(2006)〉등이 있다. 호는 일풍(一風: 한 줄기 바람)으로 풍광이 수려한 부산 용호동 섶자리(최초 염전지) 근처에 산다. 개인 블로그(blog.daum.net/musigma)에 취미 생활인 詩와 그림이 있다. 저자의 논문, 저서 그리고 제자 등 보다 자세한 소개는 홈페이지(yschoi.pusan.ac.kr)를 참고할 수 있겠다.

E-mail : yschoi@pusan.ac.kr
Home : yschoi.pusan.ac.kr